物理与光电类专业系列教材

发光物理学

杨盛谊　编著

电子工业出版社
Publishing House of Electronics Industry
北京·BEIJING

内 容 简 介

本书系统介绍了发光的概念，以及发光材料的发光机理、规律、性能及应用，是一本内容全面、材料新颖、理论性较强、技术先进且兼顾实用性的图书。本书共 12 章，内容包括：绪论、固体发光基础知识、光谱分析、上转换发光、半导体理论、稀土材料发光、色度学、分立发光中心发光、能量传递与输运、光致发光、电致发光、激光器发光原理。本书提供配套的电子课件 PPT 等教学资源。

本书可作为高等院校发光学、发光材料与器件、照明与显示、发光科学与技术等专业基础课的教材，也可作为相关专业研究生的教学参考书。本书对从事发光材料、发光物理、发光应用、平板显示与照明等研究与生产的技术人员都有很高的参考价值，也可作为高等院校相关专业教师的教学参考书。

图书在版编目（CIP）数据

发光物理学 / 杨盛谊编著.—北京：电子工业出版社，2023.11

ISBN 978-7-121-46743-1

Ⅰ．①发…　Ⅱ．①杨…　Ⅲ．①发光学－高等学校－教材　Ⅳ．①O482.31

中国国家版本馆 CIP 数据核字（2023）第 225697 号

责任编辑：王晓庆

印　　刷：保定市中画美凯印刷有限公司

装　　订：保定市中画美凯印刷有限公司

出版发行：电子工业出版社

　　　　　北京市海淀区万寿路 173 信箱　邮编：100036

开　　本：787×1092　1/16　印张：15　字数：384 千字

版　　次：2023 年 11 月第 1 版

印　　次：2023 年 11 月第 1 次印刷

定　　价：59.00 元

凡所购买电子工业出版社图书有缺损问题，请向购买书店调换。若书店售缺，请与本社发行部联系，联系及邮购电话：(010) 88254888，88258888。

质量投诉请发邮件至 zlts@phei.com.cn，盗版侵权举报请发邮件至 dbqq@phei.com.cn。

本书咨询联系方式：(010) 88254113，wangxq@phei.com.cn。

前　言

众所周知，光是一种以电磁波形式存在的物质，光是可逆的。电磁波的波长范围很宽，包含无线电波、红外光、可见光、紫外光、X 射线、宇宙射线等，其中，可见光特指能够引起人眼视觉反应的、波长为 380～780nm 的电磁波。

发光就是物体将已经吸收的激发能转换为光辐射的过程。发光只在少数中心进行，不会影响物体的温度，显然用这种方式可以有效地把外界提供的能量转换成我们所需要的可见光。在升高温度以得到我们所需要的光辐射的同时，物体必定发射许多我们不需要的热辐射。热辐射能量的 90% 落到了看不见的红外部分。可见，发光就是在热辐射之外，将其内部以某种方式吸收的能量直接以光能的形式释放出来的非平衡辐射过程。

因此，"发光"是一个有特殊含义的专业名词，并不是只要有光的发射就是发光。发光的第一个特点就是它和周围环境的温度几乎是相同的，并不需要加温，所以，发光被视为"冷光"。例如，极光、常说的"鬼火"、萤火虫发出的光、海中一些动物发出的光等。我们称发光是"冷光"，主要是指其在发光过程中，发光体并不需要和热辐射那样加热到高温。冷、热并非光的属性，只反映发光体所处的环境，但它反映了两种过程的本质差别。在加热时，物体内所有的原子或分子的能量都得到提高；而在激发发光时，只有个别中心才能得到能量，周围大量的中心仍处于未被激发的状态。在激发发光时，只有个别原子或分子吸收能量，而发光的光谱就取决于这些原子或分子，发光现象使电子在不同能态上的分布偏离热平衡分布，那么，从这些高能态跃迁发射出来的光就会比相应温度下同样波长的热辐射强得多。由于发光只在少数发光中心进行，不会影响物体的温度，因此可以更有效地将外界提供的能量转换为可见光，寻找合适的材料以获得所需要的光谱就有很多选择。

发光的第二个特点是从外界吸收能量后，要经过物质的消化，然后放出光来，这一消化过程就要花费一定时间，而且发出的光既有反映这个物质特点的光谱，又有一定的衰减规律。根据发光的"期间"（Duration）就可将发光与反射光、散射光、契伦科夫辐射等区分开来。

如今，发光使人类的活动不再受黑夜的影响，夜间建筑物内外不同场所的光照环境、白昼因时间、气候、地点不同造成的采光不足，都可以通过人工照明来补偿，以满足工作、学习和生活的需求。作为最常见的发光器件之一，发光二极管具有高效、长寿命、低功耗等优点，因此在照明、显示、通信等领域得到广泛应用。随着科技的不断发展，发光材料与显示技术也在不断地更新换代。生活中，人们离不开发光，发光不仅改变了人们的生活方式，也推动了各行各业的发展，为人们的生活带来了更多的便利和创新。相信在不久的将来，这些技术还会有更加广泛的应用和更加出色的表现。

今天，认识发光现象、了解发光物理已经成为人们（特别是青年一代）必备的技能。为了进一步加强发光物理学的教学工作，适应高等学校正在开展的课程体系与教学内容的改革，及时反映发光物理学教学的研究成果，积极探索适应 21 世纪人才培养的教学模式，特别是为了积极响应党的二十大报告精神，履行"科教兴国、人才强国、创新驱动发展"三大战略，党的二十大报告聚焦教育发展的关键领域和突出环节，着重要求解决高质量教育体系建设问题，并对学科建设和教材建设给予了特别的关注，"加强教材建设和管理"的内容第一次出现在党的二十大报告中，因此，出版一本内容丰富、集理论与实践于一体的精品教材是"办好人民满意的教育"的一部分，具有重要意义和紧迫性。在这种形势下，我们编写了本书。

本书有如下特色：

- 系统介绍了发光的概念，以及发光材料的发光机理、规律、性能及应用，是一本内容全面、材料新颖、理论性较强、技术先进且兼顾实用性的图书；
- 对从事发光材料、发光物理、发光应用、平板显示与照明等研究与生产的技术人员都有很高的参考价值，可作为高校相关专业的研究生和本科生的教材及教学参考书；
- 本书的实用性及时代性突出，从发光原理出发，围绕"材料和器件"，注重"概念"和"应用"，结合多学科交叉，体现"与时俱进"的特色及创新。

本书共 12 章，主要内容包括：第 1 章讲述发光学的内容及其发展、发光物理学的研究内容、各种发光现象；第 2 章讲述固体发光的背景知识、固体光吸收和发光的本质；第 3 章讲述光谱分析的含义及其发展、研究内容；第 4 章讲述上转换发光的概念及上转换发光材料；第 5 章讲述半导体相关理论及半导体发光的基础知识；第 6 章讲述稀土材料的发光及其发光机理；第 7 章讲述色度学的基础知识及表示方法；第 8 章讲述分立发光中心及其发光的理论；第 9 章讲述固体发光中的能量传递与输运情况及其相关机理；第 10 章讲述光致发光的基本概念及其规律；第 11 章讲述电致发光的概念及无机、有机电致发光材料和器件；第 12 章讲述激光器的发光原理及半导体激光器的工作机理。

通过学习本书，你可以：

- 了解发光的概念；
- 了解生活中遇到的发光现象及其产生的原因；
- 了解相关的发光材料及其发光机理、发光规律、发光性能及应用；
- 作为高校相关专业的学生，在参考本书及教学参考书的基础上，可制备出相关的简单发光器件。

本书简明扼要、通俗易懂，具有很强的专业性、技术性和实用性。本书是作者在非发光学专业学生的发光材料和器件教学的基础上逐年积累编写而成的，每一章都附有丰富的图表，利于学生学习并掌握相关的发光特性。本书可作为高等院校非发光学专业课程的基础教材，也可供相关的工程技术人员学习、参考。

教学中，可以根据教学对象和学时等具体情况对书中的内容进行删减和组合，也可以进行适当扩展，参考学时为 32～64 学时。为适应教学模式、教学方法和手段的改革，本书配有电子课件 PPT，请登录华信教育资源网（http://www.hxedu.com.cn）注册后免费下载，也可联系本书责任编辑（010-88254113，wangxq@phei.com.cn）索取。

本书由杨盛谊编著，其中部分章节（第 3 章和第 4 章）得到了王颖和辛海源等同学的帮助和校对。电子工业出版社的责任编辑王晓庆在本书出版过程中提出了许多宝贵的修改意见，在此一并表示感谢！

本书的编写参考了大量近年来出版的相关技术资料，吸取了许多专家和同仁的宝贵经验，在此向他们深表谢意。

由于发光材料和发光器件的飞速发展，以及作者的学识有限，书中误漏之处难免，望广大读者批评指正。

杨盛谊

2023 年 11 月

目　　录

第1章 绪　论

1.1　引言

　　发光学的核心物理内涵就是"激发态物理过程"。1984 年在美国麦迪逊（Madison）召开的第七届国际发光会议上确立"发光学"就是"凝聚态物质中的激发态过程"。因此，发光学的基本物理问题就是发光中心、发光动力学和能量传输等问题。

　　发光学的应用领域是光源、显示和照明。具体地说，其核心应用领域就是发光光源、激光显示和信息显示。其材料基础就是半导体材料、稀土金属材料和过渡金属材料，以及有机材料等。图 1.1 给出了作为我国发光学源头的中国科学院长春物理所（现中国科学院长春光学精密机械与物理研究所）"发光学及应用国家重点实验室"的历史沿革与发展简图。

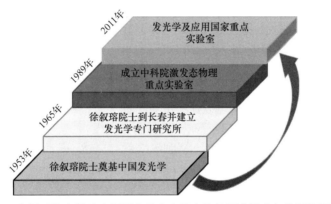

彩图 1.1

图 1.1　我国"发光学及应用国家重点实验室"的历史沿革与发展简图

　　发光学是凝聚态物理学的重要分支。传统意义上的发光学着重研究凝聚态物质中的发光过程（Luminescence Process）。在 1987 年的第 8 届国际发光会议上，将发光学研究领域的核心内涵拓展为研究凝聚态物质中与激发态相关的全部物理过程（Luminescence-Excited State Processes）。

　　发光学的研究内容涵括了凝聚态物质中的各种激发过程与元激发的产生及其动力学过程，激发态间的能量传递与能量输运过程，激发态与其他辐射场的相互作用过程及其能量转换过程，激发态到低能态的自发发射、受激发射与无辐射弛豫过程等物理过程。目前，发光学已成为认识与揭示凝聚态物质中的激发与能量转换过程客观规律的基础理论和基本方法。伴随着科学技术的高速发展，发光学与应用的结合变得越来越紧密，并正在由基础物理科学向与材料科学、信息科学、化学科学、生命科学、能源科学等多学科交叉的方向发展。**发光学已成为研究、探索与发展高效发光、激光、光电显示、光电转换等新型光电功能新材料、新器件与新技术的理论基础和研究手段**，并在光源新技术和信息显示新技术等产业领域起着引领和先导作用。

1.2　课程目的与任务

"发光物理学"课程的目的与任务是通过深入浅出的讲解使同学们对光与物质相互作用的基本物理现象，固体发光的条件、过程和规律，发光材料和器件的设计原理、制备方法与应用等有较为全面的认识与了解。

1.3　发光物理学的内容

发光物理学的研究内容主要包括物体发光的条件、过程和规律，发光材料和器件的设计原理、制备方法和应用，以及光和物质的相互作用等基本物理现象。

1.4　发光及发光现象

发光（Luminescence）作为一个技术名词，专指一种特殊的光发射现象。自然界中的很多物体（包括固体、液体和气体，有机物和无机物）都具有发光的性能。图 1.2 给出了生活中一部分能发光的光源，如太阳、白炽灯、日光灯和节能灯等。

非洲北部有一种发光树，它在白天与普通的树没有区别，但每到晚上，它从树干到树枝通体会发出明亮的光。由于这种树发出的光比较强烈，当地人经常把它移植到自家的门前作为路灯使用。在夜间，人们可以在树下看书甚至做针线活。

科学家解释：这种树之所以会发光，是因为其树根特别喜欢吸收土壤中的磷。这种磷会在树体内转化成磷化氢，而磷化氢一遇到氧气就会自燃，从而使得树身磷光闪烁。图 1.3 给出了科幻电影《阿凡达》（Avatar，2009 年）中的发光树及人物。

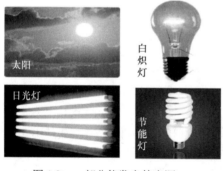

彩图 1.3

　　图 1.2　一部分能发光的光源　　　　图 1.3　《阿凡达》（Avatar）中的发光树及人物

发光树不仅在非洲有，在乌克兰西部甚至有一片能在夜间发出奇光的"发光森林"，长约 1.8 万米，宽约 5000 米。白天看起来与一般森林没有什么两样，可是一到夜间，整片森林像用荧光粉涂过一样放着耀眼的光。

据称，这片森林不仅会发光，人靠近的话还有一种热乎乎的感觉。更加奇怪的是，这片森林里没有任何飞禽走兽，甚至连昆虫都没有。科学家猜测：这一地区可能有强烈的放射性辐射，草木吸收这些放射性元素后也产生了发光效应。

生物界说到发光，首先会想到萤火虫（见图 1.4），除此之外，大自然中还有许多能够发光的生物，如一些生活在海里的鱼、虾（见图 1.5）、水母（见图 1.6）、珊瑚、贝类和蠕虫等。

图 1.4　发光的萤火虫

图 1.5　百慕大三角洲发现的荧光虾

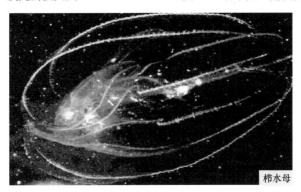

图 1.6　发光的栉水母

彩图 1.4～彩图 1.6

此外，美国南部生活着一种长达 45cm 的发光蚯蚓。这种蚯蚓一旦被伤害，就会分泌出闪烁着蓝光的黏液，如图 1.7 所示。

日本富山海下栖息着大量的荧光乌贼（如图 1.8 所示），有时，上百万的荧光乌贼聚集在一起，可以把整个海湾照亮。

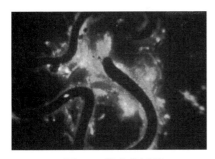

图 1.7　发光的蚯蚓

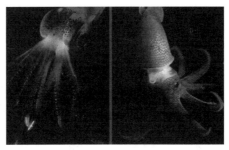

图 1.8　荧光乌贼

彩图 1.7～彩图 1.8

铁路蠕虫身上长有两种不同的发光器官。仿佛圣诞树一般，头部发出红光，身子闪烁绿光，如图 1.9 所示。

图 1.10 所示为发光菌类植物。通常能强烈发光的植物多是低等菌类植物（如细菌、真

菌和藻类植物）。

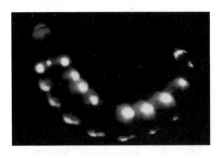

彩图 1.9-1.10

图 1.9　铁路蠕虫　　　　　　　　图 1.10　发光菌类植物

　　平时也会见到一段腐朽的树桩、木块，能够在黑暗中发出蓝白色的荧光。研究发现，树桩已被假蜜环菌寄生，它能使木材腐烂，还能分泌一些可分解木材的酶，这些酶可以将纤维素、木质素转化为真菌能够吸收的小分子物质，假蜜环菌的菌丝细胞得到这些食物后就开始不停地繁衍、长大，同时积累大量能够用来产生荧光的物质。这些带荧光的物质在荧光酶的催化作用下进行生物氧化，并把化学能转化为光能，就是我们看到的这种生物发光了。

　　古代"夜明珠"是指能够在夜晚（或暗室中）自行发光的天然物体。而且这种光是人用肉眼能够直接看到的光（即可见光），如图 1.11 所示。夜明珠的主要化学成分是萤石（CaF_2）。

　　夜明珠的发光原理为矿物（如 CaF_2）内的电子在外界能量的激发下，会由低能状态转入高能状态，当外界能量激发停止时，电子又由高能状态转入低能状态，这个过程就会发光。萤石在日光灯照射后可发光几十小时，这种光相对微弱，白天看不见，夜里看则很亮。

　　20 世纪 40 年代，苏联科学家发现：在置于高频电场中的生物体周围，闪动着色彩绚丽的光环和光点，而在生物体死亡后，这种光环和光点也随着消失。

　　苏联科学家基利安夫妇在一次电学实验中惊奇地发现人体的各部位发出的光有不同的颜色：手是蓝色的（见图 1.12），心脏是深蓝的，臀部是浓绿色的。更有趣的是，人体某些部位发出的光非常强，恰好与我国发现的 700 多个穴位相对应。

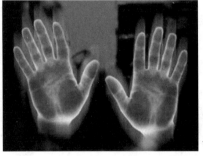

彩图 1.11～彩图 1.12

图 1.11　发光的夜明珠　　　　　　图 1.12　手的发光

　　最近，一则新闻报道称[2,3]：日本科学家通过一个实验，发现人体可以发出一种微弱的可见光，而且光的强度在一天内还会起伏和波动，发光最弱的时候是上午 10 点，发光最强的时候是下午 4 点，之后逐渐变弱。这些发现显示发光和我们的生物钟有关，最可能与我们的代谢节律在一天中的波动状况有关。

面部发光比身体其他部位发出的光更多。这可能是因为面部比身体的其他部位日晒更多，它们接收了更多的阳光照射，那么肤色中的黑色素有荧光成分，这可能会增加光的"产量"。

1.4.1 发光现象

概括地说，发光是物体内部以某种方式吸收的能量转化为光辐射的过程。

某种物质在受到激发（射线、高能粒子、电子束和外电场等）后，物质将处于激发态，激发态的能量会通过光或热的形式释放出来。如果这部分能量是位于可见光区、紫外光区或近红外光区的电磁波辐射，那么此过程称为"发光过程"。发光的历史演进过程是漫长而辉煌的，如图 1.13 所示。

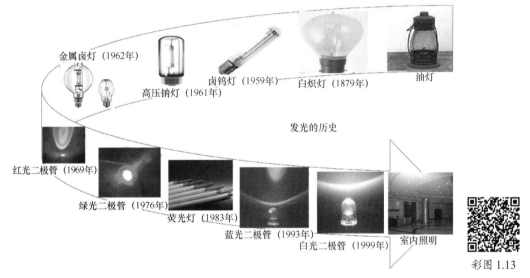

图 1.13 发光的历史演进过程

1.4.2 发光的定义

固体中的电子受到外界能量的激发（如光吸收），会从基态跃迁到激发态（一种非平衡态）。处于激发态的电子具有一定的寿命，会以一定概率回落到基态，并把多余的能量以各种形式释放出来。如果以光能的形式释放出来，则称之为**发光过程**。

任何物体在一定温度下均有热辐射（也叫热发光）。为了区分其他发光形式和热发光，严格的固体发光概念不包含热发光。而此处所说的发光现象有两个**主要特征**：

（1）发光为固体吸收外界能量后所发出的总辐射超出热发射的部分（发光的定义指出了发光与热辐射的区别）；

（2）外界激发源对物体的作用停止后，发光现象会持续一段时间（即发光与散射、反射等现象的区别）。

要注意的是，并非一切光辐射都称为发光。发光是光辐射的一部分，即发光为固体吸收外界能量后所发出的总辐射超出热发射的部分，因此

$$光辐射 = 平衡辐射 + 非平衡辐射$$

此处的**平衡辐射**就是炽热物体的光辐射，又叫"热辐射"，它起因于物体的温度（T）。热平衡（准平衡）相应于热辐射。热辐射体的光谱只取决于辐射体的温度及其发射本领。热辐射是一种平衡辐射，基本上只与温度有关，而与物质本身无关。

非平衡辐射是指在某种外界作用的激发下，物体偏离原来的热平衡态而产生的辐射。显然，发光只是非平衡辐射的一种。

1.4.2.1　发光与热辐射的区别

热辐射：通常，温度在 0K 以上的任何物体都有热辐射，但温度不够高时辐射波长大多在红外光区，人眼看不见。当物体的温度达到 5000℃以上时，辐射的可见光部分就够强了，如烧红了的铁、电灯泡中的灯丝等。图 1.14 给出了黑体辐射光谱随色温的变化情况。图中最高的一条线是 5500K（与太阳表面温度相近），这说明太阳辐射的能量主要集中在可见光区。以炼钢的热辐射为例（如图 1.15 所示），刚开始在低温下不发光，随着温度的升高，其颜色由暗红变为橙色，再变为黄白色。

彩图 1.14～彩图 1.15

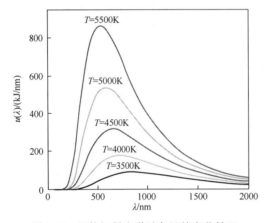

图 1.14　黑体辐射光谱随色温的变化情况

图 1.15　炼钢的热辐射

发光：叠加在热辐射之上的一种光发射。发光材料能够发出明亮的光，而它的温度却比室温高不了多少，因此，发光有时也被称为"冷光"。

1.4.2.2　发光与其他非平衡辐射的区别

非平衡辐射有许多种，除发光外，还有反射、散射等。

光辐射的特征一般可用 5 个宏观光学参量来描述，即亮度、光谱、相干性、偏振度和辐射期间。

（1）**亮度**：亮度是指发光体的光强与光源面积之比，即单位投影面积上的发光强度。亮度的单位是坎德拉/平方米（cd/m^2）。与光的"照度"不同，与亮度相应的是"光强"。这两个量在一般的日常用语中往往被混淆。亮度也称"明度"，表示色彩的明暗程度。人眼所感受到的亮度是色彩反射或透射的光亮所决定的。亮度高低不能区分各种类型的非平衡辐射。

（2）**光谱及相干性**：光谱不仅在发光中存在，在联合散射和康普顿–吴有训效应中也有。而且，在特定条件下的发光［如激光（受激发射）及超辐射（特殊条件下的自发发射）］都具有相干性。

（3）**偏振度**：偏振度是光束中偏振部分的光强度与整个光强度的比值。偏振度在发光现象中并不具有普遍性。

（4）**辐射期间**：发光有一个比较长的延续时间（Duration），该延续时间有长有短。辐射期间是发光区别其他非平衡辐射的判据。辐射期间是指去掉激发后辐射还可延续的时间，此延续时间可长达几十小时，也可短至 10^{-10}s 左右，但都比反射、散射的持续时间（约 10^{-14}s）长得多。

在激发（Excitation，即外界作用）停止后，发光并不马上消失而是逐渐变弱，这个过程称为余辉（Afterglow）。

值得注意的是，此处的 10^{-10}s 数量级指标具有一些任意性，它依赖于技术测量水平。随着科技的发展，测量时间已突破飞秒（10^{-15}s）。实测到的发光弛豫时间短到皮秒（10^{-12}s）的例子也不少。

值得一提的是，**荧光**（Fluorescence）与**磷光**（Phosphorescence）对于无机物发光领域而言没有严格区分，甚至会相互混淆。但在有机物发光领域，分子从单重激发态跃迁到基态的发光叫"荧光"；从三重激发态跃迁到基态的发光叫"磷光"，这是不容混淆的。

1.4.2.3 发光与反射、散射和契伦科夫辐射的区别

契伦科夫辐射是指介质中运动的带电粒子（通常是电子）速度超过该介质中光速时发出的一种以短波长为主的电磁辐射。这种辐射是 1934 年由苏联物理学家契伦科夫发现的，因此以他的名字命名。

发光：具有一定的持续时间（持续时间：激发停止以后，光发射所经历的时间，主要取决于激发态的寿命），通常大于 10^{-11}s。也有更慢的，这取决于跃迁的性质。

发射、散射和契伦科夫辐射：几乎无惯性，持续时间非常短，约为 10^{-14}s。

1.4.3 发光的基本过程

一般说来，发光的基本过程主要包括三个过程：（1）发光中心在外部能量的激发下进入激发态，该过程称为"激发"（Excitation）；（2）处于激发态的发光中心通过光发射的方式回到基态，该辐射跃迁过程称为"发射"（Emission）；（3）处于激发态的发光中心通过向周围晶格释放能量的方式回到基态，这种非辐射跃迁过程称为"产热"（Heat）。发光的基本过程如图 1.16 所示，其中 A 表示发光中心。

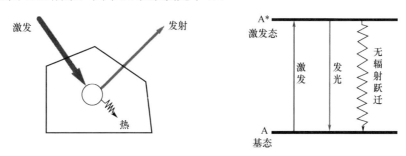

图 1.16 发光的基本过程

此外，对于存在能量传递过程的发光中心来说，其具体的发光过程要复杂一些，如图 1.17 所示，该发光过程还包括发光中心（A 表示）和敏化中心（S 表示）。与前一种情况（见图 1.16）相比，图 1.17 中增加了能量传递过程。敏化中心 S 吸收能量进入激发态，并将能量传递给发光中心 A，最终由发光中心产生发光。能量传递过程在发光材料中是非常普遍和重要的过程。

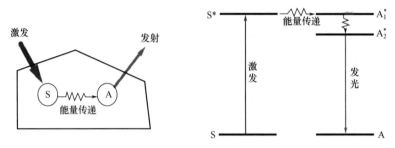

图 1.17　存在能量传递过程的发光过程

1.5　发光的分类

发光体受外界作用而发光，发光学中称这种外界作用为激发。根据激发方式的不同，可将发光分为多种：光致发光、电致发光、阴极射线发光、放射线发光、X 射线发光、化学发光、生物发光、摩擦发光和声致发光等，如表 1.1 所示。

表 1.1　根据激发方式区分的发光类型

名　称	激发方式	名　称	激发方式
光致发光	光的照射	化学发光	化学反应
电致发光	气体放电或固体受电的作用	生物发光	生物过程
阴极射线发光	电子束的轰击	摩擦发光	机械压力
放射线发光	核辐射的照射	声致发光	高频声波的激发
X 射线发光	X 射线的照射		

1.5.1　光致发光

用光激发产生的发光称为光致发光（Photoluminescence，PL）。光源波长可以从紫外光到可见光，甚至红外波段。从量子力学角度，可将这一过程描述为物质吸收光子跃迁到较高能级的激发态后再返回低能态，同时放出光子的过程。

利用光致发光机理，将各种固体激光器和日光灯作为光源，从而可实现各种发光材料的发光。另外，从物理的角度，用紫外光至红外光的各个波长来激发，可研究物质结构和它接收光能后其内部发生的各种变化过程，包括固体中的杂质、缺陷及它们的结构、能量状态的变化，激发能量的转移和传递，以及化学反应中的激发态过程、光生物过程等。

1.5.2　电致发光

电致发光（Electroluminescence，EL）是物质在一定的电场作用下被相应的电能激发而产生的发光现象，是一种直接将电能转化为光能的现象。最初电致发光也被译成"场致发光"，如电弧放电、火花放电、辉光放电等。又如，发光二极管（Light Emitting Diode，LED）是半导体的电致发光，利用电流通过 PN 结发光（其机理即为"少数载流子的注入发光"），如图 1.18 所示。LED 已是家用电器上不可或缺的元件，此外，LED 也用于大屏幕显示。

彩图 1.18

图 1.18　各种颜色的二极管

另外，夹在两平行板电极间薄层材料产生的发光，可用于计算机液晶显示屏的背照明。其材料可以是蒸发的薄膜，也可以是和绝缘材料混合涂敷的发光粉末，所加电压可以是交流或直流，其机理即为"多数载流子被加速碰撞发光中心的发光"。

过去，高亮度电致发光主要是由无机材料产生的。20 世纪 80 年代后期，在有机材料中也获得了明亮的 PN 结发光，其相关的研究（即"有机发光二极管"技术）也蓬勃地开展起来。

1.5.3　阴极射线发光

用电子束激发物质产生的发光叫作阴极射线发光（Cathodoluminescence，CL）。生活中属于阴极射线发光的例子有：电视显像屏，以及计算机、电子显微镜和各式各样电子仪器的显示屏，如图 1.19 所示。

彩图 1.19

图 1.19　阴极射线显像屏

阴极射线发光所使用的电子能量通常在几千至上万电子伏特。高能电子束进入发光体后撞击晶格，产生更多的电子（次级电子），次级电子又会产生更多的次级电子……能量不断减小，数量倍增。最后，大量的能量只有几电子伏特的电子激发发光材料的效率达到最大，材料因此"强发光"。

20 世纪 70 年代还发现了一种低到几伏至几十伏的电子激发的发光，叫作低能电子发光，也称为真空荧光（Vacuum Fluorescence）。不过能产生这种荧光的物质极其有限，迄今为止，能实际应用的只有 ZnO 一种。但从事显示研究的科技人员仍对之很感兴趣，因为它们的亮度极高，目前市场上仍然有产品。

1.5.4　放射线发光

所谓的放射线发光（Radioluminescence，RL）[4]，就是指用各种射线（如 α、β、γ 等核辐射）激发物质产生的发光。

　　α 射线是带正电（氦核）的粒子流，而 β 射线是电子流，都是带电粒子，不过它们比一般的带电粒子（如阴极射线）的能量大得多。γ 射线和 X 射线是电磁辐射，都是光子流，不过，它们比可见光、紫外光的光子能量大得多。因此相对地说，辐射发光又可称为高能粒子发光。物体的辐射发光谱与其他方式激发的发光谱基本相同，但从激发过程来看，它们之间有很大的差别。

　　高能带电粒子入射发光体后，同发光体中的原子（或分子）碰撞，从原子电离出来的电子具有很大的动能，可以继续引起其他原子的激发或电离，因而产生大量的次级电子。高能光子流入射发光体时，可能会发生光电效应、康普顿效应及形成电子-正电子对（X 射线主要产生光电子），这些效应也都能产生大量的次级电子。以上两种激发情况有共同的特征：在粒子（光子）通过的路程上有大量的原子被激发或电离，并且产生大量的次级电子，因此这种激发具有密度高和空间不均匀的特点，它们只发生在粒子（光子）经过的轨迹附近。例如，对于 ZnS 材料，α 粒子（能量约为 5MeV）引起的激发带直径只有 10cm，β 粒子（能量约为 1MeV）引起的激发带直径只有 18cm，而 X 射线（能量约为 35keV）引起的激发带直径为 90cm。辐射激发的这些特点使得其发光量子效率大大超过 1，例如，对于 X 射线，高达 1000 以上的量子效率并不难获得。这些都是有别于普通激发和发光的特点。

　　放射线发光的重要应用包括以下几种。①闪烁计数器、闪烁探测器，可用来进行射线强度、能谱及剂量的测量。② X 射线医疗及工业无损探测用的直接观察屏，以及使乳胶感光的增感屏。直接观察屏要求发光谱与人眼光谱响应匹配，一般谱峰为 520～560nm。增感屏则要求感光乳胶对 X 射线的吸收很少，而屏中的辐射发光材料吸收 X 射线发出的光，能使乳胶感光，因此，发出的光应与乳胶的光谱响应相匹配。③永久性发光材料。在发光材料（如 ZnS）中加入少量的放射性同位素，可以无须其他外加能源就能长时间地发光。有些同位素的半衰期很长，所以称这种材料为永久性发光材料，它可以用来作为一种弱照明的不熄光源，如涂覆在仪表上，可在夜间或暗处观察。实际上，为了减小放射线对人体的伤害，常采用半衰期较短、毒害较低的人工同位素，例如，氚（H）的半衰期为 12.33 年，钷（P_m）的半衰期为 2.65 年，发光材料则用 ZnS 等，其应用主要是辐射剂量计。

1.5.5　X 射线发光

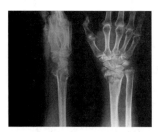

　　X 射线发光（X-Ray Luminescence，XRL）是指在 X 射线的激发下材料产生发光的现象。X 射线作用于材料，主要产生光电效应。其激发特点为密度高、激发不均匀、无选择性。其主要用途为医用增感屏和直接观测屏。上述射线（如 α、β、γ 等射线）都是高能量的，主要是通过产生的次级电子激发发光的。图 1.20 所示为手的 X 射线显像图。

图 1.20　手的 X 射线显像图　　彩图 1.20

1.5.6　化学发光

　　化学发光（Chemiluminescence）是指在某些化学反应过程中，体系中的反应物、生成物或中间体吸收了反应产生的能量从基态跃迁到激发态，然后在从激发态回到基态的过程中释放光子，其应用主要是紧急照明等。如市场上有这样的产品，一种隔离开两种化合物的透明容器，在需要时消除隔离使之混合产生化学反应而发光。这种产品能持续发光半小时以上，并有足够亮度。图 1.21 给出了生活中常见的几种化学发光现象。

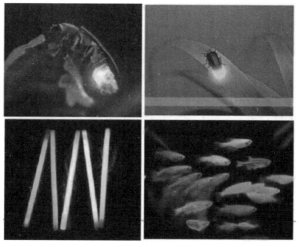

彩图 1.21

图 1.21　生活中常见的化学发光现象

1.5.7　生物发光

生物发光（Bioluminescence）是指生物体发光或生物体提取物在实验室中发光的现象。它不依赖于有机体对光的吸收，而是一种特殊类型的化学发光，其化学能转化为光能的效率几乎为 100%，也是氧化发光的一种。

生物发光的一般机制是：由细胞合成的化学物质在一种特殊酶的作用下，使化学能转化为光能，如细胞发光现象（见图 1.22）和海底生物发光（见图 1.23）等。

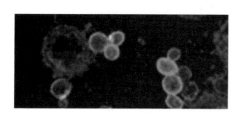

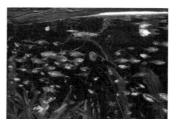

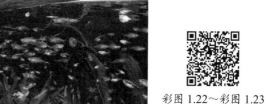

彩图 1.22～彩图 1.23

图 1.22　细胞发光现象　　　　图 1.23　万米深渊的海底都生活着形形色色、
　　　　　　　　　　　　　　　　　　　　光怪陆离的海底发光生物

荧光海滩又称"火星潮"（如图 1.24 所示），由发光浮游生物形成，这一现象是在马尔代夫蜜月旅行的 Will Ho 意外在海边发现的，之后人们开始将这片发光海滩称为"蓝眼泪"。

彩图 1.24

图 1.24　荧光海滩

1.5.8　摩擦发光

某些固体受机械研磨、振动或应力时的发光现象称为摩擦发光（Triboluminescence）。例如，蔗糖、酒石酸等晶体受挤压时可发出闪光；合成的磷光体 $CaPO_4:Dy^{3+}$ 用指甲划痕，可观察到很强的发光等。

摩擦发光还泛指如下的发光过程。

（1）应变激发发光。压电固体在受到研磨或振动时会发生应变，因压电效应而产生高达 10V/cm 的局部场，场区因齐纳击穿产生电子–空穴时，当它们复合时可发出光。也可能有一部分电子（或空穴）被陷阱俘获，然后热释发光，称为摩擦热释发光。

（2）有的半导体（如硅）受机械力而断裂时，可见到蓝色闪光，它是由断裂的清洁表面上形成表面态及载流子在表面态上的重新排列引起的发光，也可能是由断裂表面间的弧光放电引起的发光。图 1.25 所示为撕胶带时产生的发光。

图 1.25　撕胶带时产生的发光　　彩图 1.25

1.5.9　声致发光

如图 1.26 所示，物体在高频声波作用下产生的发光现象，称为声致发光（Sonoluminescence）。液体受超声波作用而产生类似旋涡中的空腔，使连续性的液体断裂，因此，声致发光也可看作物体因断裂引起的一种摩擦发光。

如图 1.27 所示，当强大的声波作用于液体时，液体中会产生一种"声空化"现象——在液体中产生气泡，

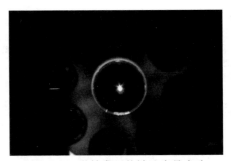

图 1.26　微等离子体被认为是声致
发光现象产生的源头　　彩图 1.26

气泡随即压缩到一个非常小的体积，内部的温度可以超过 10 万摄氏度，过程中会发出瞬间的闪光。这就是被称为声致发光的一种现象。

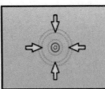

声波导致气泡的产生　　　　缓慢膨胀　　　　急速压缩　　　　发光　　　　彩图 1.27

图 1.27　气泡破裂产生的声致发光现象

1.6 发光材料的应用[5]

目前，发光材料的种类很多，主要分为有机发光材料和无机发光材料。有机发光材料普遍具有共轭结构及一些生色团。无机发光材料种类纷繁，如稀土发光材料及量子点等。发光材料已经在生物成像、显示和诊疗等多个方面实现了应用，其简单例子如下。

（1）照明光源：荧光灯中的荧光粉、LED 照明。光致发光粉是制作发光油墨、发光涂料、发光塑料、发光印花浆的理想材料。发光油墨不但适用于网印各种发光效果的图案文字，如标牌、玩具、字画、玻璃画、不干胶等，而且因其具有透明度高、成膜性好、涂层薄等特点，可在各类浮雕、圆雕（如佛像、瓷像、石膏像、唐三彩）、高分子画、灯饰等工艺品上喷涂或网印，在不影响其原有的饰彩或线条的前提下大大提高其附加值。

（2）显示与显像：电视机（阴极射线管、等离子体平板电视）、LED 大屏幕显示、交通指示。光致发光材料在安全方面的应用是其最为普遍的应用。在安全方面，光致发光材料可用作安全出口指示标记、撤离标记等。在用作这些标记时，光致发光材料一定要经过严格检测，确保它们符合安全标准。光致发光材料应用在安全方面与装饰品或其他小物品上不同，要求发光材料保持最亮的光照度和持续时间长的照明。

（3）高能物理辐射探测：高能物理与核物理实验。

（4）核医学成像：计算机 CT、单光子发射计算机断层成像术（Single-Photon Emission Computed Tomography，SPECT）和正电子发射断层成像术（Positron Emission Tomography，PET）等。发光材料可用于探测 X 射线或 γ 射线。

（5）示踪剂和标记物：在生物医学领域可用来认识生命过程，如荧光量子点。

思 考 题 1

1．发光的定义和特点是什么？发光的本质是什么？
2．发光与热辐射的区别是什么？
3．发光材料的分类方法有哪些？
4．发光现象所经历的物理过程有哪些？
5．发光的重要参数有哪些？
6．举例说明发光材料有哪些应用。

参 考 文 献

[1] 祁康成. 发光原理与发光材料[M]. 成都：电子科技大学出版社，2012.

[2] 分析行业新闻. 日本科学家发现人体能发出微弱的可见光[EB/OL]. [2009-07-25]. https://www.antpedia.com/news/ 21/n-46721.html.

[3] 百度百科. 人体会发光？[EB/OL]. [2020-09-26]. https://baijiahao.baidu.com/s?id=16789120888813088232&wfr=spider&for=pc.

[4] 百度百科. 辐射发光[EB/OL]. [2022-01-12]. https://baike.baidu.com/item/辐射发光/6085830?fr=aladin.

[5] 百度百科. 发光材料[EB/OL]. [2023-02-12]. https://baike.baidu.com/item/发光材料/652062?fr=aladin.

第2章 固体发光基础知识

2.1 背景知识

2.1.1 发光材料的定义

发光材料又称为"发光体"，是一种能够把从外界吸收的各种形式的能量转换为非平衡光辐射的功能材料。物体的光辐射有平衡辐射和非平衡辐射两大类，即热辐射和发光。

任何物体只要具有一定的温度，该物体就必定具有与此温度下处于热平衡状态的辐射。

非平衡辐射是指在某种外界作用的激发下，体系偏离原来的平衡态，如果物体在恢复到平衡态的过程中，其多余的能量以光辐射的形式释放出来，则称为发光。因此发光是一种叠加在热辐射背景上的非平衡辐射，其持续时间超过光的振动周期。

固体发光的基本特征主要是以下两点：

（1）任何物体在一定温度下都具有平衡热辐射，而发光是指吸收外来能量后发出的总辐射中超出平衡热辐射的部分；

（2）在外界激发源对材料的作用停止后，发光还会持续一段时间，称为"余辉"，通常以 10^{-8}s 为界限，短于该界限为荧光，长于该界限为磷光。

2.1.2 发光材料的形态

发光材料具有以下几种形态。

（1）晶体

理想晶体是由许多质点（包括原子、离子、分子或原子群等）在三维空间有规则地排列而成的固体物质。晶体的外形具有一定的对称性，反映了晶体粒子在内部的规则排列。晶体又分为单晶和多晶。

所谓单晶，是指晶体的整个晶格是连续的。而多晶则是指由大量的小单晶颗粒组成的集体。小晶粒的尺寸处于微米量级，呈现出粉末状态，如荧光粉等。晶体材料具有高的发光效率，是发光材料的主要形态。图 2.1 所示为晶体空间点阵示意图。

（2）非晶

"非晶"是指组成物质的原子（或离子）排列不具有周期性，也被称作"无定形"材料，如玻璃等。非晶中质点的分布类似于液体，所以非晶也可被视为"过冷液体"，因此严格来说，只有晶格才是固体。晶体与非晶的不同点在于晶体的内部质点排列是有规律的，长程有序，具有固定熔点；而非晶的内部质点排列是无规律的，长程无序，但一般短程有序，没有固定熔点。非晶材料由于缺陷较多，往往发光强度受到一定的限制，但有些材料非晶态的制备比生长单晶更容易且廉价，因此也会被用作发光材料，如玻璃闪烁体等。图 2.2 所示为掺 Tb^{3+} 的发光玻璃，可用于闪烁探测等。

（3）纳米晶

一般的纳米晶发光材料是指由颗粒尺度小于 100nm 的晶粒所组成的发光材料。与多晶材料（尺度处于微米量级）相比，其尺寸更小。颗粒尺度的减小使得其具有更大的比表面积，表现出更明显的量子限制效应，对于提高发光强度、调节发光波长具有特殊作用。纳米晶可以单独存在，也可以掺入玻璃材料，形成纳米晶玻璃。图 2.3 所示为不同粒径胶体量子点（纳米晶）的发光示意图，其发光颜色可通过色坐标（Chromaticity Coordinate）来表征。有关色坐标的内容将在第 7 章进行重点介绍。

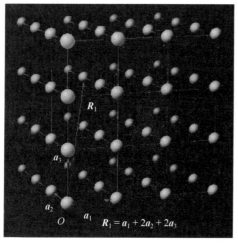

彩图 2.1～彩图 2.3

图 2.1　晶体空间点阵示意图

图 2.2　掺 Tb^{3+} 的发光玻璃

图 2.3　不同粒径胶体量子点的发光示意图

（4）薄膜

在合适的衬底（或基质）上镀上发光材料，可以制备出发光薄膜。这层发光材料可以是单晶、多晶甚至非晶。在某些应用场合中需要采取薄膜的形态，如发光二极管、场效应晶体管和光电晶体管等光电器件。图 2.4 所示为不同薄膜结构的示意图。

彩图 2.4

图 2.4　不同薄膜结构的示意图

2.1.3　原子能级及跃迁

（1）原子的能级

由量子力学得出的氢原子能级如图 2.5 所示。玻尔理论中的"一条能级"对应于电子

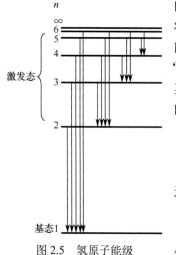

的一种轨道。量子力学中的"一条能级"则对应于电子的一种状态，每种状态都用 4 个量子数 n、l、m 和 m_s 来描述。其中能级是指粒子的内部能量值："高能级"指能量较高的能级；"低能级"指能量较低的能级；"基能级"是指能量最低的能级，其相应的状态称为"基态"；"激发能级"则指能量高于基能级的其他所有能级，其相应状态也称为"激发态"。

（2）辐射跃迁和非辐射跃迁

跃迁是指粒子由一个能级过渡到另一个能级的过程。

辐射跃迁是指粒子发射（或吸收）光子的跃迁（满足跃迁选择定则）过程。

① 发射跃迁

发射跃迁是指粒子发射光子的过程，其由高能级跃迁至

图 2.5　氢原子能级

低能级，如图 2.6（a）所示。

$$\varepsilon = h\nu = E_2 - E_1$$

② 吸收跃迁

吸收跃迁是指粒子吸收光子的过程，其由低能级跃迁至高能级，如图 2.6（b）所示。

$$\varepsilon = h\nu = E_2 - E_1$$

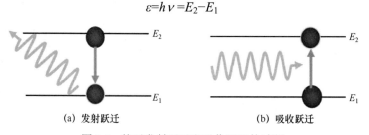

(a) 发射跃迁　　　　　　　　　　　(b) 吸收跃迁

图 2.6　粒子发射跃迁和吸收跃迁的过程

无辐射跃迁是指既不发射又不吸收光子的跃迁，它是通过与其他粒子或气体容器壁的碰撞或者其他能量交换过程的方式。

若某一激发能级与较低能级之间没有或只有微弱的辐射跃迁，则该态的平均寿命会很长（大于或等于 10^{-3}s），称为"亚稳能级"，相应的态称为"亚稳态"。一般的原子能级寿命为 $10^{-9} \sim 10^{-8}$s。如 H 原子的 2p 态能级寿命 τ 为 0.16×10^{-8}s；3p 态能级寿命 τ 为 0.54×10^{-8}s；He 原子的两个亚稳态能级寿命 τ 分别约为 10^{-4}s（2^1S_0 对应的能级约为 20.55eV）与 10^{-6}s（2^3S_1 对应的能级约为 19.77eV）。

（3）原子光谱的产生

物质由同种或不同种原子组成，每种原子都有一定的结构。在一定条件下，气态原子能够从外界获得一定的能量而被激发，辐射出波长不连续的光谱（原子光谱），因此可以通过测量原子光谱的波长和强度进行物质分析。

量子力学认为，原子光谱的产生是原子发生能级跃迁的结果，而跃迁概率的大小则影响谱线的强度并决定跃迁规则。图 2.7 所示为几种原子的线状光谱。

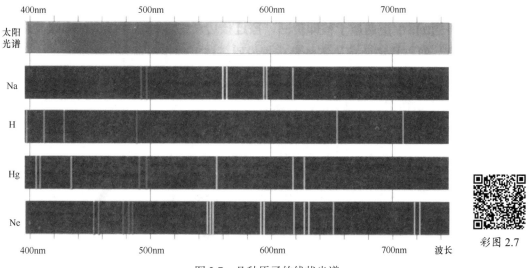

图 2.7　几种原子的线状光谱

按量子力学原理，原子中核外电子的运动、状态、角动量都不是连续变化的，而是跳跃式变化的，即量子化的。量子数有主量子数、角量子数、磁量子数和自旋方向量子数。

① 主量子数（n）

主量子数 n 描述原子中电子出现概率最大区域离核的远近（即电子层数），它决定了电子能量的高低。

取值：$n=1, 2, 3, 4, 5, 6, \cdots$

电子层符号：K, L, M, N, O, P, $\cdots$

对于氢原子，其能量的高低取决于主量子数 n

$$E_n = -\frac{13.6}{n^2}\text{eV} \tag{2.1}$$

但对于多电子原子，电子的能量除受电子层的影响外，还随原子轨道形状不同而变化（即还受其角量子数的影响）。

② 角量子数（l，也被称为轨道角动量量子数）

角量子数 l 决定了原子轨道（或电子云）的形状和电子亚层（同一 n 层中的不同分层）。在多电子原子中，角量子数与主量子数一起决定电子的能量。之所以称 l 为角量子数，是因为它与电子运动的角动量 M 有关

$$|M| = \frac{h}{2}\sqrt{l(l+1)} \tag{2.2}$$

当 $M=0$ 时，原子中电子运动情况与角度无关，即原子轨道（或电子云）形状是球形对称的。角量子数 l 只能取一定的数值：$l=0, 1, 2, \cdots, n-1$。其电子亚层：s, p, d, f, g, $\cdots$。

式（2.2）说明 l 是量子化的，其具体物理意义是电子云（或原子轨道）有几种固定形状，不是任意的。如图 2.8 所示，s 为球形，p 为哑铃形，d 为花瓣形，f 为棒锤形。第一电

子层仅有 1s 电子（$l=0$），第二电子层仅有 2s、2p 电子（$l=0,1$），第三电子层仅有 3s、3p、3d 电子（$l=0,1,2$），依此类推。

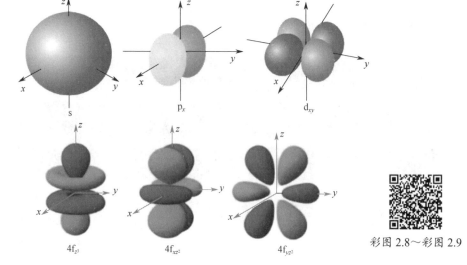

图 2.8　几种形状的电子云

③ 磁量子数（m，也被称为轨道方向量子数 m_l）

磁量子数 m 决定波函数（原子轨道）和电子云在空间的伸展方向及角动量在空间给定方向上的分量大小。磁量子数 m 的取值为 $m=0, \pm1, \pm2, \pm3, \cdots, \pm l$。例如，$n=2$，$l=0,1$，$m=0, \pm1$。

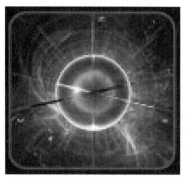

图 2.9　球面电子云

对于 $2p_x$、$2p_y$ 和 $2p_z$ 三种情况来说，这三个轨道的能量是相等的（简并轨道），但在外磁场的作用下可发生分裂，出现微小的能量差别。

称以上的 $2p_x$、$2p_y$ 和 $2p_z$ 为三个原子轨道，即代表核外电子的三种运动状态。例如，$2p_z$ 表示核外电子处于第二电子层，是哑铃形，沿 z 轴方向分布。由此，可深刻理解三个量子数（n、l 和 m）决定核外电子的一种空间运动状态。

当 $l=0$ 时，$m=0$。其 s 轨道电子云形状为球面，如图 2.9 所示。

当 $l=1$ 时，$m=0, \pm1$。其 p 轨道电子云形状为双叶轨道，如图 2.10 所示。

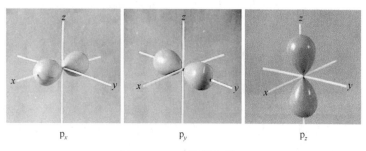

图 2.10　双叶轨道电子云

彩图 2.10

当 $l=2$ 时，$m=0$, ±1, ±2。其 d 轨道电子云形状如图 2.11 所示。

当 $l=3$ 时，$m=0$, ±1, ±2, ±3。其 f 轨道电子云形状如图 2.12 所示。图中的（a）、（b）、（c）、（d）、（e）、（f）和（g）分别代表的轨道名称为 f_y^3、f_x^3、f_z^3、$f_{x(z^2-y^2)}$、$f_{y(z^2-x^2)}$、$f_{z(x^2-y^2)}$ 和 f_{xyz}。

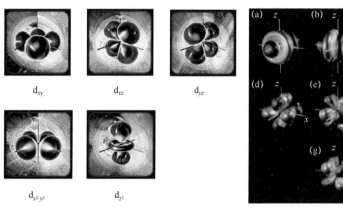

d_{xy} d_{xz} d_{yz}

$d_{x^2-y^2}$ d_{z^2}

图 2.11 d 轨道电子云形状（花瓣形）

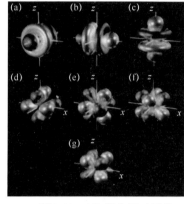

彩图 2.11～彩图 2.12

图 2.12 f 轨道电子云形状

值得注意的是：$m=0$ 表示的是一种状态。对 s 电子来讲，仅代表一种球形对称的电子云；对其他电子来说，习惯上把 $m=0$ 规定为在 z 轴方向分布。表 2.1 所示为磁量子数 m 与角量子数 l 的关系。

表 2.1 磁量子数 m 与角量子数 l 的关系

l	m	空间运动状态数	
0	0	s 轨道	1 种
1	+1, 0, −1	p 轨道	3 种
2	+2, +1, 0, −1, −2	d 轨道	5 种
3	+3, +2, +1, 0, −1, −2, −3	f 轨道	7 种

④ 自旋方向量子数（m_s，也被称为自旋量子数）

自旋方向量子数 $m_s=\pm1/2$，表示同一轨道中电子的两种自旋状态，即仅有两种运动状态（即↑顺时针和↓逆时针）。用分辨力较强的光谱仪观察氢原子光谱可发现，大多数谱线是由靠得很近的两条谱线组成的。这是因为同一空间运动状态（即同一轨道）中，可能有两种电子运动状态，即电子有自身的旋转运动（类似于地球绕太阳转及自转）。

综上所述，描述核电子的运动状态需要 4 个量子数，即 n、l、m 和 m_s。值得注意的是 n、l 和 m 可描述核外电子的一种空间运动状态，即一个原子轨道。每个原子轨道都能容纳两个自旋相反的电子。表 2.2 所示为主量子数 n 与角量子数 l 的关系。表 2.3 所示为角量子数 l 与电子亚层、轨道形状的对应关系。

表 2.2 主量子数 n 与角量子数 l 的关系

n	1	2	3	4
电子层	K	L	M	N
l	0	0 1	0 1 2	0 1 2 3
电子亚层	1s	2s 2p	3s 3p 3d	4s 4p 4d 4f

表2.3 角量子数 l 与电子亚层、轨道形状的对应关系

角量子数 l	0	1	2	3	4	⋯
电子亚层	s	p	d	f	g	⋯
轨道形状	球形	哑铃形	花瓣形	⋯	⋯	⋯

可见，主量子数 n 决定原子轨道的大小（即电子层）和电子的能量。角量子数 l 决定原子轨道（或电子云）的形状，同时影响电子的能量。磁量子数 m 决定原子轨道（或电子云）在空间的伸展方向。自旋方向量子数 m_s 决定电子的自旋方向。

例子：当电子处于 $n=3$ 时，有几种电子简并态？

解答：角动量有 3 种，每种角动量的空间取向都有 $2l+1$ 种，电子还有 2 种自旋，所以共有 18 种，如图 2.13 所示。

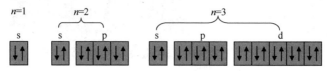

图 2.13 $n=3$ 的电子简并态

一般结论：电子的简并态 $Z_n = \sum_{l=0}^{l=n-1} (2l+1) \times 2 = 2n^2$。

（4）原子状态的标记

① 泡利不相容原理

原子中核外电子的排布要遵守泡利不相容原理和能量最低原理。所谓泡利不相容原理，是指一个原子内不可能有两个或两个以上的电子具有完全相同的状态；也就是说，一个原子内不可能有 4 个量子数完全相同的电子；也指不可能有两个或两个以上的电子处于同一个量子态。

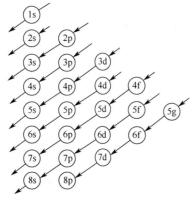

图 2.14 电子的填充顺序

如图 2.14 所示，电子填充各壳层的次序是：1s, 2s, 2p, 3s, 3p, 4s, 3d, 4p, 5s, 4d, 5p, 6s, ⋯。其中 $n=1, 2, 3, 4, 5, 6, 7$ 对应的电子层为 K、L、M、N、O、P、Q。

② 洪特规则

洪特规则包括两个方面的含义：一是电子在原子核外排布时，将尽可能分占不同的轨道，且自旋平行；二是对于同一个电子亚层，当电子排布处于全满（s^2、p^6、d^{10}、f^{14}）、半满（s^1、p^3、d^5、f^7）和全空（s^0、p^0、d^0、f^0）时比较稳定。

德国的弗里德里希·洪特（F. Hund）根据大量光谱实验数据总结出一种规律，即电子分布到能量简并的原子轨道时，优先以自旋相同的方式分别占据不同的轨道，因为以这种排布方式进行排布时，原子的总能量最低。所以在能量相等的轨道上，电子尽可能自旋平行地多占不同的轨道。当电子排布在同一能级的不同轨道时，总是首先单独占一个轨道，而且自旋方向相同。

③ 原子的电子组态符号

相同的 n 和 l 组成一个次壳层。对应于 $l=0, 1, 2, 3, \cdots$ 的各次壳层，分别记作 s, p, d, f, g, h,…例如，钠原子有 11 个核外电子，钠原子基态的电子组态为 $1s^22s^22p^63s$，其中 $1s^22s^22p^6$ 这 10 个电子称为原子实，原子实以外的电子称为价电子，可以被激发。$n \geqslant 3$ 的激发态的钠原子电子组态为（$1s^22s^22p^63p$）、（$1s^22s^22p^63d$）、（$1s^22s^22p^64s$）等。

④ 原子态的标记

由于多电子原子中电子的轨道角动量与自旋角动量之间存在相互作用，原子的同一电子组态可以形成不同的原子组态。

下面以两个电子为例来说明。两个电子有轨道运动（l_1、l_2）和自旋运动（s_1、s_2），每种运动都产生磁场，因此对其他运动都产生影响。这 4 种运动可以有 6 种相互作用：$G_1(s_1s_2)$、$G_2(l_1l_2)$、$G_3(l_1s_1)$、$G_4(l_2s_2)$、$G_5(l_1s_2)$ 和 $G_6(l_2s_1)$。

一般情况下，G_5、G_6 比较弱，可以忽略。根据耦合的强度可以分为两种耦合：LS 耦合和 JJ 耦合。其中 LS 耦合 G_1 和 G_2 比 G_3 和 G_4 强，因此只考虑 G_1 和 G_2 耦合；JJ 耦合 G_3 和 G_4 比 G_1 和 G_2 强，因此只考虑 G_3 和 G_4 耦合。

在 LS 耦合中，两个轨道角动量合成一个总轨道角动量，其量子数为 L，$L=l_1+l_2$，$l_1+l_2-1,\cdots,|l_1-l_2|$；两个自旋角动量合成一个总自旋角动量，量子数为 S，$S=s_1+s_2$ 或 s_1-s_2。

然后，总自旋角动量和总轨道角动量合成总角动量 J，其量子数为 $J=L+S$，$L+S-1,\cdots$，$|L-S|$，这样就可以说明一对电子在某一组态可能形成不同的原子态。用 $^{2S+1}L_J$ 表示原子组态，符号 L 用大写字母（如 S、P、D、F、G、H 等）表示，分别对应 $L=0, 1, 2, 3, 4,\cdots$。

LS 耦合：适用于电子之间的轨道角动量和自旋角动量相互作用强于每个电子自身的轨道角动量和自旋角动量相互作用的情况。这种耦合方式一般适用于原子序数小于 30 的轻元素。$S=\sum s_i$，$L=\sum l_i$，$J=L+S$。

JJ 耦合：适用于每个电子自身的轨道角动量和自旋角动量相互作用强于电子之间的轨道角动量和自旋角动量相互作用的情况。这种耦合方式一般适用于原子序数大于 30 的较重的元素。在这种情况下，应首先将每个电子的 l 和 s 耦合起来求出 j，然后把每个电子的 j 耦合起来而得到 J。$j=l+s, l+s-1,\cdots, |l-s|$，$J=\sum j$。

⑤ 跃迁规则

量子力学证明，在多电子原子中，电子跃迁只能在偶态和奇态之间发生。对于一般的 LS 耦合，还应遵从以下规则：

（a）主量子数的变化 Δn 为整数，包括 0；

（b）总角量子数的变化 $\Delta L=\pm 1$；

（c）内量子数的变化 $\Delta J=0, \pm 1$，但当 $J=0$ 时，$\Delta J=0$ 的跃迁是禁戒的（即 $J=0$ 与 $J=0$ 之间不能跃迁）；

（d）总自旋量子数的变化 $\Delta S=0$（单重项只跃迁到单重项，三重项只跃迁到三重项）。

2.2　固体光吸收的本质

从本质上讲，固体的光性质就是固体和电磁波的相互作用，这涉及晶体对光辐射的反射和吸收、晶体在光作用下的发光、光在晶体中的传播和作用及光电作用和光磁作用等。基于这些性质，可以开发出光学晶体材料、光电材料、发光材料、激光材料及各种光功能转化材料等。本节将从固体光吸收的本质开始，然后介绍光电材料、发光材料和激光材料等。

下面先讨论纯净物质对光的吸收。

2.2.1　基础吸收

（1）基础吸收（或固有吸收）

固体（如绝缘体和半导体）中的能带结构如图 2.15 所示，其中价带相当于阴离子的价电子层，完全被电子填满。导带和价带之间存在一定宽度的能隙（禁带），在能隙中不能存在电子的能级。这样，在固体受到光辐射时，如果辐射光子的能量不足以使电子由价带跃迁至导带，那么晶体就不会被激发，也不会发生对光的吸收。

例如，离子晶体的能隙宽度一般为几电子伏特，相当于紫外光的能量。因此，纯净的理想离子晶体对可见光以至红外光区的光辐射都不会发生光吸收，都是透明的。碱金属卤化物晶体对电磁波透明的波长可以从 25μm 到 250nm，相当于 0.05～5eV 的能量。当有足够强的辐射（如紫光）照射离子晶体时，价带中的电子就有可能被激发而跨过能隙进入导带，这样就发生了光吸收。这种与电子由价带到导带的跃迁相关的光吸收，称作"基础吸收"或"固有吸收"。例如，CaF_2 的基础吸收带在 200nm（约 6eV）附近，NaCl 的基础吸收约为 8eV，Al_2O_3 的基础吸收约为 9eV。

（2）激子吸收

除基础吸收外，还有一类吸收，其能量低于能隙宽度，它与电子由价带向稍低于导带底处的能级的跃迁有关。这些能级可以视为一些电子–空穴对（或叫作"激子"，Exciton）的激发能级（见图 2.16）。处于这种能级上的电子不同于被激发到导带上的电子，不显示光导电现象，它们和价带中的空穴耦合成电子–空穴对，作为整体在晶体中存在着或运动着，可以在晶体中运动一段距离（约 1μm）后再复合湮灭。

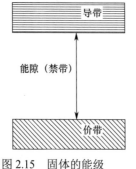

图 2.15　固体的能级

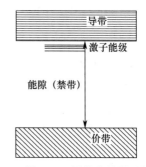

图 2.16　固体中的激子能级

图 2.17 给出了各种光吸收的载流子跃迁情况。

V→C 过程：在高温下发生的电子由价带向导带的跃迁。

E→V 过程：这是激子衰变过程。这种过程只发生在高纯半导体和低温下，这时 kT（k 为玻耳兹曼常数，T 为热力学温度）不大于激子的结合能。可能存在两种明确的衰变过程：自由激子的衰变和束缚在杂质上的激子的衰变。

D→V 过程：在这一过程中，松弛地束缚在中性杂质上的电子和一个价带中的空穴复合，相应的跃迁能量是 $E_g - E_D$。例如，对 GaAs 来说，低温下的 E_g 为 1.5192eV，许多杂质

的 E_D 为 0.006eV，所以 D→V 过程应发生在 1.5132eV 处。因此，发光光谱中在 1.5132eV 处出现的谱线应归属于这种跃迁。具有较大离化能的施主杂质所发生的 D→V 过程应当低于能隙很多，这就是深施主杂质跃迁的 DD→V 过程。

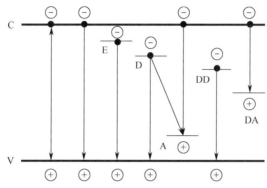

图 2.17　各种光吸收的载流子跃迁情况

C→A 过程：本征半导体导带中的一个电子落在受主杂质原子上，并使受主杂质原子电离化，这个过程的能量为 E_g-E_A。例如，对 GaAs 来说，许多受主杂质的 E_A 为 0.03eV，所以 C→A 过程应发生在 1.49eV 处。实际上，在 GaAs 的发光光谱中已观察到 1.49eV 处的弱发光谱线，它应当归属于自由电子–中性受主杂质跃迁。导带电子向深受主杂质上的跃迁，其能量小于能隙很多，这就是深受主杂质跃迁的 C→DA 过程。

D→A 过程：如果同一半导体材料中施主杂质和受主杂质同时存在，那么可能发生中性施主杂质给出一个电子跃迁到受主杂质上的过程，这就是 D→A 过程。发生跃迁后，施主杂质和受主杂质都电离了，它们之间的结合能为

$$E_b = -e^2/4\pi\varepsilon r \tag{2.3}$$

式中，e 为基本电荷量，ε 为介质的介电常数，r 为施主杂质离子与受主杂质离子之间的距离。无机离子晶体的禁带宽度较大，一般为几电子伏特，相当于紫外光区的能量。因此，当可见光至红外光辐照晶体时，如此低的能量不足以使其电子越过能隙由价带跃迁至导带。所以，晶体不会被激发，也不会发生光的吸收，晶体都是透明的。而当用紫外光辐照晶体时，就会发生光的吸收，晶体变得不透明。禁带宽度 E_g 和吸收波长 λ 的关系为

$$E_g = h\nu = hc/\lambda, \qquad \lambda = hc/E_g \tag{2.4}$$

式中，h 为普朗克常数（$h=6.63\times10^{-34}$ J·s），c 为光速。

如前所述，在无机离子晶体中引入杂质离子后，杂质缺陷能级和价带能级之间会发生电子–空穴复合过程，其相应的能量就会小于禁带宽度 E_g，往往落在可见光区，结果发生固体的光吸收。例如，Al_2O_3 晶体中的 Al^{3+} 和 O^{2-} 离子以静电引力作用按照六方密堆方式结合在一起，Al^{3+} 和 O^{2-} 离子的基态能级为填满电子的封闭电子壳层，其能隙为 9eV，它不可能吸收可见光，所以是透明的。

如果在其中掺入 0.1% 的 Cr^{3+}，则晶体呈粉红色，掺入 1% 的 Cr^{3+} 时晶体呈深红色，此即红宝石，可以吸收可见光，并发出荧光。这是由于掺入的 Cr^{3+} 离子具有填满电子的壳层，在 Al_2O_3 晶体中造成了一部分较低的激发态能级，可以吸收可见光。实际上，该材料就是典型的激光材料。

对杂质原子在无机绝缘体中的光学性质的研究范围十分广泛，作为基质材料的化合物

有碱金属卤化物、碱土金属卤化物、II-IV族化合物、
氧化物、钨酸盐、钼酸盐、硅酸盐、金刚石和玻璃
体等。而掺入作为光学活性中心的杂质离子多数为
过渡金属和稀土金属离子等。图 2.18 所示为离子晶
体的各种吸收光谱示意图。

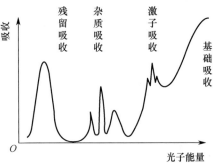

图 2.18　离子晶体的各种吸收光谱示意图

2.2.2　半导体的光吸收和光导电现象

（1）本征半导体的光吸收

本征半导体的电子能带结构与绝缘体类似，全
部电子都填充在价带，且为全满，而导带中没有电子，只是价带和导带之间的能隙较小，
约为 1eV。在极低温度下，电子全部处在价带中，不会沿任何方向运动，是绝缘体，其光
学性质也和前述的绝缘体一样。当温度升高时，一些电子可能获得充分的能量而跨过能隙，
跃迁到原本空的导带中。这时价带中出现空能级，导带中出现电子，如果此时外加电场，
就会产生导电现象。因此，室温下半导体材料的禁带宽度决定了材料的性质。

一般说来，本征半导体的光吸收和发光都源于电子跨越能隙的跃迁，即直接跃迁。价
带中的电子吸收一定波长的可见光或近红外光，可以相互脱离而自行漂移，并参与导电，
即产生所谓的"光导电"现象。当导带中的一个电子与价带中的一个空穴复合时，就会发
射出可见光的光子，这就是所谓的"光致发光"现象。

（2）非本征半导体的光吸收

通常，掺入半导体的杂质有三类：施主杂质、受主杂质和等电子杂质。这些杂质的能
级定域在能隙中，就构成了图 2.17 所示的各种光吸收跃迁方式。等电子杂质可能成为电子
和空穴复合的中心，会对材料的发光产生影响，单独的施主杂质和受主杂质不会影响材料
的光学性质。这是因为只有当激发态电子越过能隙与空穴复合时，才会发生半导体的发光。
譬如，N 型半导体可以向导带提供足够的电子，但在价带中没有空穴，因此不会发光。同
样，P 型半导体的价带中有空穴，但其导带中没有电子，因此也不会发光。如果将 N 型半
导体和 P 型半导体结合在一起形成一个 PN 结，那么可以在 PN 结处促使激发态电子（来自
N 型半导体导带）与空穴（来自 P 型半导体价带）复合。在 PN 结处施加一个正偏压，可
以将 N 区的导带电子注入 P 区的价带，在那里与空穴复合，从而产生光子辐射。这种发光
发生在 PN 结上，故称作"注入结型发光"。这是一种电致发光，是发光二极管工作的基本
过程。图 2.19 所示为 PN 结注入发光的示意图。

这种将低压电能转换为光的方法是很方便的，已经用于制作发光二极管和结型激光
器。利用半导体材料 $GaAs_{1-x}P_x$ 的可调整 x 值来改变能隙，从而可制作出从发红光到发
绿光的各种颜色的发光二极管。也可以利用相反过程，用大于能隙宽度的能量的光照射
PN 结，半导体吸收光能，电子从价带激发到导带，价带中产生空穴。P 区的电子向 N
区移动，N 区的空穴向 P 区移动，结果产生电荷积累，P 区带正电，N 区带负电，如果
外接电路形成回路，电路中就会有电流通过。利用这种原理可以将太阳能转换为电能。
例如，在 N 型半导体 CdS 上电析一层 P 型半导体 Cu_2S 而形成 PN 结，就可以制成高性
能的太阳电池。

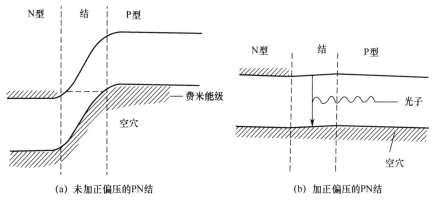

(a) 未加正偏压的PN结   (b) 加正偏压的PN结

图 2.19 PN 结注入发光的示意图

（3）光导电现象

在晶体对光的基础吸收中，会同时产生电子和空穴而成为载流子，对晶体的电导作出贡献。在晶体的杂质吸收中，激发到导带中的电子可以参与导电，但留下来的空穴被束缚在杂质中心，不能参与导电。这样的空穴俘获邻近的电子而复合。当价带电子受光激发到杂质中心时，价带中产生的空穴可以参与导电。

图 2.20 所示为光导电晶体中载流子的生成和消失，其中，图 2.20（a）表示电子和空穴的生成，图 2.20（b）表示电子和空穴的复合，图 2.20（c）表示晶体的禁带中存在陷阱及其载流子的生成。

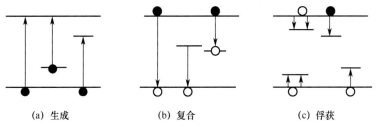

(a) 生成   (b) 复合   (c) 俘获

图 2.20 光导电晶体中载流子的生成和消失

如此，有光辐射激发产生的载流子，一方面在负荷中心消失，另一方面在电场作用下可以移动一段距离后，再被陷阱俘获。如果外电场强度大，则载流子在被陷阱所俘获之前在晶体中飘移的距离长、光电流强，但会有一个饱和值（即初级光电流的最大值）。图 2.21 所示为 AgBr 的光导电流随电场的变化（温度为 $-185℃$，照射光波长为 546nm，强度为每秒 6.5×10^{10} 个光子）。当电场强度一定时，改变光的强度会对光导电流产生影响。一般地，光导电流强度与光强成正比。

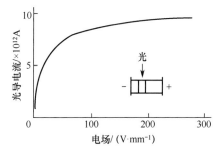

图 2.21 AgBr 的光导电流随电压的变化

利用半导体的光导电效应把光的信息转换为电的信息，这在现代技术和日常生活中已得到广泛应用。例如，将对可见光敏感的 CdS 用于照相机的自动曝光机规定曝光时间的自动装置，将半导体硒应用在静电复印机上；利用对红外光敏感的 PbS、PbSe、PbTe 等可制成红外线探测器、传感器等。

2.3　固体发光及发光材料

2.3.1　激发源和发光材料分类

发光（Luminescence）一般用来描述某些固体材料由于吸收能量而随之发生的发射光现象。发光可以以激发源类型的不同划分为不同的发光类型（见 1.5 节），如光致发光（Photoluminescence，以光子或光为激发源，常用的是以紫外光作激发源）、电致发光（Electroluminescence，以电能作激发源）、阴极射线发光（Cathodoluminescence，使用阴极射线或电子束为激发源）、放射线发光和 X 射线发光等。

2.3.2　发光材料的特性

一般而言，对发光材料的特性主要有 4 点要求，即颜色、单色性、发光效率和余辉。

（1）发光材料的颜色

发光材料有不同的颜色，发光材料的颜色可通过不同方法来表征。

发射光谱和吸收光谱是研究中应用得较多的方法。吸收光谱是材料激发时所对应的光谱，相应吸收峰的波长就是激发时能量对应的波长，图 2.22 所示为 ZnS:Cu 的吸收光谱。发射光谱反映发光材料辐射光的情况，对应谱峰的波长就是发光的颜色，一般说来其波长大于吸收光谱的波长，如图 2.23 所示，图（a）为 Zn_2SiO_4:Mn 的发射光谱，图（b）为其吸收光谱。

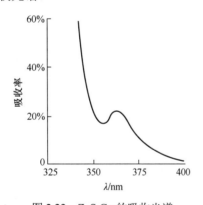

图 2.22　ZnS:Cu 的吸收光谱

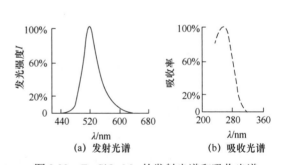

(a) 发射光谱　　　　(b) 吸收光谱

图 2.23　Zn_2SiO_4:Mn 的发射光谱和吸收光谱

（2）颜色的单色性

从材料的发射光谱来看，发射谱峰的宽窄也是发光材料的重要特性，谱峰越窄，发光材料的单色性越好，反之亦然。将 1/2 谱峰高度时的宽度称作半宽度，如图 2.24 所示。依照发射峰的半宽度，可将发光材料分为以下 3 种类型。

① 宽带材料

宽带材料的半宽度约为 100nm，如 $CaWO_4$。

② 窄带材料

窄带材料的半宽度约为 50nm，如 $Sr(PO_4)_2Cl:Eu^{3+}$。

③ 线谱材料

线谱材料的半宽度约为 0.1nm，如 $GdVO_4:Eu^{3+}$。

发光材料属于哪一类，既与基质有关，又与杂质有关。例如，将 Eu^{2+} 掺杂在不同的基质中，可以得到上述 3 种类型的发光材料，而且随着基质的改变，发光的颜色也可以改变。

（3）发光效率

发光材料的一个重要特性是其发光强度，发光强度也随激发强度而改变。通常用发光效率来表征材料的发光本领（强度），有 3 种表示方法。

① 量子效率

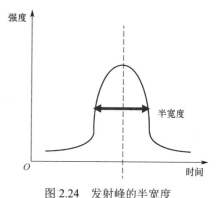

图 2.24　发射峰的半宽度

发射物质辐射的量子数 $N_{发光}$ 与激发光源输入的量子数 $N_{吸收}$ 的比值（如果是光致发光，则是光子数；如果是电致发光，则是电子数，以此类推）

$$B_{量子}=N_{发光}/N_{吸收} \tag{2.5}$$

② 能量效率

发光能量 $E_{发光}$ 与激发源输入能量 $E_{吸收}$ 之间的比值

$$B_{量子}=E_{发光}/E_{吸收} \tag{2.6}$$

如果是光致发光，由于 $E=h\nu$，因此能量效率还可以表示为

$$B_{量子}=E_{发光}/E_{吸收}=h\nu_{发光}/h\nu_{吸收}=\nu_{发光}/\nu_{吸收} \tag{2.7}$$

③ 光度效率

发光的流明数与激发源输入流明数的比值

$$B_{量子}=光度_{发光}/光度_{吸收} \tag{2.8}$$

（4）余辉（Afterglow）

发光材料的一个重要特性是它的发光持续时间。定义当激发光源停止时的发光亮度（或强度）J 衰减到 J_0（发光亮度或强度的初始值）的 10%时所经历的时间为余辉时间，简称余辉。根据发光持续时间的不同，可将发光分为荧光和磷光。

① 荧光（Fluorescence）

激发和发射两个过程之间的间隙极短，一般小于 10^{-8}s。只要激发光源一离开，荧光就会消失。

② 磷光（Phosphorescence）

在激发光源离开后，发光还会持续较长的时间。根据余辉可将发光材料的发光时间分为 6 个范围：极短余辉（小于 1μs）；短余辉（1～10μs）；中短余辉（0.01～1ms）；中余辉（1～100ms）；长余辉（0.1～1s）；极长余辉（大于 1s）。

2.3.3　发光颜色的表征

发光材料的颜色主要用所谓的"色坐标"来表示。我们知道，平常所看到的颜色都可以用红、绿、蓝 3 种彼此独立的基色匹配而成。但在匹配某种颜色时，不是将 3 种颜色叠加起来的，而从 2 种颜色叠加的结果中减去第 3 种颜色。所以，1931 年，国际照明委员会（CIE）决定选取一组用三基色参数 x、y、z 表示的颜色系统，在其颜色匹配过程中可用叠加的办法，称作（x、y、z）系统或 CIE XYZ 系统。任何一种颜色 Q 在这种系统中都表示为

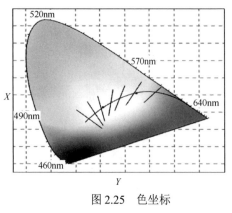

图 2.25　色坐标

彩图 2.25

$$Q=ax+by+cz \qquad (2.9)$$

这 3 个系数的相对值为：$x=\dfrac{a}{a+b+c}$，$y=\dfrac{b}{a+b+c}$，$z=\dfrac{c}{a+b+c}$，称作**色坐标**。由于 $x+y+z=1$，因此如果 x、y 确定了，z 值也就定了，所以可以用一幅平面图来表示各种颜色。图 2.25 给出了这种颜色的坐标图，图中给出了各种颜色的位置，周围曲线上的坐标相当于单色光，这样任何一种颜色均可用坐标 x、y 来表征。有关色坐标及色度图的说明详见第 7 章。

2.4　荧光和磷光

2.4.1　光致发光材料的基本组成

光致发光材料一般需要一种基质晶体结构，如 ZnS、$CaWO_4$ 和 Zn_2SiO_4 等，再掺入少量的阳离子（如 Mn^{2+}、Sn^{2+}、Pb^{2+}、Eu^{2+}）。这些阳离子往往是发光活性中心，称作激活剂（Activators）。有时还需要掺入第二类型的杂质阳离子，称作敏化剂（Sensitizer）。图 2.26 说明了荧光体和磷光体的发光机制。一般说来，发光固体吸收了激活辐射的能量 $h\nu$，发射出能量为 $h\nu'$ 的光，而 ν' 总小于 ν，即发射光波长比激活光波长要大（$\lambda'>\lambda$），这种效应称作"斯托克斯位移"（Stokes Shift），具有这种性质的磷光体称作"斯托克斯磷光体"。

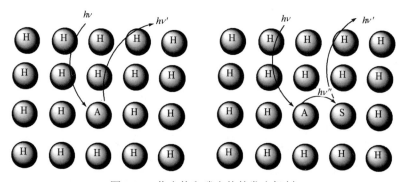

图 2.26　荧光体和磷光体的发光机制

2.4.2　光致发光原理

通常，光致发光的原理可用位形坐标模型（Configurational Coordinate Model，CCM）来进行解释。有时，位型坐标模型也叫"位型坐标图"，就是用纵坐标表示晶体中发光中心的势能，其中包括电子和离子的势能及相互作用在内的整个体系的能量；用横坐标表示中心离子和周围离子的位形（Configuration），其中包括离子之间相对位置等因素在内的一个笼统的位置概念。一般地，也可用粒子与原子核之间的间距作横坐标。

① 应用之一：解释斯托克斯位移

晶体中离子的吸收光谱与发射光谱与自由离子的不同。自由离子的吸收光谱与发射光谱的能量相同，并且都是窄带谱或锐线谱。而晶体中离子的发射光谱的能量均低于吸收光谱的能量，并且是宽带谱，这是晶格振动对离子的影响所致的。与发光中心相联系的电子跃迁可以和基质晶体中的原子（离子）交换能量，发光中心离子与周围晶格离子之间的相对位置、振动频率及中心离子的能级受到晶体势场的影响等。因此，应当把激活剂离子及其周围晶格离子视为一个整体来考虑。相对来说，由于原子质量比电子质量大得多，运动也慢得多，因此在电子跃迁中，可以认为晶体中原子间的相对位置和运动速率是恒定不变的［即弗兰克-康登（Franck-Condon）原理］，这样就可以采用一种所谓的位形坐标来讨论发光中心的吸收和发射过程。

图 2.27 所示为发光中心基态的位形坐标示意图。图中连续的曲线表示势能作为发光中心离子核间距函数的定量变化关系，它在平衡距离 r_e 处有一个极小值，水平线 $v_0, v_1, v_2, \cdots$ 表示粒子在基态具有的不同量子振动态。

依照弗兰克-康登原理，这个过程体系能量从 A 垂直上升到 B，而离子的位形基本不变。但在激发态，由于离子松弛（即位形改变），电子以热能形式散射一部分能量返回到新激发态能级 C 而形成新的活性中心。那么，发光过程就是电子从活性中心 C 回到原来的基态 A（或 D）。显然，激活过程能量 $\Delta E_{AB} > \Delta E_{CA}$（或 $\Delta E_{AB} > \Delta E_{CD}$），这就解释了斯托克斯位移。

② 应用之二：解释发光"热淬灭"效应

对于任何发光材料，当温度升高到一定温度时，其发光强度会显著降低，这就是所谓的发光"热淬灭"效应（Thermal Quenching Effect）。利用图 2.28 可以解释这一现象。

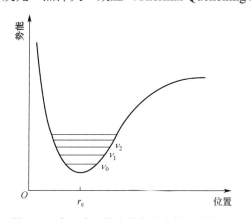

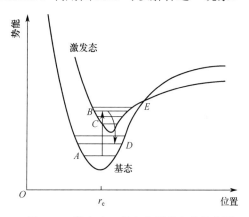

图 2.27　发光中心基态的位形坐标示意图　　　图 2.28　发光中心基态和激发态的势能图

在图 2.28 中，基态和激发态的势能曲线交叉于 E 点。在 E 点，激发态的离子在能量不改变的情况下就可以回到基态（E 点也是基态势能曲线上的一点），再通过一系列的振动回到基态的低能级上。因此，E 点代表一个溢出点（Spillover Point）。如果处于激发态的离子能获得足够的振动能而达到 E 点，它就溢出了基态的振动能级。如此，全部能量将都以振动能的形式释放出来，因而没有发光产生。显然，E 点的能量是临界的。一般说来，温度升高，离子热能增大，依次进入较高的振动能级，就可能达到 E 点。

③ 应用之三：解释非辐射跃迁

另外，在吸收了光以后，离子晶格有一定弛豫，故平衡位置 r_e 只有统计平均的意义，实际上是一个极小的区间，因此吸收光谱包括许多频率（或波长）而形成的宽带，这就是固体中离子光谱呈带状的原因。

在上述热淬灭现象的情况中，激发离子通过把振动能传递给环境——基质晶格，而失去了其剩余的能量，返回到较低的能级上。这种跃迁过程不发射电磁波（即光），因而称为非辐射跃迁（Nonradiative Transition）。

类似于这种非辐射跃迁，在敏化磷光体的机制中还包括一类非辐射能量传递（Nonradiative Energy Transition），图 2.29 所示为能量传递过程。发生这种能量传递的必要条件是：

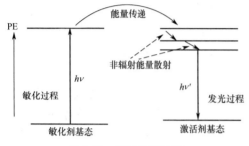

图 2.29　能量传递过程

（a）敏化剂和激活剂离子在激发态具有相近的能级；

（b）敏化剂和激活剂离子与基质的晶体结构是相近的。在发光过程中，激活源辐照使敏化离子跃迁到激发态，这些敏化离子又把能量传递给邻近的激活离子。在传递过程中几乎没有能量损失，同时敏化离子返回它的基态，最后激活离子返回基态而发光。

④ 应用之四：解释"毒物"作用

某些杂质对发光材料有"毒物"作用，激发光因材料含有毒物而淬灭。毒物效应往往是以非辐射能传递方式起作用的：能量从敏化剂或激活剂传递到毒物上，而后者将能量以振动能的形式散射到基质晶格中，以致活性中心不能发光。具有非辐射跃迁的离子有 Fe^{3+}、Co^{2+} 和 Ni^{2+} 等，因而在制备磷光材料中应当杜绝这些杂质的存在。

2.4.3　反斯托克斯磷光体

新的一类引起广泛兴趣的发光材料是"反斯托克斯（Anti-stokes）磷光体"，这种材料的特点是能发射出高于激活辐照能量的光谱。利用这种磷光体就可将红外光转变为高能量的可见光，这是具有重要意义的，可以用于红外摄像和监测等。对反斯托克斯磷光体研究较为透彻的材料之一是以 $YF_3NaLa(WO_4)_2$ 和 α-$NaYF_4$ 等为基质，以 Yb^{3+} 为敏化剂、以 Eu^{3+} 为激活剂的双重掺杂，这些材料可以把红外辐射转变为绿色光。那么这是否违反能量守恒定律呢？其实不然。如图 2.30 所示，从发光机理来看，激活过程采用了两种机制：多级激活机制和合作激活机制。

图 2.30（a）所示为多级激活机制，图 2.30（b）所示为合作激活机制。在多级激活机

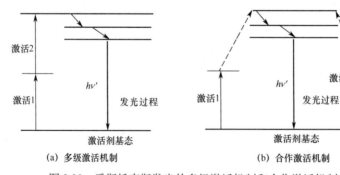

(a) 多级激活机制　　　　　　　　　　(b) 合作激活机制

图 2.30　反斯托克斯发光的多级激活机制和合作激活机制

制中，激活剂可以逐个接收敏化剂提供的光子，激发到较高的能级；在合作激活机制中，激活剂可以接收敏化剂提供的两个光子，激发到较高的能级。

2.4.4　典型荧光和磷光材料

（1）日光用磷光材料

日光灯是磷光材料的最重要应用之一。激发源是汞放电产生的紫外光，磷光材料吸收这种紫外光，发出"白色光"。图 2.31 所示为荧光灯的构造示意图，一个内壁涂有磷光体的玻璃管内充有汞蒸气（Hg）和氩气。通电后，汞原子受到灯丝发出电子的轰击，被激发到较高能态。当它返回到基态时便发出波长为 254nm 和 185nm 的紫外光，涂在玻璃管内壁的磷光体受到这种光辐照就随之发出白色光。这里所说的是低压汞灯，除此之外还有高压汞灯，但其原理都一样。

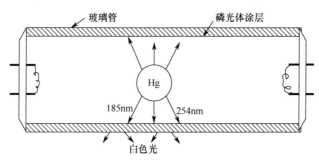

图 2.31　荧光灯的构造示意图

（2）场致发光显示材料

在电场作用下，某些晶体由电子流产生发光现象。场致发光材料把电能直接转换为可见光而不产生热。场致发光又分为内禀发光和电荷注入发光两种机制。前者没有净电流通过荧光体，后者在电流通过时才发光。

目前，使用较广的场致发光器件叫作 LUMOCEN 器件[1]（意为"分子中心发光"的 ELD，电致发光器件），它是一种交流驱动薄膜器件，具有双重绝缘结构。改变加到硫化锌内稀土元素或过渡元素的种类，就可变换发光颜色。就多色显示而言：ZnS 膜内掺 Mn 可发射清晰的黄光，掺 TbF_3 可获得绿光，掺 SmF_3 可获得红光（掺 Eu 硫化钙亦可获得红光），且均具有较高的亮度，但无好的发蓝光材料，故离全色显示仍有一段距离。EL 显示（电致发光显示）近年来在降低驱动电压、提高亮度等方面取得了明显进展，目前已制成 256 像素×1088 像素的 EL 平板显示面板，有的器件亮度已达到 1500ft · L[1]*，使用寿命在 15000h 以上。

（3）半导体 PN 结注入发光显示材料

① 半导体的工作原理和发光二极管

图 2.32 所示为两种半导体的工作原理，其详细描述将在第 5 章 "半导体理论" 讲述，此处不再赘述。

图 2.33（a）系统地表示了电子通过含 PN 结的电路的路径。电子从电池的负极（显示为黑色）流向 N 型半导体，占据了更高的能量（导）带。然后电子进入 P 型半导体的导带，

---

① * foot-lambert【物理学】英尺-朗伯（即"呎朗伯"），10 流明=1 毫朗伯（mL）=0.929 呎朗伯（ft·L）=3.183 烛光/平方米（cd/m^2）

并进一步跃迁至价带的空位，以光的形式释放能量。图 2.33（b）表示发光二极管外接电源发光的示意图。

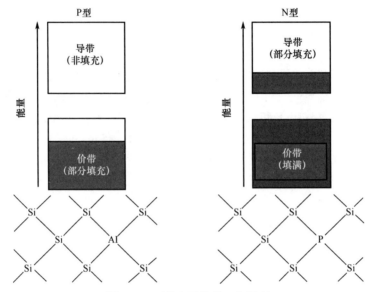

图 2.32 两种半导体的工作原理

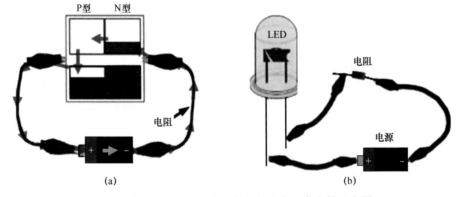

(a)   (b)   彩图 2.33

图 2.33 半导体注入及发光二极管外接电源发光的示意图

利用半导体 PN 结注入发光过程实现显示的材料，即发光二极管材料。

② 发光二极管的选择

考虑到半导体的能隙、发光效率、制备难易程度和形成 PN 结的能力等方面因素，对于可见光区的光发射，半导体能隙必须大于 1.8eV。具备上述特征而又能形成 PN 结的材料有：GaP、GaAsP、GaAlAs、GaN 和 SiC 等。就显示应用而言，以 GaP 和 $GaAs_{1-x}P_x$ 最为重要。目前，工业用发光二极管（LED）几乎全部是以 GaAs 和 GaP 为衬底的 GaP 和 GaAsP 外延薄膜制造的。发光二极管的两个主要参数是量子效率和亮度。

（a）量子效率

可见光发光二极管的量子效率在室温下的典型值为 0.1%～7%。

（b）亮度

$Ga_xAl_{1-x}As$ 红色发光二极管的亮度已达 5000mcd，亮度为 3000mcd 的 $Ga_xAl_{1-x}As$ 红色

发光二极管已实现批量生产；$GaAs_{1-x}P_x$ 黄色发光二极管的亮度达到了 300mcd 的水平，$GaAs_{1-x}P_x$ 橙色发光二极管和 GaP 绿色发光二极管达到了 200mcd 的水平，蓝管的制造要求较高。图 2.34 给出了不同发光色的发光二极管。

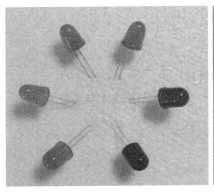

彩图 2.34

图 2.34　不同发光色的发光二极管

思 考 题 2

1. 什么是发光材料？固体发光的定义是什么？
2. 固体光吸收的本质是什么？
3. 发光材料的特性主要有哪些方面的要求？
4. 荧光与磷光的主要区别是什么？
5. 你所知道的典型的荧光和磷光材料有哪些？
6. 简述日光灯发光的工作机理。

参 考 文 献

[1] Chase E W, Hepplewhite R T, Krupka D C, et al. Electroluminescence of ZnS Lumocen Devices Containing Rare-Earth and Transition-Metal Fluorides[J]. Journal of Applied Physics, 1969, 40: 2512. https://doi.org/10.1063/1.1658025.

第3章 光谱分析

3.1 光谱分析的发展与研究内容

3.1.1 光谱分析的发展[1]

1802 年，英国物理学家威廉·海德·沃拉斯顿（William Hyde Wollaston）为了验证光的色散理论，重做了牛顿的实验。这一次，他在三棱镜前加了狭缝，使阳光先通过狭缝再经三棱镜分解，他发现太阳光不仅被分解为牛顿所观测到的那种连续光谱，而且其中还有一些暗线。可惜的是，他的报告没有引起人们的注意，知道的人很少。

1814 年，德国光学家约瑟夫·冯·夫琅和费（Joseph von Fraunhofer）制成了第一台分光镜，它不仅有一个狭缝、一块棱镜，而且在棱镜前装上了准直透镜，使来自狭缝的光变成平行光，在棱镜后则装上了一架小望远镜及可精确测量光线偏折角度的装置。夫琅和费点燃了一盏油灯，让灯光通过狭缝进入分光镜。他发现在暗黑的背景上存在一条条像狭缝形状的明亮的谱线，这种光谱就是现在所称的"明线光谱"。在油灯的光谱中，其中有一对靠得很近的黄色谱线相当明显。夫琅和费拿掉油灯，换上酒精灯，同样出现了这对黄线，他又把酒精灯拿掉，换上蜡烛，这对黄线依然存在，而且还在同样的位置上。

夫琅和费想，灯光和烛光太暗了，太阳光很强，如果把太阳光引进来观测，那是很有意思的。于是他用了一面镜子，把太阳光反射进狭缝。他发现太阳的光谱和灯光的光谱截然不同，那里不是一条条的明线光谱，而是在红、橙、黄、绿、青、蓝、紫的连续彩带上有无数条暗线。在 1814 年到 1817 年这几年中，夫琅和费在太阳光谱中共数出了五百多条暗线，其中有的较浓、较黑，有的则较为暗淡。夫琅和费一一记录了这些谱线的位置，并从红到紫，依次用 A、B、C、D……等字母来命名这些最醒目的暗线。夫琅和费还发现，在灯光和烛光中出现一对黄色明线的位置上，在太阳光谱中则恰恰出现了一对醒目的暗线，夫琅和费把这对黄线称为 D 线。

为什么油灯、酒精灯和蜡烛的光是明线光谱，而太阳光谱却在连续光谱的背景上有无数条暗线？为什么前者的光谱中有一对黄色明线而后者正巧在同一位置有一对暗线？对于这些问题，夫琅和费无法做出解答。直到 40 多年后，才由基尔霍夫（Gustav Kirchhoff）解开了这个谜。

1858 年秋到 1859 年夏，德国化学家罗伯特·威廉·本生（Robert Wilhelm Bunsen）埋头在他的实验室里进行着一项有趣的实验，他发明了一种煤气灯（称为"本生灯"），这种煤气灯的火焰几乎没有颜色，而且其温度可高达两千多度，他把含有钠、钾、锂、锶和钡等不同元素的物质放在火焰上燃烧，火焰立即产生了各种不同的颜色。本生心里真高兴，他想，也许从此以后他就可以根据火焰的颜色来判别不同的元素了。可是，当他把几种元素按不同比例混合后再放在火焰上燃烧时，含量较多元素的颜色十分醒目，含量较少元素的颜色却不见了，看来光凭颜色还无法作为判别的依据。

本生的一位好朋友是物理学家，叫基尔霍夫，他们俩经常在一起散步，讨论科学问题。

有一天，本生把他在火焰实验中所遇到的困难讲给基尔霍夫听。这位物理学家对夫琅和费关于太阳光谱的实验了解得很清楚，甚至在他的实验室里还保存着夫琅和费亲手磨制的石英三棱镜。基尔霍夫听了本生的问题，想起了夫琅和费的实验，于是他向本生提出了一个很好的建议，不要观察燃烧物的火焰颜色，而应该观察它的光谱。他们俩越谈越兴奋，最后决定合作进行一项实验。

基尔霍夫在他的实验室中用狭缝、小望远镜和那个由夫琅和费磨成的石英三棱镜装配成一台分光镜，并把它带到了本生的实验室。本生把含有钠、钾、锂、锶和钡等不同元素的物质放在本生灯上燃烧，基尔霍夫则用分光镜对准火焰观测其光谱。他们发现，不同物质燃烧时会产生各不相同的明线光谱。接着，他们又把几种物质的混合物放在火焰上燃烧，发现这些不同物质的光谱线依然在光谱中同时呈现，彼此并不互相影响。于是，根据不同元素的光谱特征，仍能判别出混合物中有哪些物质，这种情况就像许多人合影在同一张照片上，每个人是谁依然可以分得一清二楚一样。就这样，基尔霍夫和本生找到了一种根据光谱来判别化学元素的方法——光谱分析术。

3.1.2　光谱分析的研究内容

图 3.1 所示为光谱波长分布图。根据研究光谱方法的不同，习惯上把光谱学分为发射光谱学、吸收光谱学与散射光谱学。这些不同种类的光谱学从不同方面提供物质微观结构知识及不同的化学分析方法。发射光谱可以分为三种不同类别的光谱：线状光谱、带状光谱和连续光谱。线状光谱主要产生于原子，带状光谱主要产生于分子，连续光谱则主要产生于白炽的固体或气体放电。

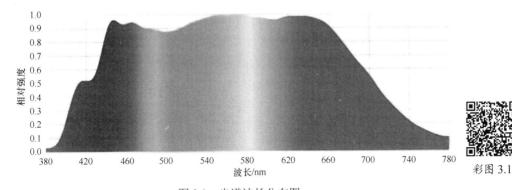

彩图 3.1

图 3.1　光谱波长分布图

现在观测到的原子发射的光谱线已有百万条了。每种原子都有其独特的光谱，犹如人的指纹一样是各不相同的。根据光谱学的理论，每种原子都有其自身的一系列分立的能态，每一能态都有一定的能量。

把氢原子光谱的最小能量定为最低能量，这个能态称为"基态"，相应的能级称为"基能级"。当原子以某种方法从基态被提升到较高的能态上时，原子的内部能量增大了，原子就会把这种多余的能量以光的形式发射出来，于是产生了原子的发射光谱，反之就产生吸收光谱。这种原子能态的变化不是连续的，而是量子性的，称之为原子能级之间的跃迁。

在分子的发射光谱中，研究的主要内容是双原子分子的发射光谱。图 3.2 所示为双原子分子的三种能级跃迁示意图。在分子中，电子态的能量是振动态能量的 50～100 倍，而振动态的能量是转动态能量的 50～100 倍。因此在分子的电子态之间的跃迁中总是伴随着振动跃迁和转动跃迁的，因而许多光谱线就密集在一起而形成带状光谱。

从发射光谱的研究中可以得到原子与分子的能级结构的知识，包括有关重要常数的测量，并且原子发射光谱被广泛地应用于化学分析中。

当一束具有连续波长的光通过一种物质时，光束中的某些成分便会有所减弱，当经过物质而被吸收的光束由光谱仪展开成光谱时，就可得到该物质的吸收光谱。几乎所有物质都有其独特的吸收光谱。原子的吸收光谱所给出的有关能级结构的知识同发射光谱所给出的是互为补充的。

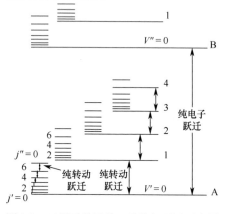

图 3.2　双原子分子的三种能级跃迁示意图

一般来说，吸收光谱学所研究的是物质吸收了哪些波长的光、吸收的程度如何、为什么会有吸收等问题。研究的对象基本是分子。图 3.3 给出了光波谱区及能量跃迁的相关图。

吸收光谱的光谱范围是很广的，为 10～1000μm。在 200～800nm 的光谱范围内可以观测到固体、液体和溶液的吸收，这些吸收有的是连续的，称为一般吸收光谱；有的显示出一个或多个吸收带，称为选择吸收光谱。所有这些光谱都是由于分子的电子态的变化而产生的。

选择吸收光谱在有机化学中有广泛的应用，包括对化合物的鉴定、化学过程的控制、分子结构的确定、定性和定量化学分析等。

分子的红外吸收光谱一般是研究分子的振动光谱与转动光谱的，其中分子振动光谱一直是主要的研究课题。

分子振动光谱的研究表明，许多振动频率基本上是分子内部的某些很小的原子团的振动频率，并且这些频率就是这些原子团的特征，而不管分子的其余成分如何。这很像可见光区域色基的吸收光谱，这一事实在分子红外吸收光谱的应用中是很重要的，多年来都用来研究多原子分子结构、分子的定量及定性分析等。

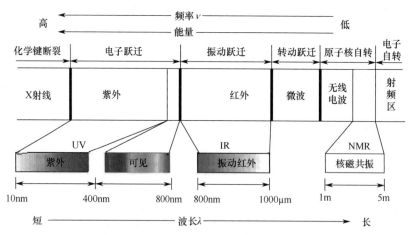

彩图 3.3

图 3.3　光波谱区及能量跃迁的相关图

在散射光谱学中，拉曼光谱学（Raman Spectroscopy）是最为普遍的光谱学技术。当光通过物质时，除可观测到光的透射和光的吸收外，还可观测到光的散射。在散射光中，除包括原来的入射光的频率（瑞利散射和廷德耳散射）外，还包括一些新的频率。这种产生新频率的散射称为"拉曼散射"，其光谱称为"拉曼光谱"。

拉曼散射的强度是极小的，大约为瑞利散射的千分之一。拉曼频率及强度、偏振等标志着散射物质的性质，从这些资料可以导出物质结构及物质组成成分的知识，这就是拉曼光谱具有广泛应用的原因。

由于拉曼散射非常弱，因此一直到 1928 年才被印度物理学家钱德拉赛卡拉·文卡塔·拉曼（Chandrasekhara Venkata Raman）等所发现。他们在用汞灯的单色光来照射某些液体时，在液体的散射光中观测到了频率低于入射光频率的新谱线。在拉曼等人宣布了他们的发现几个月后，苏联物理学家兰茨贝格（G. Landsberg）和曼杰斯塔姆（L.I. Mandelshtam）等也独立地报道了晶体中这种效应的存在。

拉曼效应起源于分子振动（点阵振动）与转动，因此从拉曼光谱中可以得到分子振动能级（点阵振动能级）与转动能级结构的知识。

拉曼散射的强度是十分微弱的，在激光器出现之前，为了得到一幅完善的光谱，往往需要大量的时间。自从激光器得到发展以后，利用激光器作为激发光源，拉曼光谱学技术发生了很大的变革。激光器输出的激光具有很好的单色性、方向性，且能量密度很大，因而它们成为获得拉曼光谱的近乎理想的光源，特别是连续波氩离子激光器与氦离子激光器。于是拉曼光谱学的研究又变得非常活跃，其研究范围也有了很大的扩展。除扩大了所研究的物质的品种外，在研究燃烧过程、探测环境污染、分析各种材料等方面，拉曼光谱技术也已成为很有用的工具。

3.1.3　光谱分析

根据物质的光谱来鉴别物质及确定它的化学组成和相对含量的方法叫"光谱分析"，其优点是灵敏、迅速。历史上曾通过光谱分析发现了许多新元素，如铷、铯、氦等。根据分析原理，光谱分析可分为发射光谱分析与吸收光谱分析两种；根据被测成分的形态，可分为原子光谱分析与分子光谱分析。光谱分析的被测成分是原子的称为"原子光谱"，被测成分是分子的则称为"分子光谱"。

3.1.3.1　分子光谱

分子光谱为分子从一种能态转变到另一种能态时的吸收或发射光谱（可包括从紫外光到远红外光、直至微波光谱）。

分子光谱与分子绕轴的转动、分子中原子在平衡位置的振动和分子内电子的跃迁相对应。分子能级之间跃迁形成发射光谱和吸收光谱。分子光谱非常丰富，可分为纯转动光谱、振动–转动光谱带和电子光谱带。

因为原子中的电子跃迁是在电子态之间进行的，各个能级之间的间隔较大，所以在光谱上反映出来的是线状光谱。而分子中的电子跃迁不仅是电子态之间的跃迁，还有电子态能级内的振动态跃迁，以及振动态内的转动态跃迁，这两者的跃迁能均小于电子能级的跃迁能，因而能级间隔小，能级间隔很密集，在分辨率不高的情况下反映在光谱上为带状光谱；如果光谱分辨率足够高，也是能看到分子的振动态之间跃迁的线状光谱的。

3.1.3.2 原子光谱

在原子中，当原子以某种方式从基态被提升到较高的能态时，原子内部的能量增大了，这些多余的能量将被以光的形式被发射出来，于是产生了原子的发射光谱，也即原子光谱。因为这种原子能态的变化是非连续量子性的，其所产生的光谱也是由一些不连续的亮线所组成的，所以原子光谱又被称作"线状光谱"。

3.2 分子发光分析

某些物质的分子吸收一定能量后，电子从基态跃迁到激发态，以光辐射的形式从激发态回到基态，这种现象称为分子发光，在此基础上建立起来的分析方法为分子发光分析法。分子发光分析法的简图如图 3.4 所示。

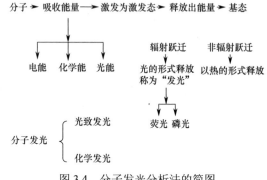

3.2.1 分子荧光分析法

物质的分子吸收光能后发射出波长在紫外光、可见光及红外光区的荧光光谱，根据其

图 3.4 分子发光分析法的简图

光谱的特征及强度对物质进行定性和定量分析，这种分析方法就是分子荧光分析法。

1. 基本原理

（1）荧光和磷光的产生

① 分子荧光的发生过程

分子荧光的发生主要包括三个过程：①分子的激发；②分子去活化；③荧光的发生。

分子的激发主要包括单线激发态和三线激发态，大多数分子含有偶数个电子，在基态时，这些电子成对地存在于各个原子或分子轨道中，成对自旋，方向相反，电子净自旋等于零（$S=1/2-1/2=0$），其多重性 $M=2S+1=1$（M 为磁量子数）。因此，分子是抗（反）磁性的，其能级不受外界磁场的影响而分裂，称为"单线态"。基态分子的一个成对电子吸收光辐射后，被激发跃迁到能量较高的轨道上，若它的自旋方向不改变，即 $S=0$，则激发态仍是单线激发态，即"单线（重）激发态"；如果电子在跃迁过程中还伴随着自旋方向的改变，这时便具有两个自旋不配对的电子，电子净自旋不等于零，而等于 1（$S=1/2+1/2=1$），其多重性 $M=2S+1=3$，即分子在磁场中受到影响而产生能级分裂，这种受激态称为"三线（重）激发态"。值得注意的是，"三线激发态"比"单线激发态"的能量稍低。

一个分子的外层电子能级包括 S_0（基态）和各激发态 S_1, S_2, …, T_1, …，每个电子能级又包括一系列能量非常接近的振动能级。处于激发态的分子不稳定，在较短的时间内可通过不同途径释放多余的能量（辐射或非辐射跃迁）回到激态，这个过程称为"去活化过程"，这些途径为：振动弛豫、内转换、外转换、系间窜越、荧光发射和磷光发射。

处于激发态的分子可以通过上述不同途径回到基态，也就是荧光的发生。哪种途径的速度快，哪种途径就优先发生。如果发射荧光使受激分子去活化过程比其他过程快，则荧光发生概率大，强度大。如果发射荧光使受激分子去活化过程比其他过程慢，则荧光很弱或不发生。

② 激发光谱与荧光光谱

将激发荧光的光源用单色器分光，连续改变激发光的波长 λ，固定荧光发射波长，测定不同波长激发光下物质溶液发射的荧光强度（F），作 F–λ 光谱图，称为激发光谱。从激发光谱上可找到发生荧光强度最大的激发波长 λ_{ex}，选用 λ_{ex} 可得到强度最大的荧光。选择 λ_{ex} 作为激发光源，用另一单色器将物质发射的荧光分光，记录每一波长下的 F，作 F–λ 光谱图，称为荧光光谱。荧光光谱中荧光强度最大的波长为 λ_{em}。λ_{ex} 与 λ_{em} 一般为定量分析中所选用的最灵敏的波长。

③ 荧光与分子结构

只有那些具有 p–p 共轭双键的分子才能发射较强的荧光；p 电子共轭程度越高，荧光强度就越大（λ_{ex} 与 λ_{em} 向长波方向移动），大多数含芳香环、杂环的化合物都能发出荧光，且 p 电子共轭程度越大，F 越大。（苯环上）取代给电子基团使 p 电子共轭程度升高，荧光强度增大，如–CH_3、–NH_2、–OH 和–OR 等。（苯环上）取代吸电子基团使荧光强度减弱甚至熄灭，如–COOH、–CHO、–NO_2 和–N=N–。高原子序数的原子（如 Br 和 I），增加体系间跨越的发生，可使荧光减弱甚至熄灭。另外，荧光素呈平面构型，其结构具有刚性，它是强荧光物质；而酚酞分子由于不易保持平面结构，因此不是荧光物质。

图 3.5 给出了激发单重态 S 与激发三重态 T 中的电子排布情况。下面从分子结构理论来讨论。

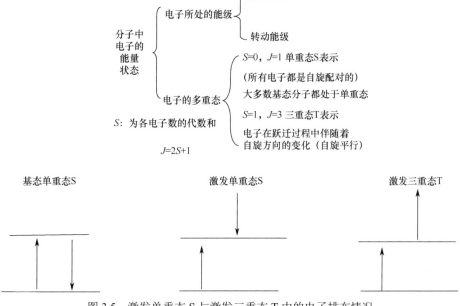

图 3.5　激发单重态 S 与激发三重态 T 中的电子排布情况

显然，从图中可看出激发单重态 S 与激发三重态 T 有如下不同点：

（a）S 是抗磁分子，T 是顺磁分子；

（b）$t_S=10^{-8}$s，$t_T = 10^{-4} \sim 1$s（即发光速度很慢）；

（c）基态单重态到激发单重态的激发为允许跃迁，基态单重态到激发三重态的激发为禁阻跃迁；

（d）激发三重态的能量较激发单重态的能量低。处于分立轨道上的非成对电子，自旋平行要比自旋配对更稳定些（洪特规则），因此在同一激发态中，三重态能级总比单重态能级略低。

（2）分子内的光物理过程

图 3.6 给出了分子内发生的各种光物理过程，如辐射能量传递过程和非辐射能量传递过程、内转换、外转换、振动弛豫，以及荧光和磷光产生的跃迁过程。下面将对这几种光物理过程进行详细说明。

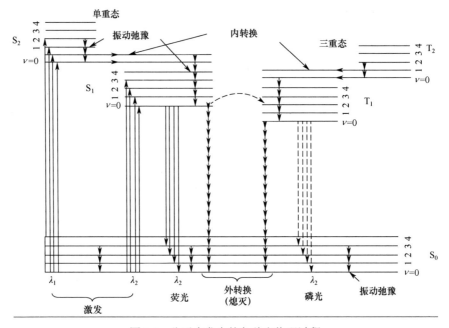

图 3.6　分子内发生的各种光物理过程

① 非辐射能量传递过程

图 3.7 给出了分子内发生的非辐射能量传递过程。在同一电子能级中，电子由高振动能级转至低振动能级，而将多余的能量以热的形式发出。发生振动弛豫的时间处于 10^{-12}s 数量级。

② 内转移

所谓内转移，就是当两个电子能级非常靠近以致其振动能级有重叠时，常发生电子由高能级以无辐射跃迁方式转移至低能级的情况。图 3.8 中，电子由 S_2 转移至 S_1 就是内转移过程。

③ 系间窜越

所谓系间窜越，是指不同多重态间的无辐射跃迁过程。如图 3.8 中的电子从 $S_1 \rightarrow T_1$ 的跃迁就是一种系间窜越。通常，发生系间窜越时，电子由 S_1 的较低振动能级转移至 T_1 的较高振动能级处。

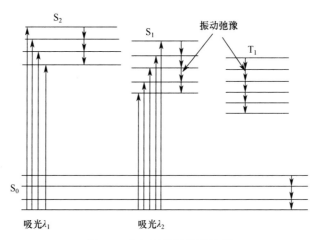

图 3.7　非辐射能量传递过程

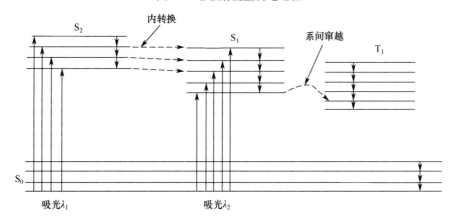

图 3.8　内转换及系间窜越过程

（3）辐射能量传递过程

① 荧光发射

电子由第一激发单重态的最低振动能级跃迁到基态，得到最大波长为 λ_3 的荧光，由图 3.6 可见，发射荧光的能量比分子吸收的能量小，即 $\lambda_3 > \lambda_2 > \lambda_1$。

② 磷光发射

电子由基态单重态激发至第一激发三重态的概率很小，因为这是禁阻跃迁。但是，由第一激发单重态的最低振动能级，有可能以系间窜越的方式转至第一激发三重态，再经过振动弛豫，转至其最低振动能级，由此激发态跃迁回基态时便发射磷光，如图 3.9 所示。这个跃迁过程（$T_1 \rightarrow S_0$）也是自旋禁阻的，其发光速率较慢，持续时间为 $10^{-4} \sim 10s$。因此，这种跃迁所发射的光在光照停止后仍可持续一段时间。

③ 外转移

所谓"外转移"，是指激发分子与溶剂分子或其他溶质分子的相互作用及能量转移，使荧光或磷光强度减弱甚至消失。这一现象称为"熄灭"或"淬灭"。

其中，荧光与磷光的根本区别为：（a）荧光是由激发单重态最低振动能级至基态；（b）磷光是由激发三重态最低振动能级至基态。

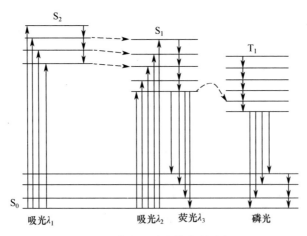

图 3.9　荧光和磷光的发射过程

（4）荧光的激发光谱和发射光谱

① 激发光谱（E_x）

以不同波长的入射光激发荧光物质，在荧光最强的波长处测量荧光强度，即以激发光波长为横坐标，以荧光强度为纵坐标绘制曲线，即可得到激发光谱。

② 发射光谱（E_m）

固定激发光波长（最大），然后测定不同的波长时所发射的荧光强度，即可绘制荧光发

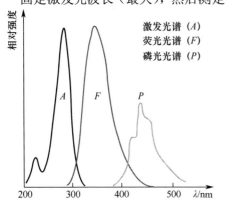

图 3.10　萘的激发光谱、荧光光谱和磷光光谱　彩图 3.10

射光谱曲线。在荧光的产生过程中，由于存在各种形式的无辐射跃迁，会损失能量，因此它们的最大发射波长都向长波方向移动，以磷光波长的移动最多，而且它的强度也相对较弱。图 3.10 给出了萘的激发光谱、荧光光谱和磷光光谱，这三种光谱的差别一目了然。

③ 激发光谱与发射光谱的关系

（a）斯托克斯位移

斯托克斯位移为激发光谱与发射光谱之间的波长差值。发射光谱的波长比激发光谱的波长大，因为振动弛豫消耗了能量。

（b）发射光谱的形状与激发波长无关

电子跃迁到不同激发态能级，吸收不同波长的能量（见图 3.6），产生不同的吸收带，但均需回到第一激发单重态的最低振动能级再跃迁回基态，产生波长一定的荧光。

（c）镜像关系

通常荧光发射光谱与它的吸收光谱（与激发光谱形状一样）呈镜像对称关系，如图 3.11 所示。

其实，荧光发射光谱和紫外–可见吸收光谱呈镜像关系可以从能级的角度来解释。通常分子处于基态，被激发光激发后，基态的分子被激发到激发态。处于激发态的分子不稳定，会回到基态，在这个过程中会释放光子（如果多重度不变，仍是单重态到单重态跃

迁，那么就是荧光；如果多重度改变，从激发单重态系间窜越到激发三重态，那么再回到基态的发光称为磷光）。

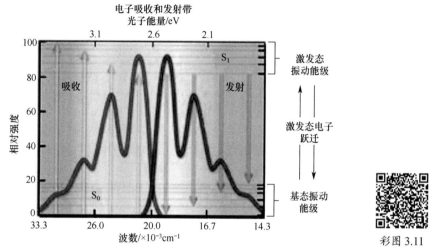

图 3.11 吸收光谱和发射光谱的镜像关系

下面解释为什么荧光光谱和激发光谱呈镜像关系。如图 3.12 所示，基态（S_0 态）到 S_1 态为激发光谱，S_1 态到 S_0 态为荧光光谱。一般而言，S_0 态和 S_1 态的振动能级相对比较接近，即能级间距比较近，所以光谱的形状比较相似。另外，从 S_0 态的振动基态到 S_1 态的各个振动态的吸收光谱比从 S_1 态的振动基态到 S_0 态的各个振动态的能量要高，所以，荧光光谱对于激发光谱有所红移，于是形成了镜像。在图 3.13 中，显示得更形象一些。

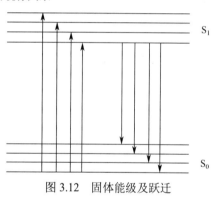

图 3.12 固体能级及跃迁

④ 荧光光谱和激发光谱呈镜像的其他解释

（a）能级结构相似性

荧光为第一电子激发单重态的最低振动能级跃迁到基态的各个振动能级而形成，即其形状与基态振动能级分布有关。

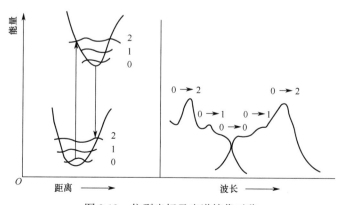

图 3.13 位型坐标及光谱镜像对称

吸收光谱是由基态最低振动能级跃迁到第一电子激发单重态的各个振动能级而形成的，即其形状与第一电子激发单重态的振动能级分布有关。由于激发态和基态的振动能级分布具有相似性，因此呈镜像关系。

（b）位能曲线（Frank-Condon 原理）

由于电子吸收跃迁速率极快（弛豫时间约为 10^{-15}s），此时核的相对位置可视为不变（核较重）。两个能级间吸收跃迁的概率越大，其相反跃迁的概率也越大，即产生的光谱呈镜像关系。

2. 荧光的影响因素

分子发生荧光必须具备两个条件：①分子必须具有与所照射的辐射频率（紫外–可见光）相适应的结构（共轭双键），才能吸收激发光；②吸收了与其本身特征频率相同的能量之后，必须具有一定的荧光量子产率。

（1）荧光效率

荧光效率表示物质发射荧光的能力，通常表示为

$$\varphi_f = \frac{\text{发荧光的分子数}}{\text{激发分子的总数}} \tag{3.1}$$

荧光效率越高，物质发射的荧光越强。

$$\varphi_f = \frac{k_f}{k_f + \Sigma k_i} \tag{3.2}$$

式中，k_f 为荧光发射过程的速率常数（与化学结构有关）；Σk_i 为其他有关过程的速率常数的总和（化学环境）。凡是使 k_f 值升高而使 k_i 值降低的因素，都可增强荧光。

（2）荧光与有机化合物结构的关系

① 跃迁类型

实验证明，对于大多数荧光物质，首先经历 $\pi^* \rightarrow \pi$ 激发，然后经过振动弛豫或其他无辐射跃迁，再发生 $\pi^* \rightarrow \pi$ 跃迁而得到荧光。

② 共轭效应

实验证明，容易实现 $\pi^* \rightarrow \pi$ 激发的芳香族化合物容易发生荧光，将增大体系的共轭度，一般荧光效率也将增大，主要是因为增大荧光物质的摩尔吸光系数有利于产生更多的激发态分子。

③ 刚性平面结构

图 3.14 所示为荧光素和酚酞的分子结构。实验发现，多数具有刚性平面结构的有机分子具有强烈的荧光。因为这种结构可以减少分子的振动，使分子与溶剂或其他溶质分子的相互作用减少，也就减小了碰撞去活的概率。

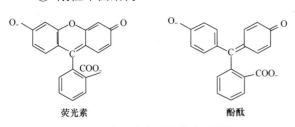

荧光素　　　　　　酚酞

图 3.14　荧光素和酚酞的分子结构

④ 取代基效应

取代基效应是分子中某些基团或原子所引起的电子效应和空间效应的总称。电子效应包括诱导效应、共轭效应、场效应和极化效应。由于一个键产生的极性会影响分子的其余部分，而电子的转移既可以通过静电诱导方式沿分子链或空间传递，也可在共轭体系中由

轨道离域或电子离域产生，前者就是通常所说的电子的诱导效应，而后者就是共轭效应。而场效应与诱导效应紧密相关，常常在分子中同时出现，而且多数情况下两者的作用方向一致，很难把它们明确区分开来。对于极化效应，也是通过取代基分子本身的极化作用对化合物分子本身的电子云产生影响的，所以电子效应是通过影响分子中电子云的分布来影响分子性质的。而空间效应是由于取代基的大小或形状引起分子中特殊的张力或阻力的一种效应。空间效应在有机化学中相当普遍，当分子内的原子或基团处于范德华半径不许可的范围时产生的排斥作用，或两个分子相互接近时由于基团之间的非键作用所引起的化学效应，都是空间效应的具体表现，所以空间效应是通过几何结构来影响化合物分子的性质的。

　　取代基效应的影响涉及有机化学的很多方面，包括有机化合物的物理性质、酸碱性、反应活性，以及有机反应的类型、速度、平衡、位置及产物等。

　　供电子取代基增强荧光（p–共轭），如–OH、–OR、–NH$_2$、–CN、–NR$_2$ 等，由于其产生了 p–π 共轭作用，提高了电子共轭程度，使最低激发单重态与基态之间的跃迁概率增大。吸电子取代基降低荧光，如–COOH、–C=O、–NO$_2$、–NO、–X 等，重原子降低荧光但增强磷光。其中，卤素取代基随原子序数的增大而荧光降低。在重原子中，能级之间的交叉现象比较严重，因此容易发生自旋轨道的相互作用，增大了由单重态转化为三重态的速率。

　　理论研究表明，对于不同的发光母体，同类取代基所处的位置不同所表达的荧光强弱的变化规律也不相同。例如，苯环上–Me 取代的卟啉化合物和–OMe 取代的卟啉化合物的荧光数据表明：对于苯环上–Me 取代的卟啉化合物，间位取代卟啉的荧光强度最大，对位其次，邻位最小；对于苯环上–OMe 取代的卟啉化合物，间位取代卟啉的荧光强度最大，邻位其次，对位最小。此结果说明，即使对于相同的发光母体，不同取代基的位置不同，其荧光强弱的变化规律也有所不同。同样，不同性质的取代基也会对荧光强度产生影响。例如，卟啉的苯环上的供电子取代基（如–NH$_2$、–OMe、–Me）及吸电子取代基（如–NO$_2$、–Cl）均会使卟啉荧光发射波长相比未取代的苯基卟啉有一定程度的红移，由于取代基的孤对电子或 σ 电子参与卟啉分子的共轭大 π 键，增大了共轭体系，使卟啉大环上的电子跃迁能级降低。然而，供电子取代基比吸电子取代基对卟啉荧光发射波长的影响更明显。卟啉的苯环上的供电子取代基使卟啉的荧光强度增大，而吸电子取代基却使荧光强度明显降低，因为吸电子取代基中的 n 电子跃迁到 π* 键上属于禁阻跃迁，产生的激发态分子数较少，同时，吸电子取代基使 S$_1$→T$_1$ 的系间窜越程度增大，S$_1$→S$_0$ 放出光子的数量大大减小，致使荧光减弱。其中–NO$_2$ 吸电子能力强，对荧光的抑制最明显。

　　（3）金属螯合物的荧光

　　大多数无机盐类金属离子在溶液中只能发生无辐射跃迁，因而不发生荧光。不少有机化合物虽然具有共轭双键，但由于不是刚性结构，分子处于非同一平面，因此不发生荧光。

　　但是，若这些化合物和金属离子形成螯合物，则随着分子的刚性增强、平面结构的增大，常会发生荧光，如图 3.15 所示。

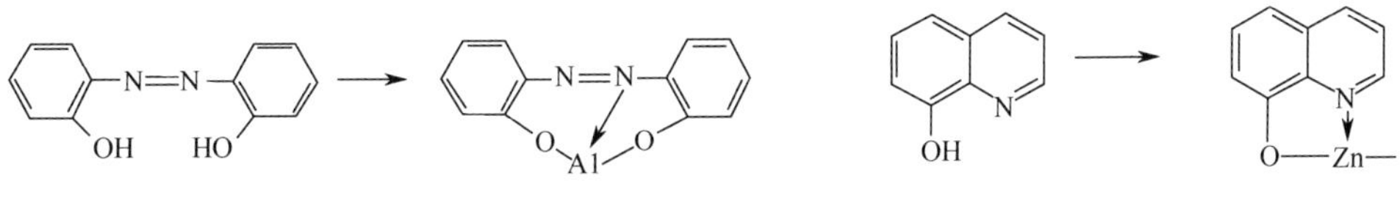

（刚性平面性差，无荧光）　　（刚性平面性增强，有荧光）　　　　（不发荧光）　　　　（发黄绿荧光）

图 3.15　几种金属螯合物的分子结构

（4）溶剂效应

同一种荧光物质溶于不同溶剂，其荧光光谱的位置和强度可能有明显不同。一般情况下，随着溶剂极性的增加，荧光物质的 $\pi^* \to \pi$ 跃迁概率增大，荧光强度将增强，荧光波长也发生红移。

（5）温度的影响

一般来说，大多数荧光物质的溶液随着温度的降低，荧光效率和荧光强度将增大，如荧光素的乙醇溶液在 0℃ 以下每降低 10℃，荧光效率增大 3%，冷至 -80℃ 时，荧光效率为 100%。

（6）溶液的荧光（或磷光）强度

① 荧光强度与溶液浓度的关系

荧光强度 I_f 正比于吸收的光量 I_a 与荧光量子产率 φ

$$I_f = \varphi I_a \tag{3.3}$$

式中，φ 为荧光量子产率。又根据 Lambert-Beer（朗伯-比尔）定律

$$A = -\lg I/I_0 \tag{3.4}$$

$$I = I_0 10^{-A} \tag{3.5}$$

$$I_a = I_0 - I = I_0(1-10^{-A}) \tag{3.6}$$

式中，I_0 和 I 分别是入射光强度和透射光强度。代入式（3.3）得

$$I_f = \varphi I_0(1-10^{-kbc}) \tag{3.7}$$

整理得

$$I_f = 2.3 \times \varphi I_0 \cdot kbc \tag{3.8}$$

当入射光强度 I_0 和溶液液层厚度 b 一定时，上式为 $I_f \geq kc$，即荧光强度与荧光物质的浓度（c）成正比（其中 k 为常数），按这种线性关系只有在极稀的溶液（当 $kbc \leq 0.05$ 时）中才成立。对于较浓的溶液，由于淬灭现象及自吸收等原因，荧光强度和浓度不呈线性关系。

② 影响荧光强度的环境因素

影响荧光强度的环境因素包括溶剂、温度和酸度等因素。影响荧光强度的环境因素如图 3.16 所示。

③ 荧光淬灭

荧光淬灭为荧光物质分子与溶剂分子或其他溶质分子的相互作用引起荧光强度降低的现象。

荧光淬灭通常分为以下几种类型。

（a）**碰撞淬灭**：激发单重态的荧光分子与淬灭剂分子相碰撞，荧光分子以无辐射跃迁的方式回到基态。

（b）**静态淬灭**：荧光物质分子与淬灭剂分子生成非荧光的络合物。

（c）**转入三重态的淬灭**：分子由于系间窜越，由单重态跃迁到三重态。转入三重态的分子在常温下不发光，它们在与其他分子的碰撞中消耗能量而使荧光淬灭。溶液中的溶解氧对有机化合物的荧光产生淬灭效应，是因为三重态基态的氧分子和单重激发态的荧光物

质分子碰撞，形成了单重激发态的氧分子和三重态的荧光物质分子。

（d）**发生电子转移反应的淬灭**：某些淬灭剂分子与荧光物质分子相互作用发生了电子转移反应，因而引起荧光淬灭。

（e）**荧光物质的自淬灭**：浓度较高的激发单重态的分子在发生荧光之前与未激发的荧光物质分子碰撞而引起的自淬灭。

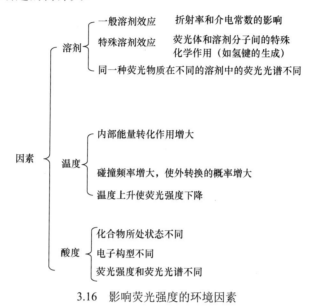

3.16　影响荧光强度的环境因素

3.2.2　磷光分析法

1. 如何获得较强的磷光

磷光发射是电子由第一激发三重态的最低振动能级跃迁回基态，即 $T_1 \rightarrow S_0$ 跃迁；电子由 S_0 进入 T_1 的可能过程（$S_0 \rightarrow T_1$ 禁阻跃迁）如下。
（1）增加试样的刚性：低温冷冻；
（2）固体磷光法：吸附于固相载体（滤纸）；
（3）分子缔合物的形成：加入表面活性剂等；
（4）重原子效应：加入含重原子的物质，如银盐等；
（5）敏化磷光：通过能量转移产生磷光。

2. 化学发光分析法

（1）基本原理

在化学反应过程中，某些反应产物由于吸收了反应产生的化学能，由基态跃迁至较高电子激发态中的各个不同能级，然后经过振动弛豫或内转换到达第一电子激发态的最低能级，由此以辐射的形式放出能量并跃迁回基态。在个别情况下，它可以通过系间窜越到达亚稳的三重态，然后回到基态的各个振动能级并产生光辐射，这两种光都是化学发光。

$$A+B \rightarrow C+D^* （激发态分子）\tag{3.9}$$

$$D^* \rightarrow D + h\nu \quad (激发态分子 D^* 的光辐射) \tag{3.10}$$

① 能够发光的化合物大多为有机化合物、芳香族化合物。

② 发光反应多为氧化还原反应，激发能与反应能相当，$\Delta E = 170 \sim 300\text{kJ/mol}$，位于可见光区。

③ 发光持续时间较长，反应持续进行。

如果发光反应存在于生物体（如萤火虫）中，则称为生物发光。

（2）化学发光效率与化学发光强度

① 化学发光效率为

$$\varphi_{cl} = \frac{发射光子的分子数}{参加反应的分子数} = \varphi_{ce} \cdot \varphi_{em} \tag{3.11}$$

② 化学效率为

$$\varphi_{ce} = \frac{激发态分子数}{参加反应的分子数} \tag{3.12}$$

③ 发光效率为

$$\varphi_{em} = \frac{产生光子数}{激发态分子数} \tag{3.13}$$

化学效率主要取决于发光所依赖的化学反应本身，而发光效率则取决于发光体本身的结构和性质，也受环境的影响。

④ 化学发光强度（单位时间发射的光量子数）为

$$I_{cl}(t) = I_{cl} \times \frac{\mathrm{d}c}{\mathrm{d}t} \tag{3.14}$$

式中，$\mathrm{d}c/\mathrm{d}t$ 是分析物参加反应的速率。

若化学发光反应是一级动力学反应，则

$$A = \int_0^t I_{cl}(t)\mathrm{d}t = \varphi_{cl}\int_0^t I_{cl} \times \frac{\mathrm{d}c}{\mathrm{d}t}\mathrm{d}t = \varphi_{cl} \cdot c \tag{3.15}$$

即发光总强度与被测物浓度成线性。

（3）化学发光反应类型

① 直接化学发光和间接化学发光

直接化学发光是被测物作为反应物直接参加化学发光反应，生成电子激发态产物分子，此激发态产物分子能发光

$$A + B \rightarrow C^* + D \tag{3.16}$$

$$C^* \rightarrow C + h\nu \tag{3.17}$$

间接化学发光是被测物 A 或 B 通过化学反应生成初始激发态产物 C^*，C^* 不直接发光，而是将其能量转移给 F，使 F 跃迁回基态并产生发光

$$A + B \rightarrow C^* + D \tag{3.18}$$

$$C^* + F \rightarrow F^* + E \tag{3.19}$$

$$F^* \rightarrow F + h\nu \qquad\qquad (3.20)$$

② 气相化学发光和液相化学发光

（a）气相化学发光

气相化学发光是指化学发光反应在气相中进行，主要有 O_3、NO、S 的化学发光反应，可用于监测空气中的 O_3、NO、SO_2、H_2S、CO、NO_2 等

$$NO + O_3 \rightarrow NO_2^* \qquad\qquad (3.21)$$

$$NO_2^* \rightarrow NO_2 + h\nu \qquad\qquad (3.22)$$

（b）液相化学发光

液相化学发光是指化学发光反应在液相中进行。应用最多的发光试剂是鲁米诺（3-氨基苯二甲酰肼）。鲁米诺在碱性溶液中与双氧水（H_2O_2）的反应过程如图 3.17 所示。鲁米诺-H_2O_2 发光反应的反应速度慢，可检测摩尔浓度低至 10^{-9}mol/L 的 H_2O_2。

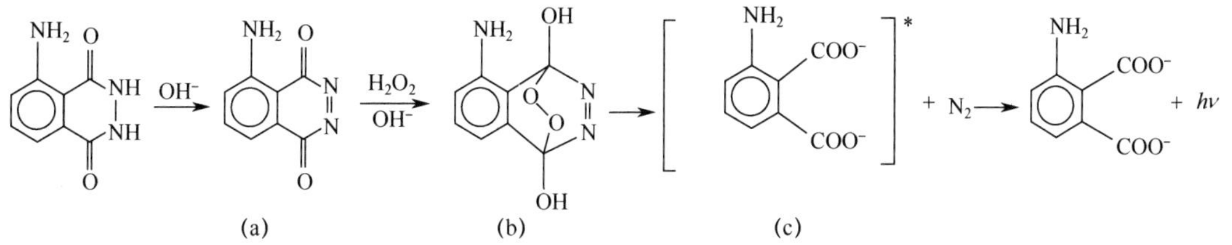

图 3.17　鲁米诺在碱性溶液中与 H_2O_2 的反应过程

（c）荧光灯与荧光棒的发光原理

荧光灯的发光原理是当在灯管两端加高压时，灯管内少数电子高速撞击电极后产生二次电子发射，开始放电，管内的水银受电子撞击后，激发辐射出 253.7nm 波长的紫外光，产生的紫外光激发涂在管内壁上的荧光粉而产生可见光（可见光的颜色将依据所选用的荧光粉的不同而不同）。

而荧光棒中的化学物质主要由三种物质组成：过氧化物、酯类化合物和荧光染料。简单地说，荧光棒发光的原理就是过氧化物和酯类化合物发生反应，将反应后的能量传递给荧光染料，再由染料发出荧光。目前市场上常见的荧光棒中通常放置了一个玻璃管夹层，夹层内外隔离了过氧化物和酯类化合物，经过揉搓，两种化合物反应可使得荧光染料发光。

3. 磷光分析

（1）磷光的特点

磷光的波长比荧光的波长大（T_1 的最低振动能级低于 S_1 的最低振动能级）；

磷光的寿命比荧光的寿命长（磷光为禁阻跃迁产生，速率常数小）；

磷光的寿命和强度对重原子和氧敏感（自旋轨道耦合，使 k_{ISC} 增大）。

（2）低温磷光（液氮温度下）

由于磷光寿命长，T_1 的非辐射跃迁（内转换）概率增大，碰撞失活（振动弛豫）的概率、光化学反应概率都增大，从而降低磷光强度，因此有必要在低温下测量磷光。同时要

求溶剂易提纯且在分析波长区没有强吸收和发射，低温下形成具有足够黏度的、透明的刚性玻璃体。

常用的溶剂有：EPA［乙醇+异戊烷+二乙醚（2+2+5）］、IEPA［CH_3I+EPA（1+10）］。

（3）室温磷光

低温荧光需低温实验装置且受到溶剂选择的限制，1974 年后发展了室温磷光（RTP）。

① 固体基质

在室温下以固体基质（如纤维素等）吸附磷光体，增加分子刚性，减少三重态淬灭等非辐射跃迁，从而提高磷光量子效率。

② 胶束增稳

利用表面活性剂在临界浓度形成具有多相性的胶束，改变磷光体的微环境，增大定向约束力，从而减小内转换和碰撞等去活化的概率，提高三重态的稳定性。胶束增稳、重原子效应和溶液除氧是胶束增稳方法的三要素。

③ 敏化磷光

敏化磷光的过程可以简单表示为

$$h\nu + 分析物\ A \xrightarrow{} A_{S1} \xrightarrow{系间窜越} A_{T1} \xrightarrow{能量转移} 受体\ B_{T1} \xrightarrow{发射磷光} S_0$$

4．磷光仪器

在荧光仪样品池上增加磷光配件：低温杜瓦瓶和斩光片，如图 3.18 所示。斩光片的作用是利用其分子受激所产生的荧光与磷光的寿命不同来获取磷光辐射。

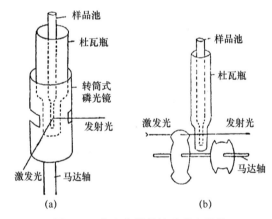

图 3.18　荧光仪样品池及磷光配件

为了描述分子中的电子能级及相互之间的跃迁，波兰物理学家 Aleksander Jablonski 给出了荧光和磷光及吸收过程的雅布隆斯基态图解（Jablonski State Diagram），也有人简称之为"雅布隆斯基图解"（Jablonski Diagram），如图 3.19 所示。该雅布隆斯基态图解不包括激发态的光化学过程和激发态分子与其他分子因碰撞换能的淬灭过程，也不包括激发态分子与同种分子（基态）形成激基缔合物或与异种分子（基态）形成激基络合物的过程。淬灭、激基缔合物或激基络合物的形成过程都是双分子过程。

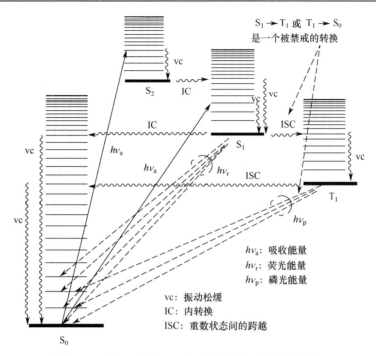

$S_1 \to T_1$ 或 $T_1 \to S_0$
是一个被禁戒的转换

$h\nu_a$: 吸收能量
$h\nu_r$: 荧光能量
$h\nu_p$: 磷光能量

vc: 振动松缓
IC: 内转换
ISC: 重数状态间的跨越

图 3.19　荧光和磷光及吸收过程的雅布隆斯基态图解

3.3　分光光度法

分光光度法是利用物质所特有的吸收光谱来鉴别物质或测定其含量的一项技术，此技术灵敏、精确、快速和简便，是生物化学研究中广泛使用的方法。

3.3.1　分光光度法的基本原理

分光光度法的基本原理是朗伯−比尔定律（Lambert-Beer's Law），又称吸收定律、比尔定律、布格−朗伯−比尔定律，描述了物质对某一波长光吸收的强弱与吸光物质的浓度及其溶液液层厚度间的关系，即当一束平行单色光垂直通过某一均匀非散射的吸光物质时，其吸光度 A（Absorbance）与吸光物质的浓度 C（Concentration）及吸光溶液的液层厚度 L（Length）成正比，用公式表示为 $A=\varepsilon CL$，其中 ε 为摩尔吸光系数。其中，光波是指波长为 $0.3\sim 3\mu m$ 的电磁波，颜色与波长和频率有关，分为可见光和不可见光。

朗伯−比尔定律是光吸收的基本定律，适用于所有电磁辐射和所有吸光物质，包括气体、固体、液体、分子、原子和离子。朗伯−比尔定律是吸光光度法、比色分析法和光电比色法的定量基础，光被吸收的量正比于光程中产生光吸收的分子数目。

物质对光吸收的定量关系很早就受到了科学家的注意。皮埃尔·布格（Pierre Bouguer）和约翰·海因里希·朗伯（Johann Heinrich Lambert）分别在 1729 年和 1760 年阐明了物质对光的吸收程度和吸收介质厚度之间的关系。1852 年，奥古斯特·比尔（August Beer）又提出了光的吸收程度和吸光物质浓度也具有类似关系，两者结合起来就得到有关光吸收的基本定律——布格−朗伯−比尔定律，简称"朗伯−比尔定律"。

3.3.2　分光光度法的应用

在实际工作中，由于盛放溶液的比色杯厚度是一致的，因此待测样品的浓度可通过以下几种方法测得。

① 标准比较法（Standard Comparative Method）

在相同条件下，配制标准溶液和待测样品溶液，测定它们的吸光度。比较两者的吸光度，即可求出待测样品溶液的浓度。

② 标准曲线法（Standard Curve Method）

配制一系列浓度由小到大的标准溶液，测出其吸光度。以各标准溶液的浓度为横坐标，以相应的吸光度为纵坐标，在方格坐标纸上绘出标准曲线。在相同条件下测出待测样品的吸光度后，从标准曲线上可以直接查出其浓度。此法通常适用于大批样品的分析。

③ 标准系数法（Standard Coefficient Method）

多次测定标准溶液的吸光度后，可按下式求出标准系数

标准系数=标准溶液浓度/标准溶液的平均吸光度

也可从标准曲线上求出标准系数，再用同样的方法测定待测样品溶液的吸光度，并代入上式求出待测物质的浓度。

3.3.3　分光光度法的误差

（1）待测物质溶液的浓度过高或过低都会偏离朗伯-比尔定律，影响检测的准确度。一般情况下，待测物质溶液浓度的吸光度在 0.1～0.8 之间最符合光吸收定律，此时检测线性好，读数误差小。如果吸光度不在此范围内，可适当稀释或浓缩比色溶液再进行测定。

（2）某些物质能干扰待测物质的显色反应过程，或其本身具有与待测物质相同或相似的光吸收特性。当这些物质存在于待测物质溶液中时，会使溶液测定值与待测物质实际浓度不相符，因而产生误差。

（3）当待测物质溶液与参比溶液的光折射率不同时，会引起发射损失的不同。待测溶液浑浊，入射光通过时会产生散射效应。这些非吸收作用都会产生测量误差。

（4）分光光度计的噪声主要由光源强度、电子器件和光电管所产生。仪器噪声过大，可严重地影响测定的灵敏度和准确度。

（5）吸收池的不匹配、透光面不平行或定位不准确等，都会使其透光率产生差异，从而使测定结果产生误差。

3.4　朗伯-比尔定律的推导

当一束平行单色光照射到任何均匀、非散射的介质（固体、液体或气体）时（例如，当介质为溶液时，光的一部分被介质吸收，一部分透过溶液，一部分被器皿的表面反射），它们之间的关系如下。

如果入射光的强度为 I_0，吸收光的强度为 I_a，透过光的强度为 I_t，反射光的强度为 I_r，则有

$$I_0=I_a+I_t+I_r \tag{3.23}$$

在分光光度测定中，盛溶液的比色皿都是采用相同材质的光学玻璃制成的，反射光的强度基本上是不变的（一般约为入射光强度的 4%），其影响可以互相抵消，于是式（3.23）可以简化为

$$I_0=I_a+I_t \tag{3.24}$$

纯水对于可见光的吸收极微，故有色液对光的吸收完全是由溶液中的有色质点造成的。当入射光的强度 I_0 一定时，如果 I_a 越大，I_t 就越小，即透过光的强度越小，表明有色溶液对光的吸收程度就越大。

实践证明，有色溶液对光的吸收程度与该溶液的浓度、液层厚度及入射光的强度等因素有关。如果保持入射光的强度不变，则光的吸收程度与溶液的浓度、液层厚度有关。

3.4.1　朗伯定律

1760 年，朗伯推导出了吸光度与吸收介质厚度的关系式

$$-\mathrm{d}I = k_1 I \mathrm{d}b \tag{3.25}$$

$$-\frac{\mathrm{d}I}{I} = k_1 \mathrm{d}b \tag{3.26}$$

$$-\int_{I_0}^{I_t} \frac{\mathrm{d}I}{I} = \int_0^b k_1 \mathrm{d}b \tag{3.27}$$

$$-\ln\frac{I_t}{I} = k_1 b \tag{3.28}$$

$$\lg\frac{I_0}{I_t} = 0.43 k_1 b \tag{3.29}$$

式中，k_1 为比例系数，b 为吸收介质的厚度。

3.4.2　比尔定律

比尔（Beer）在 1852 年提出了光的吸收程度与吸光物质浓度之间的关系

$$-\mathrm{d}I = k_2 I \mathrm{d}c \tag{3.30}$$

$$-\frac{\mathrm{d}I}{I} = k_2 \mathrm{d}c \tag{3.31}$$

$$-\int_{I_0}^{I_t} \frac{\mathrm{d}I}{I} = \int_0^c k_2 \mathrm{d}c \tag{3.32}$$

$$-\ln\frac{I_t}{I} = k_2 c \tag{3.33}$$

$$\lg\frac{I_0}{I_t} = 0.43 k_2 c \tag{3.34}$$

式中，k_2 为比例系数，c 为吸光物质的浓度。

3.4.3　朗伯-比尔定律

如果同时考虑溶液的浓度和液层厚度的变化，则上述两条定律可合并为朗伯-比尔定律，即得到

$\lg\dfrac{I_0}{I_t} = Kbc$，设 $A = \lg\dfrac{I_0}{I_t}$，则

$$A = \lg\frac{I_0}{I_t} = \lg\frac{1}{T} = Kbc \tag{3.35}$$

此式为光吸收定律的数学表达式，其中 A 为吸光度，K 为比例常数，其与入射光的波长、物

质的性质、溶液的温度等因素有关，$I_t/I_0=T$ 为透射比（透光度），b 为液层厚度（单位为 cm）。

3.4.4　朗伯-比尔定律的物理意义

当一束平行的单色光垂直通过某一均匀的、非散射的吸光物质溶液时，其吸光度（A）与液层厚度（b）和浓度（c）的乘积成正比。

它不仅适用于溶液，也适用于均匀的气体、固体状态，是各类光吸收的基本定律，也是各类分光光度法进行定量分析的依据。

3.4.5　朗伯-比尔定律成立的前提

朗伯-比尔定律成立的前提如下：
（1）入射光为平行单色光且垂直照射；
（2）吸光物质为均匀非散射体系；
（3）吸光质点之间无相互作用；
（4）辐射与物质之间的作用仅限于光吸收，无荧光和光化学现象发生。

3.4.6　吸光度的加和性

当介质溶液含有多种吸光组分时，只要各组分间不存在相互作用，在某一波长下介质的总吸光度就是各组分在该波长下吸光度的加和，即 $A=A_1+A_2+\cdots+A_n$。

3.5　吸收系数和桑德尔灵敏度

3.5.1　吸收系数

朗伯-比尔定律（$A=Kbc$）中的系数（K）随浓度（c）所取单位的不同，有两种表示方式。
（1）吸收系数（a）
当浓度 c 的单位取 $\mathrm{g \cdot L^{-1}}$，液层厚度 b 的单位取 cm 时，K 用 a 表示，称为"吸收系数"，其单位为 $\mathrm{L \cdot g^{-1} \cdot cm^{-1}}$，这时朗伯-比尔定律变为 $A=abc$。
（2）摩尔吸收系数（κ）
当浓度 c 的单位取 $\mathrm{mol \cdot L^{-1}}$，液层厚度 b 的单位取 cm 时，K 用 κ 表示，称为"摩尔吸收系数"，其单位为 $\mathrm{L \cdot mol^{-1} \cdot cm^{-1}}$，这时朗伯-比尔定律变为 $A=\kappa bc$。

摩尔吸收系数（κ）的物理意义如下。

摩尔吸收系数（κ）表示当吸光物质的浓度为 $1\mathrm{mol \cdot L^{-1}}$、液层厚度为 1cm 时，吸光物质对某波长光的吸光度。

摩尔吸收系数（κ）的性质如下。

① κ 与溶液的浓度和液层厚度无关，只与物质的性质及光的波长等有关。

② 在波长、温度、溶剂等条件一定时，κ 的大小取决于物质的性质。因此 κ 是吸光物质的特征常数，不同的物质具有不同的 κ。

③ 对于同一物质，当其他条件（温度等）一定时，κ 的大小取决于波长

$$\kappa = f(\lambda) \tag{3.36}$$

κ 能表示物质对某一波长的光的吸收能力。κ 越大，表明物质对某波长 λ 的光吸收能力越强。当 λ 为 λ_{max} 时，κ 为 κ_{max}。κ_{max} 是一重要的特征常数，它反映了某吸光物质吸收能力可能达到的最高程度。

④ κ 常用来衡量光度法灵敏度的高低，κ_{max} 越大，表明测定该物质的灵敏度越高。一般认为 $\kappa_{max} > 10^4$ L·mol^{-1}·cm^{-1} 时测量较为灵敏（所以书写 κ 时应标明波长）。目前最大的 κ 的数量级可达 10^6，如 Cu—双硫腙（Dithizone）配合物 $\kappa_{495} = 1.5 \times 10^5$ L·mol^{-1}·cm^{-1}。

吸收系数（a）与摩尔吸收系数（κ）的关系如下。

吸收系数（a）与摩尔吸收系数（κ）的关系为 $\kappa = aM$，其中吸收系数（a）常用于化合物组成不明、相对分子质量尚不清楚的情况，而摩尔吸收系数（κ）的应用更广泛。

3.5.2　桑德尔灵敏度

吸光光度法的灵敏度除用摩尔吸收系数 κ 表示外，还常用桑德尔（Sandell）灵敏度 S 表示。桑德尔灵敏度 S 为当光度仪器的检测极限 $A=0.001$ 时，单位截面积光程内所能检出的吸光物质的最低质量，其单位为 $\mu g \cdot cm^{-2}$。

桑德尔灵敏度（S）与摩尔吸收系数（κ）的关系如下。

由桑德尔灵敏度 S 的定义可得到

$$A = 0.001 = \kappa bc$$
$$bc = \frac{0.001}{\kappa}$$

由于 b 的单位为 cm，c 的单位为 mol·L^{-1}=mol/10^3cm^3，则有 bc 的单位为 mol/10^3cm^2。若再乘以 M（g·mol^{-1}），则为 10^3cm^2 的截面积光程中所含物质的质量（g）。若再乘以 10^6，则把单位 g 变成了 μg

$$S = \frac{1}{1000} \times bcM \times 10^6 = bcM \times 10^3 = \frac{0.001}{\kappa} \times M \times 10^3$$

$$S = \frac{M}{\kappa} \tag{3.37}$$

其中 S 的单位为 $\mu g \cdot cm^{-2}$。

<典型例题>：

用邻二氮菲分光光度法测铁。已知溶液中 Fe^{2+} 的浓度为 $500 \mu g \cdot L^{-1}$，液层厚度为 2cm，在 508nm 处得透射比为 0.645。计算：吸光系数 a、摩尔吸收系数 κ、桑德尔灵敏度 S（$M_{Fe} = 55.85$ g·mol^{-1}）。

解：根据题目可知

$$c = 500 \mu g \cdot L^{-1} = 5.00 \times 10^{-4} g \cdot L^{-1}$$
$$b = 2cm$$
$$A = -\lg T = -\lg 0.645 = 0.190 \text{（保留三位有效数字）}$$

代入可得

$$a = \frac{A}{bc} = \frac{0.190}{2 \times 5.00 \times 10^{-4}} = 1.90 \times 10^2 \text{ L} \cdot g^{-1} \cdot cm^{-1}$$

$$c = \frac{5.00 \times 10^{-4}}{55.85} \approx 8.95 \times 10^{-6} \text{ mol} \cdot L^{-1}$$

$$\kappa = \frac{A}{bc} = \frac{0.190}{2 \times 8.95 \times 10^{-6}} \approx 1.06 \times 10^4 \, \text{L} \cdot \text{mol}^{-1} \cdot \text{cm}^{-1}$$

$$S = \frac{M}{\kappa} = \frac{55.85}{1.06 \times 10^4} \approx 5.27 \times 10^{-3} \, \mu\text{g} \cdot \text{cm}^{-2}$$

3.6　标准曲线的绘制及应用

3.6.1　标准曲线的绘制

配制一系列已知浓度的标准溶液，在确定的波长和光程等条件下，分别测定系列溶液的吸光度（A），然后以吸光度为纵坐标、以浓度（c）为横坐标作图，可得到一条曲线，称为标准曲线（也称工作曲线），如图 3.20 所示。

3.6.2　标准曲线的应用

从图 3.21 可以看出：

（1）曲线的斜率为κb，由于 b 是定值，因此可得到摩尔吸收系数κ；

（2）根据未知液的A_x，在标准曲线上可查出未知液的浓度c_x。

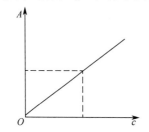

图 3.20　朗伯–比尔定律的标准曲线

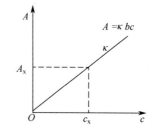

图 3.21　朗伯–比尔定律的标准曲线的应用

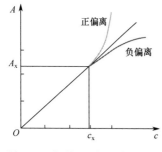

图 3.22　朗伯–比尔定律的偏离

3.7　引起偏离朗伯–比尔定律的原因

根据朗伯–比尔定律，当液层厚度不变时，标准曲线应当是一条通过原点的直线，即 A 与 c 成正比关系，满足这样关系的曲线服从比尔定律。

但在实际测定中，标准曲线会出现向浓度轴弯曲（即负偏离）和向吸光度轴弯曲（即正偏离），这种现象称为对朗伯–比尔定律的偏离，如图 3.22 所示。

3.7.1　物理因素

（1）单色光不纯所引起的偏离

严格地讲，朗伯–比尔定律只对一定波长的单色光才成立。但在实际工作中，目前用各种方法得到的入射光并不是纯的单色光，而是具有一定波长范围的单色光。那么在这种情况下，吸光度与浓度并不完全成直线关系，因而导致了对朗伯–比尔定律的偏离。

（2）非平行入射光引起的偏离

非平行入射光将导致光束的平均光程 b' 大于吸收池的厚度 b，实际测得的吸光度将大于理论值，从而产生正偏离。

（3）介质不均匀引起的偏离

朗伯-比尔定律是建立在均匀、非散射基础上的一般规律，如果介质不均匀，呈胶体、乳浊、悬浮状态存在，则入射光除被吸收外，还会有反射、散射作用。在这种情况下，物质的吸光度比实际的吸光度大得多，必然要导致对朗伯-比尔定律的偏离，产生正偏离。

3.7.2 化学因素

（1）溶液浓度过高引起的偏离

朗伯-比尔定律是建立在吸光质点之间没有相互作用的前提下的。但当溶液浓度较高时，吸光物质的分子或离子间的平均距离减小，会改变物质对光的吸收能力，即改变物质的摩尔吸收系数。浓度增大，相互作用增强，导致在高浓度范围内摩尔吸收系数不恒定而使吸光度与浓度之间的线性关系被破坏。

（2）化学反应引起的偏离

溶液中吸光物质常因解离、缔合、形成新的化合物或在光照射下发生互变异构等，从而破坏了平衡浓度与分析浓度之间的正比关系，也就破坏了吸光度 A 与分析浓度 c 之间的线性关系，产生对朗伯-比尔定律的偏离。

3.8 吸光光度法和分光光度法的区别[2]

在分光光度计中，将不同波长的光连续地照射到一定浓度的样品溶液时，便可得到与不同波长相对应的吸收强度。用紫外光光源测定无色物质的方法，称为紫外分光光度法；用可见光光源测定有色物质的方法，称为可见光光度法。它们与比色法一样，都以朗伯-比尔定律为基础。

物质与光作用，具有选择吸收的特性。有色物质的颜色是该物质与光作用产生的，即有色溶液所呈现的颜色是由于溶液中的物质对光的选择性吸收所致的。

分光光度法是吸光光度法的一种，吸光光度法还包括光电比色法。

在一定波长下，被测溶液对光的吸收程度与溶液中各组分的浓度之间存在定量关系，可进行该组分的含量测定，这种基于物质对光的选择性吸收而建立起来的分析方法称为吸光光度法。

在吸光光度法中，根据仪器获得单色光方法的不同，可分成光电比色法与分光光度法。应用以滤光片获得单色光的光电比色计，比较有色溶液的颜色深浅，对组分进行含量测定的方法，称为光电比色法；而以棱镜或光栅等为单色器的分光光度计测量溶液对光吸收程度的测定方法，称为分光光度法。

可见，用特征"单色"光的吸收来算出物质的浓度（朗伯-比尔定律）的方法，就是吸光光度法（如原子吸收光度法）。用"混合"光通过样品，然后进行分光测量，并测出样品在什么波长处有吸收而且吸收多少的方法，就是分光光度法。

值得注意的是，分光光度计可以用来做分子的吸光光度法测量。

3.8.1 原理不同

吸光光度法：吸光光度法借助分光光度计测定溶液的吸光度，根据朗伯-比尔定律确定物质溶液的浓度。吸光光度法比较的是有色溶液对某一波长光的吸收情况。

分光光度法：分光光度法通过测定被测物质在特定波长处或一定波长范围内光的吸收度，对该物质进行定性和定量分析。图 3.23 给出了光栅分光原理示意图。

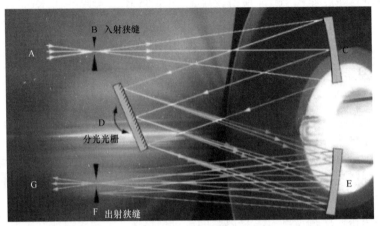

彩图 3.23

图 3.23 光栅分光原理示意图

3.8.2 特点不同

吸光光度法：灵敏度高，准确度较高，简便、快速，应用广泛。

分光光度法：具有灵敏度高、操作简便、快速等优点，是生物化学实验中最常用的实验方法之一。

3.8.3 用途不同

吸光光度法：适用于微量组分的分析。

分光光度法：用于对物质进行定性和定量的分析。

思 考 题 3

1. 分子发生荧光必须具备的条件是什么？
2. 光谱分析的含义是什么？
3. 原子发射谱是怎么产生的？为什么各种元素的原子都有其特征的谱线？
4. 原子吸收光谱和原子荧光光谱是如何产生的？
5. 表征谱线轮廓的物理量有哪些？引起谱线变宽的主要因素有哪些？
6. 吸光光度法和分光光度法的联系与区别是什么？

参 考 文 献

[1] 百度百科. 光谱分析[EB/OL].[2021-10-13]. https://baike.baidu.com/item/%E5%85%89%E8%B0%B1%
E5%88%86%E6%9E%90?fromModule=lemma_search-box.

[2] 百度知道. 吸光光度法和分光光度法的区别？[EB/OL].[2022-11-16]. https://zhidao.baidu.com/question/
1998447659299095227.html.

第4章 上转换发光

4.1 上转换发光的概念

上转换发光也叫"反斯托克斯（Anti-Stokes）发光"，指的是材料受到低能量的光激发，发射出高能量的光，即经长波长、低频率的光激发，材料发射出短波长、高频率的光。

斯托克斯定律认为材料只能受到高能量的光激发，发射出低能量的光，即经短波长、高频率的光激发，材料发射出长波长、低频率的光。而上转换发光则与之相反，指的是材料受到低能量的光激发，发射出高能量的光，即经长波长、低频率的光激发，材料发射出短波长、高频率的光，如图 4.1 所示。

迄今为止，上转换发光都发生在掺杂稀土离子的化合物中，主要有氟化物、氧化物、含硫化合物、氟氧化物、卤化物等。$NaYF_4$ 是上转换发光效率最高的基质材料，比如 $NaYF_4:Er,Yb$，即镱、铒双掺时，Er 作为激活剂，Yb 作为敏化剂。

早在 1959 年就出现了上转换发光的报道，Bloembergen N 在 Physical Review Letters 上发表的一篇文章[1]中提出，用 960nm 波长的红外光激发多晶 ZnS，观察到了 525nm 的绿色光。1966 年，Auzel F 在研究钨酸镱钠玻璃时[2]意外发现，当基质材料中掺入 Yb^{3+} 离子时，Er^{3+}、Ho^{3+} 和 Tm^{3+} 离子在红外光的激发下可见区的发光几乎提高了两个数量级，由此正式提出了"上转换发光"的概念。

上转换发光材料是一种红外光激发下能发出可见光的发光材料，即将红外光转换为可见光的材料。迄今为止，上转换发光材料主要是掺杂稀土元素的固体化合物，利用稀土元素的亚稳态能级特性，可以吸收多个低能量的长波辐射，从而可使人眼看不见的红外光变成可见光。其特点是所吸收的光子能量低于发射的光子能量。这种现象违背了斯托克斯定律，所以又称"Anti-Stokes"发光材料。如图 4.2 所示，样品被绿激光激发之后产生红光属于 Stokes 发光，而样品被绿激光激发之后产生蓝光属于 Anti-Stokes 发光。

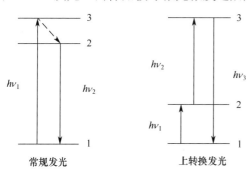

图 4.1 常规发光和上转换发光的能级跃迁图

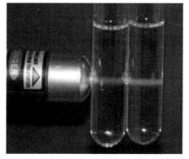

彩图 4.2

图 4.2 样品被绿激光激发之后产生荧光
（左侧为 Stokes 发光，右侧为 Anti-Stokes 发光）

上转换发光具有如下优点：

（1）可以有效降低光致电离作用所引起的基质材料的衰退；

（2）不需要严格的相位匹配，对激发波长的稳定性要求不高；

（3）输出波长具有一定的可调谐性。

4.2　上转换技术的发展

上转换发光现象被 Obrien B 发现于 20 世纪 40 年代中期，稀土离子的上转换发光现象的研究则始于 20 世纪 50 年代初的 Kastler A，至 60 年代因夜视等军用目的的需要，上转换研究得到进一步的发展。整个六七十年代，以 Auzel 为代表，开始系统地对掺杂稀土离子的上转换特性及其机制进行深入的研究，提出掺杂稀土离子形成"亚稳激发态"是产生上转换功能的前提。

20 世纪 80 年代后期，利用稀土离子的上转换效应，覆盖红绿蓝的所有可见光波长范围都获得了连续室温运转和较高效率、较高输出功率的上转换激光输出。1994 年，斯坦福大学和 IBM 公司合作研究了上转换应用的新生长点——双频上转换立体三维显示，并评为 1996 年物理学的最新成就之一。2000 年，Chen X B 等人[3]对比研究 Er/Yb:FOG 氟氧玻璃和 Er/Yb:FOV 钒盐陶瓷的上转换特性，发现后者的上转换强度是前者的 10 倍，前者的发光存在特征饱和现象，提出了上转换发光机制为扩散、转移的新观点。近些年来，人们对上转换发光材料的组成与其上转换发光材料的对应关系做了系统的研究，得到了一些优质的上转换发光材料。

上转换研究的这些进展一方面由社会对其应用技术的需求及半导体激光发展的促进所致，另一方面也是随着上转换机制等基础研究的突破和材料的发展而发展的。

4.3　稀土离子上转换发光机理

发光中心相继吸收两个或多个光子，再经过无辐射弛豫达到发光能级，由此跃迁到基态放出一个可见光子。

虽然上转换发光在有机材料和无机材料中均有所体现，但是其原理不同。

有机分子实现光子上转换是通过三重态–三重态湮灭（Triplet-Triplet Annihilation，TTA）过程实现的，典型的有机分子是多环芳烃（Polycyclic Aromatic Hydrocarbons，PAHs）。无机材料中，上转换发光主要发生在镧系掺杂稀土离子的化合物中，主要有 $NaYF_4$、$NaGdF_4$、$LiYF_4$、YF_3 和 CaF_2 等氟化物或 Gd_2O_3 等氧化物的纳米晶体。$NaYF_4$ 是上转换发光材料中的典型基质材料，比如将 Er 作为激活剂、Yb 作为敏化剂对其进行双掺时，可得到 $NaYF_4$:Er,Yb。下面着重介绍稀土掺杂上转换发光材料——上转换纳米晶（UpConversion NanoParticles，UCNPs）。

如图 4.3 所示，稀土上转换发光材料的发光原理主要有三种机制：（a）激发态吸收（Excited-State Absorption，ESA）；（b）能量传递上转换（Energy Transfer Upconversion，ETU）；（c）光子雪崩（Photon Avalanche，PA）。

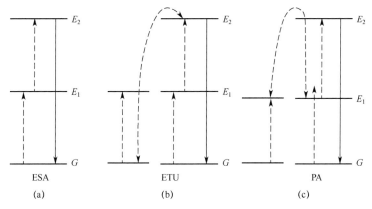

图 4.3　稀土上转换发光材料的发光原理

4.3.1　激发态吸收

激发态吸收（Excited State Absorption，ESA）过程是在 1959 年由 Bloembergen N 等人[1]提出的，其原理是同一个粒子（此处特指"稀土离子"）从基态能级及通过连续的多光子吸收到达能量较高的激发态能级的过程，这是上转换发光的基本过程。

图 4.3（a）所示为 ESA 过程示意图。首先，稀土离子吸收一个能量为 $h\nu_1$ 的光子，从基态 G 被激发到激发态 E_1，然后，离子再吸收一个能量为 $h\nu_2$ 的光子，从激发态 E_1 被激发到激发态 E_2，随后从激发态 E_2 发射出比激发光波长更短的光子。

在连续光的激发下，上转换发光（来自能级 E_2）的强度通常正比于入射光强 I_1 和 I_2（I 为发光强度）。一些情况下，$h\nu_1=h\nu_2$，其发光强度通常正比于 I^2。更一般地，如果需要发生 n 次吸收，上转换发光强度将正比于 I^n。另外，ESA 过程为单个稀土离子的吸收，具有不依赖于发光离子浓度的特点。

4.3.2　能量传递上转换

能量传递是指通过非辐射过程将两个能量相近的激发态离子通过非辐射耦合，其中一个把能量转移给另一个并回到低能态，另一个离子接收能量而跃迁到更高的能态。能量传递上转换（Energy Transfer Upconversion，ETU）可以发生在同种离子之间，也可以发生在不同离子之间。能量传递包含连续能量转移、合作上转换和交叉弛豫三类，如图 4.4 所示。

（1）连续能量转移（Successive Energy Transfer，SET）

连续能量转移一般发生在不同类型的稀土离子之间，其原理如图 4.4（a）所示。处于激发态的一种离子（施主离子）与处于基态的另一种离子（受主离子）满足能量匹配的要求而发生相互作用，施主离子将能量传递给受主离子而使其跃迁至激发态能级，本身则通过无辐射弛豫的方式返回基态，位于激发态能级上的受主离子还可能通过第二次能量转移而跃迁至更高的激发态能级，这种能量转移的方式称为连续能量转移。

（2）合作上转换（Cooperative Upconversion，CU）

合作上转换发生在同时位于激发态能级的同一类型的离子之间，可以理解为三个离子之间的相互作用，其原理如图 4.4（b）所示。同时处于激发态能级的两个离子将能量同时传递给一个位于基态的离子，使其跃迁至更高的激发态能级，而这两个离子则通过无辐射弛豫的方式返回基态。

（3）交叉弛豫（Cross Relaxation，CR）

交叉弛豫发生在相同或不同的稀土离子之间，其原理如图 4.4（c）所示。同时处于激发态能级的两个稀土离子，其中一个稀土离子将能量传递给另一个稀土离子使其跃迁至更高能级，而其本身则通过无辐射弛豫的方式转移至能量更低的能级。

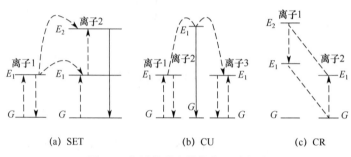

图 4.4　能量传递上转换的三种类型

4.3.3　光子雪崩

光子雪崩（Photon Avalanche，PA）的上转换发光是 1979 年由 Chivian J S 等人[4]在研究 $LaCl_3$ 晶体中的 Pr^{3+} 时首次发现的，由于它可以作为上转换激光器的激发机制而引起了人们的广泛关注。该机制的基础是一个能级上的粒子通过交叉弛豫在另一个能级上产生量子效率大于 1 的抽运效果。光子雪崩过程是激发态吸收和能量传递相结合的过程，只是能量传递发生在同种离子之间。

如图 4.5 所示，光子雪崩的上转换发光为 ESA 和能量传递（ET）相结合的过程，其主要特征为：①泵浦波长相应于离子的某一激发态能级与其上能级的能量差，而不是基态能级与其激发态能级的能量差；②PA 引起的上转换发光对泵浦功率有明显的依赖性，低于泵浦功率阈值时，只存在很弱的上转换发光，而高于泵浦功率阈值时，上转换发光强度明显增大，泵浦光被强烈吸收；③PA 过程取决于激发态能级上的粒子数积累，因此在稀土离子掺杂浓度足够高时才会发生明显的 PA 过程。另外，PA 过程也只需要单波长泵浦的方式，需要满足的条件是泵浦光的能量和某一激发态与其上能级的能量差匹配。

影响上转换发光的因素有以下几种。

① 时间

上转换过程的中间态能级有足够长的寿命，以保证激发态离子有足够的时间来参与上转换的发光或其他光过程。

② 多声子无辐射跃迁

低的多声子无辐射跃迁概率除能够保证长的激发态寿命外，还可以保证上转换过程中的辐射跃迁不被淬灭。

③ 材料温度

几乎每种材料都有一个淬灭温度，发光效率随着温度的升高先增大，达到某个极大值后，又随着温度的升高开始减小。

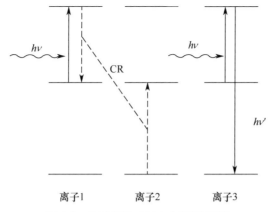

图 4.5　光子雪崩（PA）过程示意图

④ 浓度

通常情况下，在一定范围内，上转换发光效率随着稀土离子浓度的增大而增大，浓度过高时会发生浓度淬灭。

⑤ 稀土激活离子

阴离子的相互作用强，上转换发光强度低；周围对称性低有利于提高发光强度；阳离子价态高对上转换发光有利。

⑥ 泵浦的途径

泵浦波长中存在一个最优的激发波长，因此应做出正确的选择。

4.4　上转换机理

上转换发光材料的发光机理是基于双光子或多光子过程的。发光中心相继吸收两个或多个光子，再经过无辐射弛豫到达发光能级，由此跃迁到基态并放出一个可见光子。为了有效实现双光子或多光子效应，发光中心的亚稳态需要有较长的能级寿命。稀土离子能级之间的跃迁属于禁戒的 f–f 跃迁，因此有长寿命，符合此条件。迄今为止，所有上转换发光材料都只限于稀土化合物。

4.4.1　实际的上转换过程

如果图 4.1 中能级 3、能级 2 之间的能量差与能级 2、能级 1 之间的能量差相等，若某一辐射的能量与上述能量差一致，则会发生激发，离子会从能级 1 激发到能级 2。如果能级 2 的寿命不是太短，则离子从能级 2 激发到能级 3，最后就发生了从能级 3 到能级 1 的发射。

图 4.6 给出了实际材料可能发生的几种上转换过程：能量传递引起的光子叠加效应（APTE）、两步吸收、协同敏化、协同发光、二阶谐波产生和双光子吸收激发等。

图 4.6 中的（A）过程是发光中心稀土离子先接收一个供体离子传递的能量跃迁到中间激发态，再接收另一个供体离子的能量而跃迁到发光能级，发射一个短波长的光子，此即为 APTE（Addition de Photons par Transfert d'Energie，此为法语"通过能量转移添加光子"

的意思）效应。它是（A）～（E）这几个过程中可获得最高上转换效率的一种途径。

图 4.6 中的（B）过程是一个发光稀土离子吸收一个光子跃迁到中间激发态后，再吸收一个激发光子跃迁到更高的激发态而发射短波光子，称为"激发态吸收"。

图 4.6 中的（C）过程是两个处于激发态的稀土离子同时跃迁回基态后，而使发光中心处于较高的激发态，该激发态发射短波光子的现象被称为"合作敏化"。它与（A）过程的不同之处是（C）过程不需要中间激发态的参与。

图 4.6 中的（D）过程是协同发光，是指将两个 A 离子的激发能量结合形成一个产生发射的光量子，在完全不借用任何中间能级的情况下双光子同时被吸收，然后一个光子从其激发能级弛豫并发射出来，仅由一个离子完成。

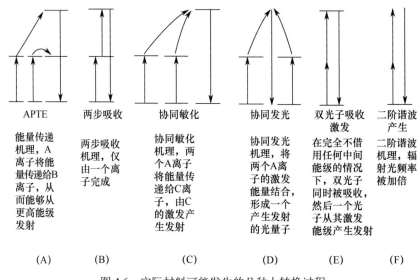

APTE	两步吸收	协同敏化	协同发光	双光子吸收激发	二阶谐波产生
能量传递机理，A离子将能量传递给B离子，从而能够从更高能级发射	两步吸收机理，仅由一个离子完成	协同敏化机理，两个A离子将能量传递C离子，由C的激发产生发射	协同发光机理，将两个A离子的激发能量结合，形成一个产生发射的光量子	在完全不借用任何中间能级的情况下，双光子同时被吸收，然后一个光子从其激发能级产生发射	二阶谐波机理，辐射光频率被加倍
（A）	（B）	（C）	（D）	（E）	（F）

图 4.6　实际材料可能发生的几种上转换过程

显然，两个处于激发态的稀土离子不通过第三个离子的参与而直接发光，它的一个明显特征是不存在与发射光子能量相匹配的能级，这也是它与（A）和（C）过程的重要区别。

图 4.6 中的（E）过程是双光子吸收激发的上转换发光过程，即发光能级直接吸收两个激发光子而发光，它与（B）过程的显著区别是无须中间激发态的参与。

图 4.6 中的（F）过程是二阶谐波产生。二次谐波产生（Second Harmonic Generation，SHG）或倍频是一种很重要的二阶非线性光学效应，在实践中有广泛的应用，如 Nd:YAG 的基频光（波长为 1.064μm）倍频成 0.532μm 绿光，或继续将 0.532μm 激光倍频到 0.266μm 紫外区域。

对于以上几种不同机理的上转换发光过程，还应该指出以下几点。

（1）在多数情况下，上转换发射光子的能量并不等于激发光子能量的 2 倍，这是因为发光中心离子被激发到发光能级上不是共振过程，一般需要声子的参与，并且发光中心的各激发态都存在无辐射跃迁，也是发射光子的能量小于激发光子能量的 2 倍的原因。

（2）在上转换发射的光子中也存在发射光子频率是激发光子频率 2 倍以上的光子，这是因为发光中心的稀土离子［图 4.6 中的（A）、（B）过程］也可能继续获得第三个、第四个光子被激发到更高的激发态从而发射的更短波长的光子，即三光子、四光子过程，图中只给出了双光子过程。

（3）稀土离子上转换发光过程都是多光子过程，在多光子过程中激发光的强度与上转换发射荧光的强度满足强度制约关系 $I_{lumin} \propto I_{excit}^n$，其中 I_{lumin} 表示上转换荧光强度，I_{excit} 表示激发光强度，n 是上转换过程所需的光子个数，这一关系是确定上转换过程是几光子过程的有效方法。

4.4.2　不同机理的双光子上转换效率

表 4.1 给出了图 4.6 中列出的实际材料可能发生的几种上转换过程的双光子上转换效率。可见，能量传递的效率是最高的，而双光子吸收激发的效率是最低的。从上往下，它们的双光子上转换效率依次减弱 2～3 个数量级。

表 4.1　不同机理的双光子上转换效率

机　理	效　率	实　例	机　理	效　率	实　例
能量传递	10^{-2}	$YF_3: Yb^{3+}, Er^{3+}$	协同发光	10^{-8}	$YbPO_4$
两步吸收	10^{-5}	$SrF_2: Er^{3+}$	二阶谐波产生	10^{-11}	KH_2PO_4
协同敏化	10^{-6}	$YF_3: Yb^{3+}, Tb^{3+}$	双光子吸收激发	10^{-13}	$CaF_2: Eu^{2+}$

4.5　上转换发光材料

4.5.1　掺杂 Yb^{3+} 和 Er^{3+} 的材料

图 4.7 给出了 Yb^{3+} 和 Er^{3+} 双掺杂的上转换过程。显然，Yb^{3+}（$^2F_{7/2} \to {}^2F_{5/2}$）吸收近红外辐射，并将其传递给 Er^{3+}，因为 Er^{3+} 的 $^4I_{11/2}$ 能级上的离子被积累，在 $^4I_{11/2}$ 能级的寿命内，又一个光子被 Yb^{3+} 吸收并将其能量传递给 Er^{3+}，使 Er^{3+} 离子从 $^4I_{11/2}$ 能级跃迁到 $^4F_{7/2}$ 能级。被激发的电子快速衰减，无辐射跃迁到 $^4S_{3/2}$，然后由 $^4S_{3/2}$ 能级产生绿色发射（$^4S_{3/2} \to {}^4I_{15/2}$），实现以近红外激发得到绿色发射。由表 4.2 可以得到在近红外激发下 Yb^{3+} 和 Er^{3+} 双掺杂的基质材料的绿色发光强度。

在激发密度和激活剂浓度保持恒定的条件下，上转换发光材料的转换效率依赖于基质晶格的种类。在氧化物系统中，由于发光离子与其周围配位环境之间具有较强的作用，使氧化物中稀土能级的荧光寿命比氟化物中的短，因此作为上转换基质材

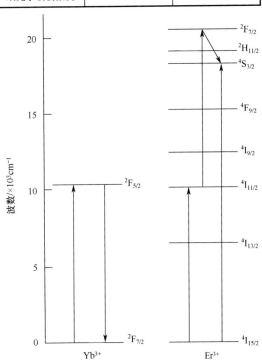

图 4.7　Yb^{3+} 和 Er^{3+} 双掺杂的上转换过程
（由 Yb^{3+} 吸收激发能，发射产生于 Er^{3+} 的 $^4S_{3/2}$ 能级）

料，氟化物比氧化物更为合适。

表 4.2　在近红外激发下，Yb^{3+} 和 Er^{3+} 双掺杂的基质材料的绿色发光强度

基 质 晶 格	绿色发光强度	基 质 晶 格	绿色发光强度
α-$NaYF_4$	100	La_2MoO_8	15
YF_3	60	$LaNbO_4$	10
$BaYF_3$	50	$NaGdO_2$	5
$NaLaF_4$	40	La_2O_3	5
LaF_3	30	$NaYW_2O_6$	5

注：绿色发光强度数据已进行了归一化处理，即以强度最高的 α-$NaYF_4$ 材料为基准。

4.5.2　掺杂 Yb^{3+} 和 Tm^{3+} 的材料

通过三光子上转换过程，可以将红外辐射转换为蓝光发射。如图 4.8 所示，第一步传递之后，Tm^{3+} 的 $^3H_5$ 能级上的粒子数被积累，又迅速衰减到 $^3F_4$ 能级。在第二步传递过程中，Tm^{3+} 从 $^3F_4$ 能级跃迁到 $^3F_2$ 能级，又快速衰减到 $^3H_4$ 能级。紧接着，在第三步传递过程中，Tm^{3+} 从 $^3H_4$ 能级跃迁到 $^1G_4$ 能级，并最终由此产生蓝色发光。

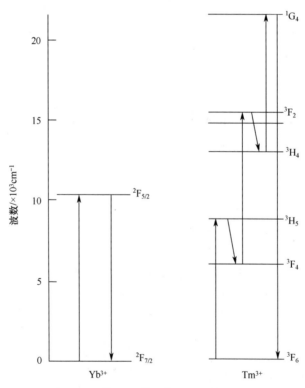

图 4.8　Yb^{3+} 和 Tm^{3+} 双掺杂的上转换过程

4.5.3　掺杂 Er^{3+} 或 Tm^{3+} 的材料

仅掺杂一种离子的材料是通过两步或更多步的光子吸收实现上转换过程的。单掺 Er^{3+}

的材料吸收波长 800nm 的辐射,跃迁至可产生绿色发射的 $^4S_{3/2}$ 能级。单掺 Tm^{3+} 的材料吸收波长 650nm 的辐射,被激发到可产生蓝色发射的 $^1D_2$ 能级和 $^1G_4$ 能级。图 4.9 所示为单掺 Yb^{3+} 或 Tm^{3+} 的材料中的上转换过程。

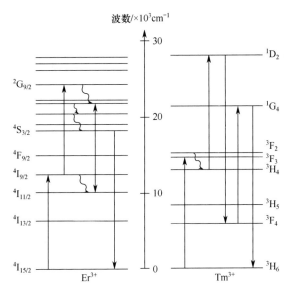

图 4.9　单掺 Yb^{3+} 或 Tm^{3+} 的材料中的上转换过程

4.6　实例分析

4.6.1　样品制备与光谱测试

图 4.10 给出了样品制备及光谱测试的流程图。

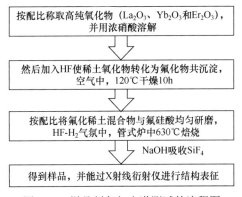

图 4.10　样品制备与光谱测试的流程图

4.6.2　激发机理

如图 4.11 所示,Er^{3+} 的绿色发射(波长约为 550nm)是经由电子从 Er^{3+} 的基态跃迁到 $^4I_{11/2}$、再到 $^4F_{7/2}$ 能级的两步激发,随后再经过无辐射衰减到 $^2I_{11/2}$ 能级和 $^4S_{3/2}$ 能级,最后经过辐射跃迁回到基态,发出绿光。

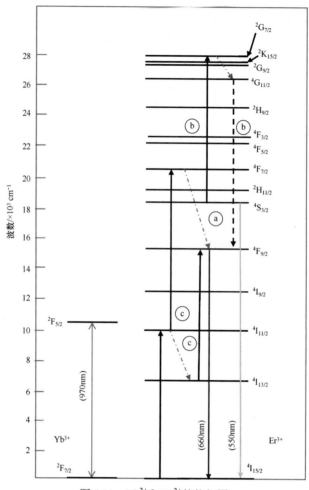

图 4.11 Yb^{3+}和 Er^{3+}的能级图

Er^{3+}的红色发光（波长约为 660nm）过程如下：

（1）电子由 $^4S_{3/2}$ 能级经无辐射衰减到红色发光的 $^4F_{9/2}$ 能级；

（2）Er^{3+}接收 Yb^{3+}传递来的三个光量子，由 $^4S_{3/2}$ 能级激发至 $^2G_{7/2}$，无辐射弛豫到 $^4G_{11/2}$ 能级，衰减到红色发光的 $^4F_{9/2}$ 能级，并将多余能量逆传递给 Yb^{3+}；

（3）Er^{3+}在第一步激发后，从 $^4I_{11/2}$ 能级无辐射衰减到 $^4I_{13/2}$ 能级，再激发到红色发光的 $^4F_{9/2}$ 能级。

4.6.3　实验结果讨论

NaY$_{0.77}$Yb$_{0.20}$Er$_{0.03}$F$_4$在 970nm 红外光和 365nm 紫外光激发下的发射光谱如图 4.12 所示。可见，两幅谱图均包括绿色和红色两种发射谱峰结构，只是随着激发光谱的改变，绿色和红色发光强度比发生了显著变化。红外光激发下显示绿色，如图 4.12（a）所示；紫外光激发下显示黄色，如图 4.12（b）所示。

NaY$_{0.77}$Yb$_{0.20}$Er$_{0.03}$F$_4$的绿色发光和红色发光的激发光谱如图 4.13 所示。在绿色发光的激发光谱中，可以清楚地观察到源于 $^4F_{7/2}$、$^4F_{5/2}$、$^4F_{3/2}$ 和 $^2H_{9/2}$ 等的激发峰，如图 4.13（a）所示；

而在红色发光的激发光谱中这些激发峰的强度极弱，甚至观察不到，如图 4.13（b）所示。

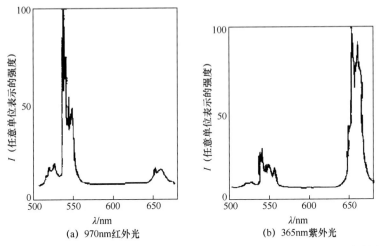

(a) 970nm 红外光　　　　　　　　　(b) 365nm 紫外光

图 4.12　$NaY_{0.77}Yb_{0.20}Er_{0.03}F_4$ 在 970nm 红外光和 365nm 紫外光激发下的发射光谱

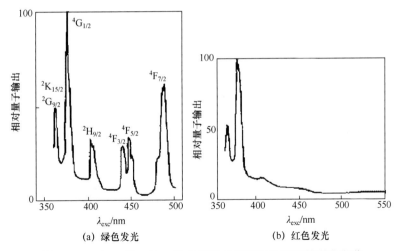

(a) 绿色发光　　　　　　　　　(b) 红色发光

图 4.13　$NaY_{0.77}Yb_{0.20}Er_{0.03}F_4$ 的绿色发光和红色发光的激发光谱

4.7　上转换发光材料及其应用

在光致发光过程中，若材料吸收两个或更多光子后只发射一个光子，其发射光的波长将短于激发光［如图 4.14（b）所示］，这种现象称为上转换发光。

从图 4.14（a）可见，在通常的光致发光过程中，材料吸收较高能量（较短波长）的激发光后，产生低能量的发射光，即发射光的波长大于激发光。与普通光致发光过程不同的是，上转换发光具有较大的 Anti-Stokes 位移，材料中需存在较长寿命的中间能级（或亚稳态），同时实现上转换发光也需要较强的激发光源。若材料能够实现上转换发光，则可将肉眼看不见的长波长的光转换为可见光，在激光、显示、防伪等信息科学和技术领域将有着重要的应用，也将在生物医学等方面开拓新的研究和应用领域。

　　早在 1931 年，Goeppert-Mayer[5]已从理论上预言了多光子激发过程。基于激光技术的建立和发展，上转换发光材料及其机理研究才得以系统开展。20 世纪 60 年代，Auzel F 等人[6]详细研究了稀土离子掺杂材料的激发态吸收、能量传递及合作敏化引起的上转换发光现象。1979 年，Chivian J S 等人[7]报道了上转换发光中的光子雪崩现象。1971 年，Johnson L F 等人[8]在 BaY$_2$F:Yb^{3+}:Ho^{3+}和 BaYb$_2$F$_8$Yb^{3+}:Er^{3+}体系中，在 77K 下用闪光灯泵浦首次实现了绿色上转换激光[7]。随着对短波长全固态激光器需求的发展，上转换激光材料研究越来越引人注目。基于泵浦源、上转换发光材料的研究发展，以及对激光机理认识的深入，目前含稀土材料体系的上转换激光已覆盖了整个可见光波段。

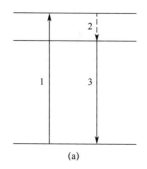 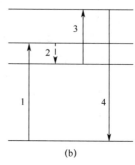

(a)   (b)

图 4.14 　（a）单光子激发发光过程：发射光 3 的光子能量小于激发光 1 的光子能量，通过与晶格作用，部分能量 2 转化为热能；（b）双光子激发发光过程：发射光 4 的光子能量来源于过程 1 和 3 的两个光子能量，同时也有部分能量 2 转化为热能

　　1986 年，Silversmith A J 在 YAlO$_3$:Er^{3+}体系中首次实现了连续波上转换激光[9]；1987 年，Antipenko B M 在 BaY$_2$F$_8$:Er^{3+}体系中首先实现了室温下的上转换激光[10]。结合光纤技术材料的发展，上转换激光器的输出功率和能量效率得到了显著的提高，目前以稀土掺杂的重金属氟化物玻璃光纤等体系已经实现了室温下的连续波上转换激光输出。

　　近年来，人们拓展了对上转换发光材料体系的研究，在有机染料、半导体等体系中也取得了突出的研究进展。伴随着纳米科学和技术的迅猛发展，上转换发光材料的可控制备和生物应用成为 21 世纪无机材料科学中的研究热点，正是上转换发光材料在材料科学、信息科学、纳米科学和生命科学，以及在全固体激光、生物医学诊断、高性能显示等相关前沿技术中的重要作用，使该领域的研究吸引了不同学科、不同领域的科学和技术研究者。

　　目前，最具价值的上转换发光材料依然是稀土掺杂的金属氟化物体系，上转换发光可由激发态吸收或连续能量传递产生。图 4.15 所示为该体系的掺杂稀土离子 Yb^{3+}分别与 Er^{3+}和 Tm^{3+}之间的能量传递及上转换发射过程示意图，通过 987nm 波长中等强度的近红外连续激光激发就可以观察到来自 Er^{3+}的红色发光或绿色发光，以及来自 Tm^{3+}的蓝色发光。该类与共掺杂的稀土离子上转换发光是通过处于激发态的 Yb^{3+}向 Er^{3+}或 Tm^{3+}的能量传递实现的，其中 Er^{3+}或 Tm^{3+}的发光可通过两个或两个以上光子的吸收过程实现。

　　目前上转换发光材料方面的重要科学问题在于如何获得能量转换效率高、能够由低功率密度的激光激发、在室温下具有高效上转换发光的材料体系，并研究其发光过程和机理，发展新型器件，开拓其在相关技术领域的应用。

　　目前，上转换发光材料的主要研究方向如下：

（1）探索新型上转换发光材料体系，研究不同组成（有机固体、高分子固体、无机晶态材料）、形态（单晶、纳米晶及其有序组装、薄膜）材料及原理器件的可控制备方法；

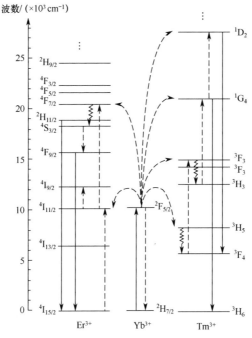

图 4.15　稀土掺杂的金属氟化物体系的 Yb^{3+} 分别与 Er^{3+} 和 Tm^{3+} 之间的能量传递及上转换发射过程

（2）将理论和实验研究相结合，通过测量上转换发光在脉冲激发后发射强度随时间变化的动力学过程，来研究相关材料的激发和能量传递机理，为材料应用和新材料探索提供基础；

（3）充分利用上转换发光材料的性质特点，开拓其在信息、生物医学等领域的应用。

上转换发光是稀土发光材料的一种重要光学性质，它可以将低能量的光子（如近红外光）转换为高能量的光子（如可见光），其发光谱线丰富可调，因而在生物成像、诊疗、全色显示、信息安全等领域具有广阔的应用前景。上转换发光机理研究为实现上述应用奠定了坚实的基础，通过基质选择、晶体场调控、核-壳结构设计、染料敏化等策略已经在多种掺杂材料体系中获得了发射波长精细可调的上转换发光。然而目前的相关研究主要基于传统的 980nm 近红外激发波长或近期研发的 808nm 波长，如何实现更远的近红外特别是红外 Ⅱ 区（NIR-Ⅱ，1000～1700nm）响应的上转换发光，对于稀土发光研究具有重要科学意义。

2020 年 11 月，华南理工大学发光材料与器件国家重点实验室研究团队提出了一种可以有效实现红外 Ⅱ 区响应的上转换发光机理模型（见图 4.16）。他们在多层核-壳纳米结构中引入具有能量迁移特性的镝亚晶格调控敏化剂铒与发光离子之间的能量作用过程，成功获得了 Tm^{3+}、Ho^{3+}、Gd^{3+}、Eu^{3+}、Tb^{3+} 等多种稀土离子的上转换发光。进一步地，在铒晶格中引入 Ce^{3+} 调控并优化了光谱性质，得到了红外 Ⅰ 区（NIR-Ⅰ，650～900nm）的准单带发射。通过设计敏化层-迁移层-检测层构成的核-壳结构，深入探讨了镝亚晶格能量迁移的基本物理规律。本发光模型不仅可以实现一系列稀土离子的有效发光，而且相对于传统的短波长近红外激发波长，也获得了超过 1200nm 的 Anti-Stokes 位移紫外发射。

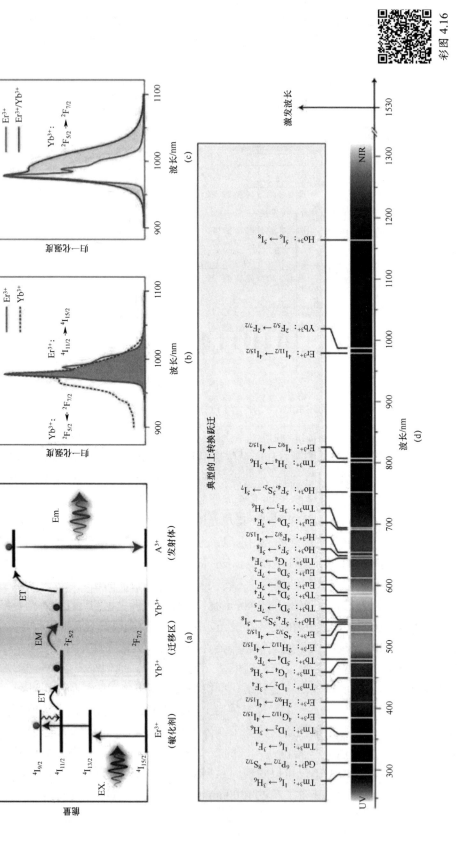

图 4.16 基于镥亚晶格的红外 II 区响应上转换发光

彩图 4.16

此外，他们通过镱亚晶格调控 Er^{3+} 的发光动力学，成功获得了红-绿可调发光，在信息安全与防伪方面展现出巨大的应用潜力[11]，如图 4.17 所示。本研究成功构建了一种可用于红外 II 区响应的新型上转换发光概念模型，有望进一步用于设计和开发新型高效上转换发光材料体系，同时促进了微观尺度能量迁移和稀土发光物理本质的理解，为稀土发光基础研究提供了新思路。

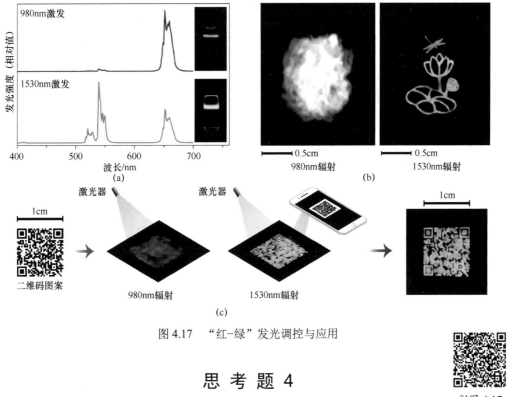

图 4.17　"红-绿"发光调控与应用

彩图 4.17

思 考 题 4

1．叙述和解释实现上转换发光可以有哪三种途径。

2．描述和解释教材上给出的上转换发光的实例。

3．在实际材料可能发生的几种上转换过程中，哪种上转换发光机理的效率最高？哪种上转换发光机理的效率最低？

4．影响上转换发光的因素有哪些？分别有何影响？

5．基质对稀土激活离子的影响有哪些？

参 考 文 献

[1] Bloembergen N. Solid state infrared quantum counters[J]. Phys. Rev. Lett.,1959, 2: 84-85.

[2] Auzel F. Compteur quantique par transfert d'energie entre deux ions de terres rares dans unverre[J]. C. R. Acad. Sci. (Paris), 1966, 2623: 1016-1019.

[3] Chen X, Nie Y X. Oxyfluoride vitroceramics material and upconversion luminescence enhancement of Er^{3+} ion[C]//Optical Measurement & Nondestructive Testing: Techniques & Applications. International Society

for Optics and Photonics, 2000.DOI: 10.1117/12.402583

[4]　Chivian J S, Krasutsky N J, Case W E. Infrared absorption of Pr^{3+} in $LaCl_3$ and $LaBr_3$ at 4-5μm[J]. J. Opt. Soc. Am., 1979, 69(11): 1622-1623. DOI:10.1364/JOSA.69.001622.

[5]　Goeppert-Mayer. Elementary Processes with Two Quantum Jumps[J]. Ann. Phys.,1931, (9): 273-294.

[6]　Auzel F. Materials and devices using double-phosphors with energy transfer[J]. Proc. IEEE, 1973, 6l: 758-786.

[7]　Chivian J S, Case W E, Eden D D. The photon avalanche: A new phenomenon in Pr^{3+} based infrared quantum counters[J]. Appl. Phys. Lett., 1979, 35(2): 124-125.

[8]　Johnson L F, Gugg enheim H J. Infrared-pumped visible laser[J]. Appl. Phys. Lett., 1971, (19): 44.

[9]　Silversmith A J, Lenth W, Macfarlane R M. Green infrared-pumped erbium upconversion laser[J]. Appl. Phys. Lett., 1987, 51: 1977-1979.

[10]　Antipenko B M, Dumbravyanu R V, Perlin Y E, et al. Spectroscopic aspects of the BaY_2F_8 laser medium[J]. Opt. Spectrosct, 1985, 59(3): 377-380.

[11]　ZHOU B, YAN L, HUANG J SH, et al. NIR II-responsive photon upconversion through energy migration in an ytterbium sublattice[J]. Nat. Photon., 2020, 14, 760-766. DOI: 10.1038/s41566-020-00714-6.

第 5 章   半导体理论

5.1   固体的能带理论

5.1.1   能带的形成

原子中的电子在原子核的势场及其他电子间的相互作用下，分别在不同的能级上形成不同的电子壳层。在晶体中，各原子间的距离都比较近，电子所处的内、外壳层都有一定程度的重叠，即电子不再局限在某一个原子中，可以从一个原子转移到相邻的原子上，引起电子的共有化运动。因此，原先的单一能级便分裂形成能带。

图 5.1 给出了 Ne 原子轨道及其电子排布情况。按照能量由低到高的电子填充顺序，低能级会先被填满。其中被填满的能带被称为"价带"或"满带"，而未被电子填满的能带或空能带则被称为"导带"，价带和导带之间的间隙则被称为"禁带"。

电子在原子之间的转移不是任意的，电子只能在能量相同的轨道之间发生转移。图 5.2 所示为这种共有化轨道的能级图。从图中可知，晶体中电子轨道的能级由低到高可分成许多组，这些电子轨道分别与各原子能级一一对应，每一组都包含大量的能量很接近的能级。这样一组密集的能级看上去像一条"带子"，所以称之为"能带"，能带之间的间隙则被称为"禁带"。

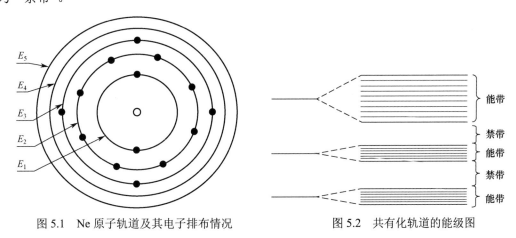

图 5.1   Ne 原子轨道及其电子排布情况   图 5.2   共有化轨道的能级图

导体、半导体及绝缘体导电性质的差异可以用它们的能带图的不同来加以说明。

5.1.2   绝缘体、半导体和导体

绝缘体、半导体和导体的能级情况如图 5.3 所示。

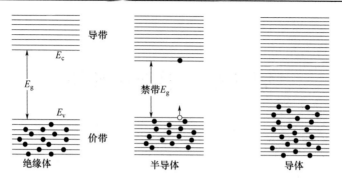

图 5.3　绝缘体、半导体和导体的能级情况

绝缘体：禁带宽度过大（一般大于 4.5eV），其无法导电。

半导体：禁带宽度相对较小，部分电子在热运动的作用下可从价带跃迁至导带，使得导带和价带中均存有少量载流子，从而半导体拥有一定的导电能力。

导体：禁带宽度为零，且其体内存在大量的自由电子，其导电性能相对于绝缘体和半导体来说要好得多。物体的导电能力一般用材料电阻率的大小来衡量。电阻率越大，说明这种材料的导电能力越弱。

表 5.1　导体、半导体与绝缘体的电阻率

导体电阻率	半导体电阻率	绝缘体电阻率
小于 $10^{-4}\Omega\cdot cm$	$10^{-3}\sim10^{9}\Omega\cdot cm$	大于 $10^{9}\Omega\cdot cm$

5.2　半导体材料硅的晶体结构

硅太阳电池生产中常用的硅（Si）、磷（P）和硼（B）元素的原子结构模型如图 5.4 所示。

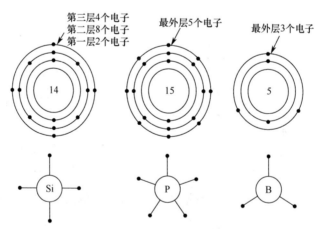

图 5.4　硅、磷和硼元素的原子结构模型

原子最外电子轨道上的电子被称为"价电子"，有几个价电子就称它为几族元素。

若原子失去一个电子，则该原子将变成一个带正电的正离子；若原子得到一个电子，则该原子将变成一个带负电的负离子。

5.2.1　晶体结构

正如在第 2 章中提到的，固体可分为晶体和非晶体两大类。原子无规则排列所组成的物质为非晶体，而晶体则是由原子规则排列所组成的物质。晶体有确定的熔点，而非晶体没有确定的熔点，加热时在某一温度范围内会逐渐软化。常见的非晶体有石蜡、松香、沥青、橡胶和玻璃等。

在整个晶体内，原子都是按照周期性的规则进行排列的，称之为"单晶"。而由许多取向不同的单晶颗粒杂乱地排列在一起形成的固体则被称为"多晶"。

5.2.2　硅晶体内的共价键

硅晶体的特点是原子之间靠共有电子对连接在一起。硅原子的 4 个价电子和它相邻的 4 个原子组成 4 对共有电子对。这种共有电子对称为"共价键"。图 5.5 所示为硅原子的 4 个共价键及形成的正四面体结构和金刚石结构。

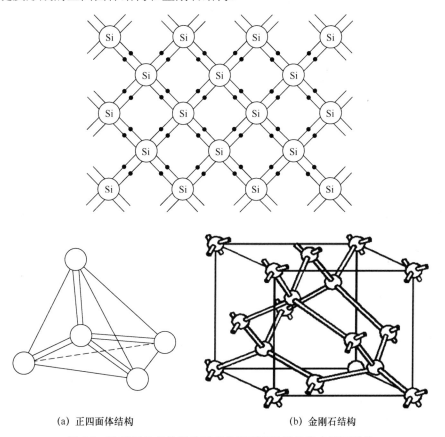

(a) 正四面体结构　　　　　　　　　　　(b) 金刚石结构

图 5.5　硅原子的共价键及形成的正四面体结构及金刚石结构

对称的、有规则的晶体排列叫作晶体格子，简称"晶格"，最小的晶格叫作"晶胞"。图 5.6 所示为几种常见的晶胞，包括简单立方、体心立方和面心立方三种晶胞。金刚石结构是一种复式格子，它是两个面心立方晶格沿对角线方向上移 1/4 互相套构而成的。

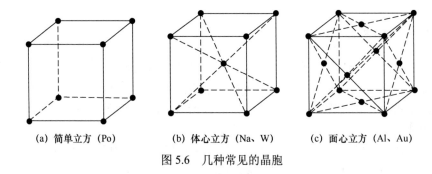

(a) 简单立方 (Po)　　　　(b) 体心立方 (Na、W)　　　　(c) 面心立方 (Al、Au)

图 5.6　几种常见的晶胞

5.2.3　晶面和晶向

晶体中的原子可以被视为分布在一系列平行而等距的平面上，这些平面就称为"晶面"，晶面的垂直方向称为"晶向"。几种常见的晶面如图 5.7 所示。

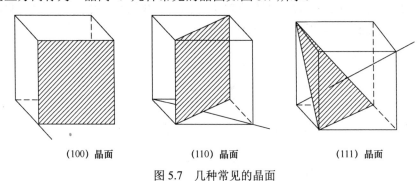

(100) 晶面　　　　　　　(110) 晶面　　　　　　　(111) 晶面

图 5.7　几种常见的晶面

5.2.4　原子密排面和解理面

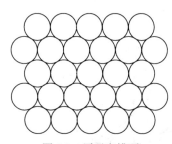

图 5.8　原子密排面

在晶体的不同面上，原子排列的疏密程度是不同的，若将原子看成一些硬的球体，则按照图 5.8 所示方式排列的晶面就称为"原子密排面"。

比较简单的一种包含原子密排面的晶格是面心立方晶格。而金刚石晶格又是两个面心立方晶格套在一起，相互之间沿着晶胞体对角线方向平移 1/4 而构成的。现在来看面心立方晶格中的原子密排面，按照硬球模型，可以分为在（100）、（110）和（111）晶面上原子排列的不同情况，如图 5.9 所示。

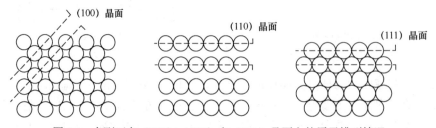

图 5.9　金刚石在（100）、（110）和（111）晶面上的原子排列情况

显然，金刚石晶格具有以下性质。

（1）由于（111）密排面本身结合牢固且相互间结合脆弱，在外力的作用下，晶体很容易沿着（111）晶面劈裂，这种易发生劈裂的晶面称为晶体的"解理面"。

（2）由于（111）密排面结合牢固，因此化学腐蚀就比较困难和缓慢，而（100）面的原子排列密度比（111）面低，所以，（100）面比（111）面的腐蚀速度快，选择合适的腐蚀液和腐蚀温度，（100）面的腐蚀速度将比（111）面快得多。因此，对（100）面硅片采用这种各向异性腐蚀，可以使硅片表面产生许多密布表面为（111）面的四面方锥体，形成绒面状的硅表面。

5.3　半导体的特性

5.3.1　纯度

半导体的特性是建立在半导体材料纯度很高的基础上的。半导体的纯度常用多个"9"来表示，比如硅材料的纯度达到 6 个"9"，就是说硅的纯度达到 99.9999%，其余 0.0001%（即 10^{-6}）为杂质总含量。半导体材料中的杂质含量通常以"ppb"（part per billion）及"ppm"（part per million）来表示。

ppb 是一个无量纲量，在溶液中用溶质质量占全部溶液质量的十亿分比来表示浓度，也称十亿分比浓度（$1/10^9$，十亿分之一，10^{-9}）。

1ppm 就是百万分之一（10^{-6}）[①]。

5.3.2　导电能力

（1）导电能力随温度的灵敏变化

导体、绝缘体的电阻率随温度的变化很小，温度每升高 1℃，导体的电阻率大约升高 0.4%。而半导体则不一样，温度每升高或降低 1℃，其电阻就变化百分之几甚至几十；当温度变化几十度时，电阻变化几十、几万倍，而温度为热力学零度（−273℃）时，则成为绝缘体。

（2）导电能力随光照的显著变化

当光线照射到某些半导体上时，半导体的导电能力就会变得很强；当没有光线时，半导体的导电能力又会变得很弱。

（3）导电能力随杂质的显著变化

在纯净的半导体材料中适当掺入微量杂质，其导电能力会有上百万倍的增加，这是最特殊的性能。

（4）其他特性

此外，还有温差电效应、霍尔效应、发光效应、光伏效应和激光性能等。

5.3.3　导电过程描述

在不受外界作用时，纯净的半导体的导电能力很差。只有当半导体在一定的温度或光

---

① part per trillion，万亿分之一；part per thousand，千分之一。

照等作用下时，晶体中的部分价电子才有可能会冲破共价键的束缚而成为一个自由电子，同时形成一个电子空位，称之为"空穴"。从能带图上看，就是电子离开了价带跃迁到导带，从而在价带中留下了空穴，产生了电子–空穴对。如图 5.10 所示，通常将这种只含有"电子–空穴对"的半导体称为"本征半导体"。"本征"指只涉及半导体本身的特性，没有任何杂质掺杂。半导体就是靠着电子和空穴的移动来导电的，而电子和空穴则被统称为"载流子"。

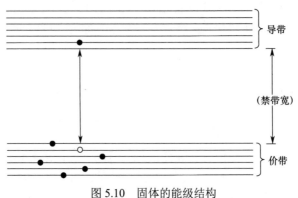

图 5.10 固体的能级结构

5.3.4 本征半导体与掺杂半导体

本征半导体：未经过任何掺杂的且没有缺陷的半导体。
掺杂半导体：掺有其他元素的半导体材料。
施主掺杂（N 型硅）：N 型硅中电子的浓度要高于空穴的浓度，即 $n_N \gg p_N$，其电流主要依靠电子的运动。
受主掺杂（P 型硅）：P 型硅中空穴的浓度要高于电子的浓度，即 $p_P \gg n_P$，其电流主要依靠空穴的运动。
常见的硅太阳能电池用的是 P 型硅衬底、N 型扩散层。

5.3.5 产生与复合

受热或光激发而成对地产生电子–空穴对，这种过程称为"产生"。空穴是共价键上的空位，自由电子在运动中与空穴相遇时，自由电子就可能回到价键的空位上来，同时一对电子和空穴消失并释放出能量，这就是"复合"。半导体材料在一定温度下且无光照等外界作用影响时，其电子–空穴对的产生及复合的数量相等，因此，半导体中的载流子将在产生和复合的基础上形成热平衡。此时，电子和空穴的浓度保持稳定不变，但是产生和复合仍在持续地发生。

5.3.6 杂质与掺杂半导体

纯净的半导体材料中若掺有其他元素的原子，则这类原子就称为半导体材料中的杂质原子，诸如ⅢA 族硼和ⅤA 族磷等杂质原子对硅材料的导电性能有着决定性的影响。此外，有些诸如金、铜、镍、锰、铁等元素的杂质，其在硅材料中也可起到复合中心的作用，会影响载流子寿命和产生缺陷，起着许多有害的作用。

（1）N 型半导体（施主掺杂）

磷（P）、锑（Sb）等ⅤA 族元素原子的最外层有 5 个电子，它在硅中处于替位式状态，占据了一个原来应是硅原子所处的晶格位置。磷原子最外层 5 个电子中只有 4 个参与共价键，另一个不在价键上，成为自由电子，失去电子的磷原子是一个带正电的正离子，没有产生相应的空穴。失去电子的磷原子处于晶格位置上，不能自由运动，因此它不是载流子。所以，在掺入磷的半导体中起导电作用的主要是磷所提供的自由电子，这种依靠电子导电的半导体

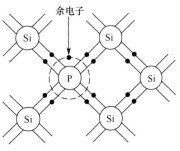

图 5.11 N 型半导体的形成

称为"电子型半导体"，简称"N 型半导体"，如图 5.11 所示。其中，诸如磷（P）、锑（Sb）等杂质原子则被称为"施主杂质"。施主能级的形成及其位置如图 5.12 所示。

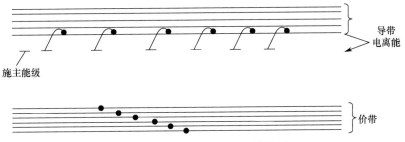

图 5.12 施主能级的形成及其位置

（2）P 型半导体（受主掺杂）

硼（B）、铝（Al）、镓（Ga）等ⅢA 族元素原子的最外层有 3 个电子，它们在硅中也处于替位式状态。但诸如硼原子等ⅢA 族元素原子的最外层只有 3 个电子参与共价键，在另一个价键上因缺少一个电子而形成一个空位，邻近价键上的价电子来填补这个空位，就在这个邻近价键上形成了一个新的空位，这就是"空穴"。硼原子接收了邻近价键的价电子而成为一个带负电的负离子，因此在产生空穴的同时没有产生相应的自由电子。所以，掺入如硼原子等ⅢA 族元素原子的半导体主要是自由空穴在起导电作用，这种依靠空穴导电的半导体称为"空穴型半导体"，简称"P 型半导体"，如图 5.13 所示。同样，诸如硼（B）、铝（Al）、镓（Ga）等杂质原子则被称为"施主杂质"。受主能级的形成及其位置如图 5.14 所示。

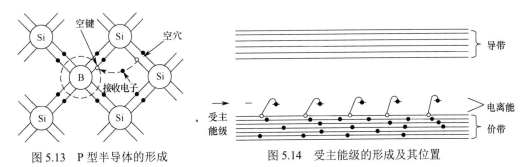

图 5.13 P 型半导体的形成 　　图 5.14 受主能级的形成及其位置

（3）补偿

实际上一块半导体中并非仅仅存在一种类型的杂质，经常同时含有施主杂质和受主杂

质。此时，施主杂质所提供的电子会通过"复合"而与受主杂质所提供的电子相抵消，使总的自由载流子数目减小，这种现象称为"补偿"。在有补偿的情况下，决定导电能力的是施主浓度和受主浓度之差。当施主浓度和受主杂质浓度近似相等时，通过复合会几乎完全补偿，这时半导体中的自由载流子基本上就是由本征激发作用而产生的自由电子和空穴。这种情况下的半导体称为"补偿型本征半导体"。

在半导体器件生产过程中，实际上就依据补偿作用通过掺杂而获得所需的导电类型，从而组装成所要生产的器件。

5.4 载流子的复合与寿命

5.4.1 多数载流子和少数载流子

在掺杂半导体中，新产生的载流子数量远远超过原来未掺入杂质时载流子的数量，半导体的导电性质主要由占多数的新产生的载流子来决定，所以在 P 型半导体中，空穴是多数载流子，而电子是少数载流子。而在 N 型半导体中，电子是多数载流子，空穴是少数载流子。掺入的杂质越多，多数载流子的浓度（单位体积内载流子的数目）越大，则半导体的电阻率越低，它的导电能力越强。

5.4.2 平衡载流子和非平衡载流子

当一块半导体材料处于某一均匀的温度中且不受光照等外界因素的作用时，半导体中的载流子称为"平衡载流子"。一旦受到外界因素（如光照、电流注入或其他能量传递形式）的作用，半导体材料就将从原先的平衡状态变成非平衡状态，同时，其内部载流子的浓度也会高于平衡状态下的载流子的浓度。相比于平衡状态下半导体内的平衡载流子来说，增加的那一部分载流子则被称为"非平衡载流子"。

在引起非平衡载流子产生的外界因素停止后，非平衡载流子不会永久地存在下去，但也不是突然全部消失，而是随着时间逐渐减少直至消失的，它们的存在时间有的长些，有的短些，平均存在时间就是"非平衡载流子的寿命"。半导体内部和表面的复合作用是使得非平衡载流子逐渐减少直至消失的原因。

非平衡载流子复合的主要方式如下。

（1）体内复合：在半导体内部发生的直接复合、间接复合（包括辐射复合、声子复合、俄歇复合等）。

（2）表面复合：在半导体表面发生的复合。

5.4.3 直接复合

如图 5.15 所示，电子和空穴在半导体内部直接相遇后会放出光子或引起热运动的过程被称为载流子的复合。其中，复合的过程是电子直接在能带间通过跃迁而实现的，整个过程无须经过任何间接过程，这类复合称为直接复合。而电子和空穴通过禁带中间的杂质能级（复合中心）进行复合，则称为间接复合，其能量释放的方式可以分为三种：辐射复合、声子复合、俄歇复合。

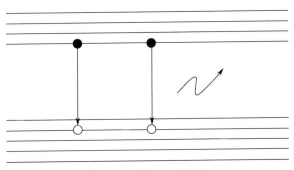

图 5.15　直接复合示意图

一般来说，杂质半导体寿命是与其内部多数载流子的密度成反比的。当半导体材料的电阻率较低时，其内部多数载流子浓度相对较高，此时的非平衡载流子与多数载流子发生复合的概率就越大，因此，电阻率较低的半导体材料的寿命就相对较短。

5.4.4　间接复合

晶体中的杂质原子和缺陷有促进非平衡载流子复合的作用。间接复合与直接复合不同，它是通过禁带中某些杂质（缺陷）能级作为"跳板"来完成的，如图 5.16 所示。

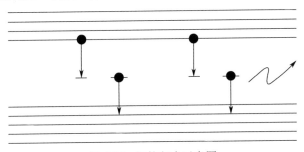

图 5.16　间接复合示意图

依靠禁带中的杂质（缺陷）能级俘获导带中的电子与满带中的空穴在其上面间接进行的复合称为间接复合，起复合作用的杂质（缺陷）能级称为复合中心。复合中心不断地起着复合作用，而不是仅起一次复合作用就停止了。通过复合中心的间接复合过程比直接复合过程强得多，因为间接复合过程每次所要放出的能量比直接复合的要少，相当于分阶段放出能量，所以容易得多。间接复合对半导体材料内部载流子的寿命长短起着决定性的作用。

直接复合和间接复合都是在半导体内部完成的，所以统称为"体内复合"。

5.4.5　表面复合

半导体表面吸附着从外界空气来的杂质分子或原子，其存在着表面缺陷。这种缺陷是因为从体内延伸到表面的晶格结构发生了中断，表面原子出现悬空键，或者半导体加工过程中在表面留下的严重损伤或内应力，造成更多的体内缺陷和晶格畸变，这些杂质和缺陷形成接收或释放电子的表面能级（如图 5.17 所示），表面复合就是依靠表面能级对电子和空穴的俘获来进行复合的。实际上表面复合过程属于间接复合，此时的复合中心位于半导体材料的表面。

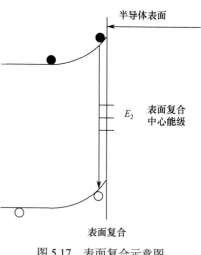

图 5.17 表面复合示意图

5.5 载流子的传输

5.5.1 漂移与迁移率

半导体中的载流子在不停地做无规则的热运动，没有固定方向地移动，所以半导体中并不产生电流。若在半导体两端加上一个电压，即半导体处于一个电场中，则载流子在电场的作用下，获得了附加的定向运动，这种定向运动称为载流子的"漂移运动"。此外，晶体中加速的电子会与杂质原子、缺陷及晶格原子相碰撞，这种碰撞造成电子运动方向不断发生变化的现象被称为"散射"。由于存在散射的作用，因此在电场作用下载流子的"漂移运动"是一种曲折前进的运动。

迁移率是衡量半导体中载流子平均漂移速度的一个重要参数，其数值等于在单位电场作用下电子或空穴的定向运动速度，因此，它反映了载流子运动的快慢程度。

载流子的迁移率随着温度、掺杂浓度和缺陷浓度的变化而变化。其中，温度升高会使得半导体内的迁移率减小，而掺杂浓度及缺陷浓度的提高则会造成迁移率增大。此外，迁移率还与半导体材料中载流子的有效质量有关，由于电子的有效质量相对较小，因此电子的迁移率往往比空穴的迁移率高一些。

迁移率是反映半导体导电性能的重要参数，掺杂半导体的电导率一方面取决于掺杂浓度，另一方面取决于迁移率。

5.5.2 扩散

向半导体内注入非平衡载流子时，注入部分的载流子密度比其他部分要高，所以，载流子将从密度大的地方向密度小的地方迁移，这种现象叫作载流子的"扩散运动"。

载流子扩散运动的强弱是由载流子浓度的变化决定的，当浓度梯度较大时，其内部发生的扩散运动也相对剧烈。同时，扩散运动的强弱还与载流子的种类、载流子运动的速度及发生的散射次数等有关，因此，可用扩散系数来表示载流子扩散能力的强弱。

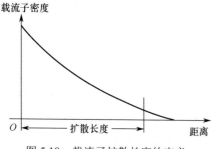

图 5.18 载流子扩散长度的定义

5.5.3 扩散长度

非平衡载流子在扩散运动过程中会不断地复合消失。非平衡载流子密度由注入部分开始向密度小的方向逐渐减小。在连续注入的条件下，非平衡载流子密度由大到小形成稳定的分布。如图 5.18 所示，由注入部位到非平衡载流子密度减小到原来的 $1/e$ 位置之间的距离称为载流子的扩散长度，它也是半导体材料的重要参数。

因此，扩散长度为非平衡载流子在平均寿命内经扩散运动所通过的距离。

5.6   PN 结二极管

5.6.1   PN 结

在一块完整的晶片上通过一定的掺杂工艺，使一边为 P 型半导体，另一边为 N 型半导体，则在它们的交界处会形成一个具有特殊物理性能的薄层，称为"PN 结"。在 N 型半导体中，多数载流子是电子，电子浓度远远超过少数载流子空穴的浓度；而在 P 型半导体中，空穴是多数载流子，空穴浓度远远超过少数载流子电子的浓度，如图 5.19 所示。

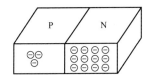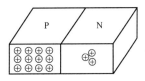

图 5.19   PN 结中载流子分布情况示意图

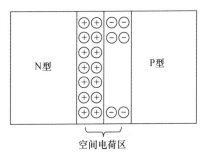

在 N 型和 P 型半导体的交界处存在电子和空穴浓度梯度，N 区中的电子就向 P 区渗透扩散，扩散的结果是 N 区中邻近 P 区一边的薄层内有一部分电子扩散到 P 区。由于这个薄层失去了一些电子，在 N 区就形成带正电荷的区域。同样，P 区中邻近 N 区一边的薄层内有一部分空穴扩散到 N 区。由于这个薄层失去了一些空穴，在 P 区就形成了带负电荷的区域。这样在 N 区和 P 区交界面的两侧形成了带正、负电荷的区域，叫作"空间电荷区"，如图 5.20 所示。

图 5.20   PN 结中的空间电荷区示意图

5.6.2   自建电场

空间电荷区内正、负电荷的存在会形成一个电场，电场的方向是由 N 区指向 P 区，这个由于载流子浓度不均匀而引起扩散运动后形成的电场称为"自建电场"(Built-in Electric Field)。

众所周知，载流子在电场作用下会产生漂移运动。在自建电场的作用下，电子将从 P 区回到 N 区，而空穴则从 N 区回到 P 区。由此可见，在空间电荷区内，自建电场引起电子和空穴的漂移运动方向与它们各自的扩散运动方向正好相反。

5.6.3   PN 结的形成

空间电荷区也叫"阻挡层"，就是通常所讲的 PN 结。PN 结是许多半导体组件的核心，PN 结的性质集中反映了半导体导电性能的特点，例如，存在两种载流子，载流子有漂移、扩散和产生、复合等基本运动。所以，PN 结知识是半导体器件入门的基础。

随着电子和空穴的不断扩散，空间电荷的数量不断增大，自建电场也越来越强，直到载流子的漂移运动和扩散运动相抵消（即大小相等、方向相反），才达到动态平衡。

5.6.4   正、反向偏置的 PN 结

使 P 区电位高于 N 区电位的接法，称为 PN 结加正向电压或正向偏置（简称"正偏"），如图 5.21（a）所示。使 P 区电位低于 N 区电位的接法，称为 PN 结加反向电压或反向偏置（简称"反偏"），如图 5.21（b）所示。

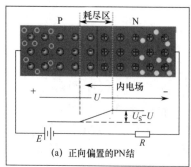 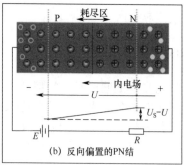

图 5.21　正向偏置和反向偏置的 PN 结

5.6.5　PN 结电流的解析描述

理论分析证明，流过 PN 结的电流 i 与外加电压 u 之间的关系为

$$i = I_{\rm S}\left({\rm e}^{\frac{qu}{kT}-1}\right) = I_{\rm S}\left({\rm e}^{\frac{u}{U_{\rm T}}-1}\right)$$

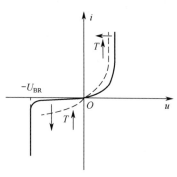

图 5.22　PN 结的伏安特性曲线

式中，$I_{\rm S}$ 为反向饱和电流，其大小与 PN 结的材料、制作工艺、温度等有关；$U_{\rm T}=kT/q$，称为"温度的电压当量"或"热电压"。在 $T=300{\rm K}$（室温下）时，$U_{\rm T}=26{\rm mV}$，这是一个今后常用的参数。

加正向电压时，所加电压 u 只要大于 $U_{\rm T}$ 的几倍，就有 $i \approx I_{\rm S}{\rm e}^{\frac{u}{U_{\rm T}}}$，即 i 随 u 呈指数规律变化；加反向电压时，$|u|$ 只要大于 $U_{\rm T}$ 的几倍，就有 $i \approx -I_{\rm S}$（负号表示与正向参考电流方向相反）。PN 结的伏安特性曲线如图 5.22 所示，图中还画出了反向电压大到一定值时反向电流突然增大的情况，即击穿效应。

5.7　硅材料的物理化学性质

5.7.1　物理性质及常数

硅材料的物理性质如表 5.2 所示。

表 5.2　硅材料的物理性质

物 理 量	单 位	数 据	物 理 量	单 位	数 据
原子序	—	14	禁带宽度@0K	eV	1.153
原子量	—	28.08	禁带宽度@300K	eV	1.106
晶格结构	—	金刚石	电子迁移率	cm²/(V·s)	1350
化学键	—	共价键	空穴迁移率	cm²/(V·s)	480
密度	g/cm³	2.33	电子扩散系数	cm²/(V·s)	34.6
硬度（莫氏）	—	6.5	空穴扩散系数	cm²/(V·s)	12.3
熔点	℃	1420	本征电阻率	Ω·cm	2.3×10^5
热导率	W/(cm·K)	1.4	介电常数	—	11.7

（续表）

物 理 量	单 位	数 据	物 理 量	单 位	数 据
热膨胀系数	cm/℃	2.33×10^{-6}			
折射率	—	$3.55 \sim 4.0$（λ 为 $0.55 \sim$ $1.1\mu m$）			
反射率	—	33%（λ 为 $0.4 \sim 1.1\mu m$）			

5.7.2 化学性质

硅在高温下能与氯、氧、水蒸气等作用，生成四氯化硅、二氧化硅

$$Si + 2Cl_2 \xrightarrow{1200℃} SiCl_4 \uparrow \tag{5.1}$$

$$Si + 2H_2O \xrightarrow{1050℃} SiO_2 + 2H_2 $$

硅不溶于 HCl、H_2SO_4、HNO_3 及王水（浓 HCl＋浓 HNO_3，3:1），硅与 HF 可以发生反应，但反应速度比较缓慢

$$Si + 4HF = SiF_4 + 2H_2 \uparrow \tag{5.2}$$

硅能和硝酸、氢氟酸的混合液起作用

$$Si + 4HNO_3 + 6HF = H_2[SiF_6] + 4NO_2 + 4H_2O \tag{5.3}$$

它利用浓 HNO_3 的强氧化作用，使硅表面生成一层 SiO_2，另一方面利用了 HF 的络合作用，HF 能与 SiO_2 反应生成可溶性的六氟硅酸络合物 $H_2[SiF_6]$。

硅能与碱相互作用生成相应的硅酸盐

$$Si + 2NaOH + H_2O = Na_2SiO_3 + 2H_2 \uparrow \tag{5.4}$$

硅能与 Cu^{2+}、Pb^{2+}、Ag^+ 和 Hg^{2+} 等金属离子发生置换反应。

硅能溶解在熔融的铝、金、银、锡和铅等金属之中，形成合金。硅和这些金属的量可在一定范围内变化。在高温下，硅与镁、钙、铜、铁、铂和铋等金属能形成相应的金属硅化物。

5.7.3 参数的测量

（1）导电类型的检测方法（冷热探针法）

导电类型是指半导体中多数载流子的类型。当用两根温度不同的探针与半导体接触时，热探针处的半导体由于温度升高使半导体内载流子的速度和浓度都将增大，并由热接触点扩散到冷接触点。如果半导体是 N 型的，多数载流子为电子，扩散的结果是使热接触点比冷接触点缺少电子，而冷接触点有过多电子，即热接触点比冷接触点有较高的正电势。

对于 P 型半导体，热探针处的空穴浓度和速度增大，并向冷探针方向扩散，热探针处缺少空穴，冷探针处有过剩的空穴，所以在冷探针处有较高的正电势。因此，根据冷、热探针之间的电势方向可以确定半导体材料的导电类型。

（2）电阻率的测量（直流四探针法）

用 4 根探针等距离沿一直线与被测样品压触，对外侧一对探针通以恒定的直流电流 I，

由中间两根探针测量该电流所产生的电位差 V，再由下式求出电阻率

$$\rho = kV/I \qquad (5.5)$$

式中，k 为探针系数。

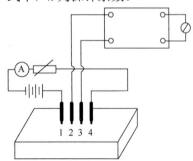

图 5.23　直流四探针法测量原理图

（3）直流四探针法的测试原理

如图 5.23 所示，当 4 根金属探针排成一条直线并以一定压力压在半导体材料上时，在 1、4 探针间通过电流 I，则 2、3 探针间产生电位差 V。

根据公式可计算出材料的电阻率：$\rho=kV/I$。其中探针系数 k（单位为 cm）的大小取决于 4 根探针的排列方法和针距。

（4）薄膜电阻（方块电阻，Sheet Resistance）测量法[1]

图 5.24 所示为薄膜电阻的测量原理图，薄膜电阻的计算公式为

$$R = \rho \frac{L}{A} = \rho \frac{L}{W \cdot t} = \frac{\rho}{t} \frac{L}{W} \quad (\Omega) \qquad (5.6)$$

定义方块电阻 $R_{\text{sh}} = \dfrac{\rho}{t}$，单位为 $\Omega/\square$，则

$$R = R_{\text{sh}} \frac{L}{W} \qquad (5.7)$$

综上可知，薄膜的总电阻为方块电阻与长宽比的乘积。

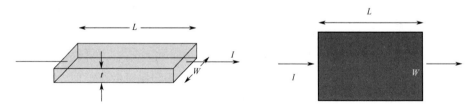

图 5.24　薄膜电阻的测量原理图

5.7.4　硅材料的性能参数测量

（1）高频光电导衰退法测量少数载流子寿命

在光激发下，样品的电导会发生变化，这时流过样品的电流也随着发生变化。在光照停止后，非平衡载流子不会永久地存在下去，而是随时间而逐渐减少直至消失。取样电阻两端的电压反映了流过样品电流的变化，从而可得到光电导衰退曲线。图 5.25 所示为用高频光电导衰退法测量少数载流子寿命的示意图。

（2）晶向的测定[2]

利用择优腐蚀使晶体的解理面充分暴露并形成腐蚀坑，用一束平行光束垂直地照射被测表面，在光屏上就可以看到从腐蚀小平面反射回来的特征反射图像，根据图像可以确定晶体的晶向。典型的硅单晶特征反射图像如图 5.26 所示。

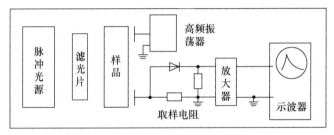

图 5.25　用高频光电导衰退法测量少数载流子寿命的示意图

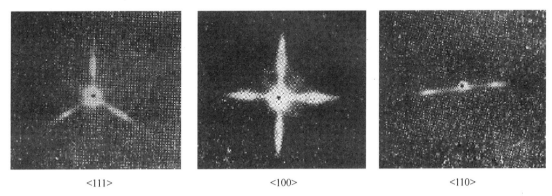

<111>　　　　　　　　<100>　　　　　　　　<110>

图 5.26　典型的硅单晶特征反射图像

思 考 题 5

1．原子中的电子和晶体中的电子受势场作用情况及运动情况有何不同？原子中内层电子和外层电子参与共有化运动有何不同？

2．晶体体积的大小对能级和能带有什么影响？

3．半导体中电子运动为什么要引入"有效质量"的概念？用电子的惯性质量 m_0 描述能带中的电子运动有何局限性？

4．一般来说，对应于高能级的能带较宽，而禁带较窄，是否如此？为什么？

5．有效质量对能带的宽度有什么影响？有人说："有效质量越大，能量密度也越大，因而能带越窄。"是否如此？为什么？

6．简述有效质量与能带结构的关系。

7．从能带底到能带顶，晶体中电子的有效质量将如何变化？外场对电子的作用效果有什么不同？

8．试述在周期性势场中运动的电子具有哪些一般属性。

9．以硅的本征激发为例，说明半导体能带图的物理意义及其与硅晶格结构的联系。为什么电子从其价键上挣脱出来所需的最小能量就是半导体的禁带宽度？

10．为什么半导体满带中的少量空状态可以用具有正电荷和一定质量的空穴来描述？

11．有两块硅单晶，其中一块的质量是另一块质量的两倍。这两块硅单晶价带中的能级数是否相等？彼此有何联系？

12．在强电场作用下，迁移率的数值与场强 E 有关，这时欧姆定律是否仍然正确？

为什么？

13．半导体的电阻温度系数是正的还是负的？为什么？

14．如果有相同电阻率的掺杂锗和硅半导体，哪个材料的少子浓度高？为什么？

15．说明本征锗和硅中载流子迁移率随温度的升高而如何变化。

16．为什么要引入热载流子的概念？热载流子和普通载流子有何区别？

参 考 文 献

[1] 关自强. ITO 薄膜方块电阻测试方法的探讨[J]. 真空，2014，51（3）：44-48.

[2] 中国国家标准化管理委员会. 非书资料：GB/T 1555—2009[S]. 北京：中国标准出版社，2010：6.

第6章 稀土材料发光

6.1 稀土材料的发光

在第 2 章中已经讲过固体的发光。某一固体化合物受到光子、带电粒子、电场或电离辐射的激发，就会发生能量的吸收、存储、传递和转换过程。如果固体将吸收的激发能量转换为可见光区的电磁辐射，则这个物理过程称为"固体的发光"。通常，发光材料由基质和激活剂组成，但在一些材料中，还掺入其他杂质离子来改善发光性能。

所谓**基质**，就是作为材料主体的化合物；所谓**激活剂**，就是作为发光中心的少量掺杂离子。

发光是一种宏观现象，但它与晶体内部的缺陷结构、能带结构、能量传递、载流子迁移等微观性质和过程密切相关。

6.1.1 稀土发光与其晶体内部结构

晶体中的能带有价带、导带、禁带之分。但是，在实际晶体中，可能存在杂质原子或晶格缺陷，局部地破坏了晶体内部的规则排列，从而产生一些特殊的能级，称为"缺陷能级"。作为发光材料的晶体，往往有目的地掺杂其他杂质离子以构成缺陷能级，它们对晶体的发光起着关键作用。发光是"去激发"的一种方式，晶体中电子的"被激发"和"去激发"互为逆过程。被激发和去激发可能在价带、导带和缺陷能级中的任意两个之间进行。

被激发和去激发发生的情形如下：
（1）价带与导带之间；
（2）价带与缺陷能级之间；
（3）缺陷能级与导带之间；
（4）两个不同能量的缺陷能级之间。

电子在去激发跃迁过程中，会将所吸收的能量释放出来转换成光辐射。辐射的光能取决于电子跃迁前、后所在能带（或能级）之间的能量差值。在去激发跃迁过程中，电子也可能将一部分能量转移给其他原子，这时电子辐射的光能小于跃迁前、后电子所在能带（或能级）的能量差。

6.1.2 稀土发光过程

稀土固体发光的物理过程示意图如图 6.1 所示。其中 M 表示基质晶格；A 和 S 为掺杂离子；并假设基质晶格 M 的吸收不产生辐射。这时，基质晶格 M 吸收激发能之后，将能量传递给掺杂离子 S，使其上升到激发态，它返回基态时可能有以下三种途径：

（1）以热的形式把激发能量释放给近邻的晶格，称为"无辐射弛豫"，也叫"荧光淬灭"；

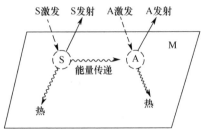

（2）以辐射形式释放出激发能量，称为"发光"；

（3）S 将激发能传递给 A，即 S 吸收的全部或部分激发能由 A 产生的发射而释放出来，这种现象称为"敏化发光"，此时 A 称为激活剂，S 通常被称为 A 的敏化剂。

图 6.1　稀土固体发光的物理过程示意图

6.1.3　稀土材料的荧光和磷光

在第 2.4 节中已经讲过荧光和磷光，激活剂吸收能量后，激发态的寿命极短，一般仅约 10^{-8}s 就会自动地回到基态而放出光子，这种发光现象称为"荧光"。撤去激发源后，荧光很快就会停止。

如果被激发的物质在撤去激发源后仍能继续发光，则这种发光现象称为"磷光"。有时磷光能持续几十分钟甚至数小时，这种发光物质就是通常所说的长余辉（发光）材料。

6.2　稀土的电子层结构和光谱学性质

发光的本质是能量的转换，稀土之所以具有优异的发光性能，就在于它具有优异的能量转换功能，而这又是由其特殊的电子层结构决定的。稀土（Rare Earth）是元素周期表中的镧系元素和钪、钇共 17 种金属元素的总称（如图 6.2 所示），自然界中有 250 种稀土矿。

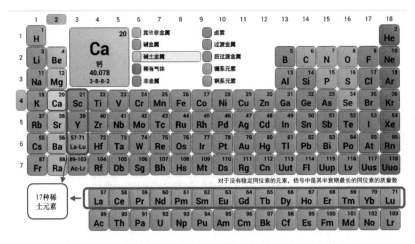

彩图 6.2

图 6.2　17 种稀土元素在元素周期表中的位置（方框中）

最早发现稀土的是芬兰化学家加多林（John Gadolin）。1794 年，他从一块形似沥青的重质矿石中分离出第一种稀土元素（钇土，即 Y_2O_3）。因为 18 世纪发现的稀土矿物较少，当时只能用化学法制得少量不溶于水的氧化物，历史上习惯性地把这种氧化物称为"土"，因而得名"稀土"。

6.2.1　稀土元素基态原子的电子层构型

17 种稀土元素基态原子的电子层构型如下：

$$\textbf{Sc}\quad 1s^22s^22p^63s^23p^63d^14s^2$$

$$\textbf{Y}\quad 1s^22s^22p^63s^23p^63d^{10}4s^24p^64d^15s^2$$

$$\textbf{Ln（La-Lu）}\quad 1s^22s^22p^63s^23p^63d^{10}4s^24p^64d^{10}4f^{0\sim14}5s^25p^65d^{0\sim1}6s^2$$

6.2.2　稀土元素的价态

17 种稀土元素的价态如图 6.3 所示，其中横坐标为原子序数，纵坐标线的长短表示价态变化倾向的相对大小。

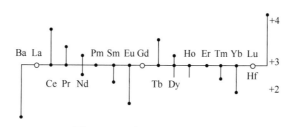

图 6.3　17 种稀土元素的价态

6.2.3　稀土离子的发光特点

（1）+3 价态稀土离子的发光特点

具有 f→f 跃迁的发光材料的发射光谱呈线状，色纯度高；荧光寿命长；4f 轨道处于内层，材料的发光颜色基本不随基质的不同而改变；光谱形状很少随温度而变，温度淬灭小，浓度淬灭小。

在+3 价稀土离子（RE^{3+}）中，Y^{3+} 和 La^{3+} 无 4f 电子，Lu^{3+} 的 4f 亚层为全充满的，都具有密闭的壳层，因此它们具有光学惰性，适合作为基质材料。从 Ce^{3+} 到 Yb^{3+}，电子依次填充在 4f 轨道，从 f^1 到 f^{13}，其电子层中都具有未成对电子，其跃迁可产生发光，这些离子适合作为发光材料的激活离子。

（2）非正常价态稀土离子的光谱特性

价态的变化是引发、调节和转换材料功能特性的重要因素，发光材料的某些功能往往可通过稀土价态的改变来实现。

① +2 价态稀土离子的光谱特性

+2 价态稀土离子（RE^{2+}）有两种电子层构型：$4f^{n-1}5d^1$ 和 $4f^n$。

$4f^{n-1}5d^1$ 构型的特点是 5d 轨道裸露于外层，受外部场的影响显著。$4f^{n-1}5d^1 \rightarrow 4f^n$（即 d→f）的跃迁发射呈宽带，强度较高，荧光寿命短，发射光谱随基质、结构的改变而发生明显变化。

与 RE^{3+} 相比，RE^{2+} 的激发态能级间隔被压缩，最终导致最低激发态能量降低，谱线红移。

② +4 价态稀土离子的光谱特性

+4 价态稀土离子和与其相邻的前一个+3 价态稀土离子具有相同的 4f 电子数目，例如，Ce^{4+}和 La^{3+}、Pr^{4+}和 Ce^{3+}、Tb^{4+}和 Gd^{3+}等。

+4 价态稀土离子的电荷迁移带能量较低，吸收峰往往移到可见光区。例如，Ce^{4+}与 Ce^{3+}的混价电荷迁移跃迁形成的吸收峰已延伸到波长 450nm 附近，Tb^{4+}的吸收峰在波长 430nm 附近。

6.2.4　稀土发光材料的分类

（1）稀土离子作为激活剂

在基质中，作为发光中心而掺入的离子称为"激活剂"。以稀土离子作为激活剂的发光体是稀土发光材料中最主要的一类，根据基质材料的不同又可分为两种情况：

① 材料基质为稀土化合物，如 Y_2O_3:Eu^{3+}；

② 材料基质为非稀土化合物，如 $SrAl_2O_4$:Eu^{2+}。

可以作为激活剂的稀土离子主要是 Gd^{3+}两侧的 Sm^{3+}、Eu^{3+}、Eu^{2+}、Tb^{3+}、Dy^{3+}，其中应用最多的是 Eu^{3+}和 Tb^{3+}。Tb^{3+}是常见的绿色发光材料的激活离子。另外，Pr^{3+}、Nd^{3+}、Ho^{3+}、Er^{3+}、Tm^{3+}、Y^{3+}也可作为上转换材料的激活剂或敏化剂。

可以通过选择基质的化学组成、添加适当的阳离子或阴离子，来改变晶场对 Eu^{2+}的影响，制备出特定波长的新型荧光体，提高荧光体的发光效率，故这类发光材料具有广泛的应用。

（2）稀土化合物作为基质材料

常见的可作为基质材料的稀土化合物有 Y_2O_3、La_2O_3 和 Gd_2O_3 等，也可以用稀土与过渡元素共同构成的化合物（如 YVO_4）作为基质材料。

6.2.5　稀土发光的三基色原理

三基色原理将在第 7 章详细讲解。涉及稀土发光的三基色原理主要包括如下几点：

（1）将适当选择的三种基色（红、绿、蓝）按不同比例合成，可引起不同的彩色感觉；

（2）合成的彩色光的亮度取决于三基色亮度之和，其色度取决于三基色成分的比例；

（3）三种基色彼此独立，任意一种基色都不能由其他两种基色配出。

6.3　灯用稀土发光材料

稀土发光材料的一大应用领域便是电光源，灯用荧光粉的产量在所有荧光粉中占据首位。电光源主要分为两大类：（1）热辐射发光光源；（2）气体放电光源。

与热辐射发光光源相比，气体放电光源具有显著的优点，例如，不受灯丝熔点的限制；辐射光谱可以选择；发光效率远超热辐射发光光源；寿命长，可达几万小时；在使用寿命内光输出的维持性能好。

6.3.1　气体放电和气体放电光源

在特定条件（如强电场、光辐射、粒子轰击和高温加热等）下，气体分子将发生电离，产生可自由移动的带电粒子，在电场作用下形成电流。这种电流通过气体的现象称为"气体放电"。

在电离气体中存在着各种中性粒子和带电粒子，它们之间存在着复杂的相互作用，带电粒子不断地从电场中获得能量，并通过各种相互作用把能量传递给其他粒子。当这些激发粒子自发返回基态时，会产生电磁辐射。此外，电离气体中正、负粒子的复合，以及带电粒子在离子场中的减速，也会产生辐射。因而，气体放电总是伴随着辐射效应的，利用这一原理制成的光源称为"气体放电光源"。

6.3.2　稀土发光材料在气体放电光源领域的应用

稀土发光材料在气体放电光源领域具有诸多的应用，图 6.4 所示为根据气体放电情况对气体放电光源进行的分类。

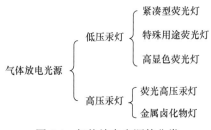

图 6.4　气体放电光源的分类

6.3.3　低压汞灯

利用汞蒸气放电的灯统称为"汞灯"。按汞蒸气压的不同，汞灯分为低压汞灯和高压汞灯；若在这两种灯的外壳内壁涂以荧光粉，就称为"低压水银荧光灯"和"高压水银荧光灯"。1949 年出现了性能优异的锰、锑激活的卤磷酸钙荧光粉（卤粉），其量子效率较高，稳定性好，原料易得，价格便宜，而且可以通过调整配方比例获得冷白、暖白和日光色的输出，这些突出的优点使它一直沿用至今。

汞灯的发光效率和显色性差，其发光原理为：电子轰击汞（Hg）使其激发，受激 Hg 放出紫外光（波长为 253.7nm 和 185nm），紫外光使 Sb^{3+} 和 Mn^{2+} 激发，处于激发态的 Sb^{3+} 和 Mn^{2+} 返回基态时发出光（其中 Sb^{3+} 发出光的波长为 490nm，Mn^{2+} 发出光的波长为 185nm），二者的光谱范围都较宽，几乎遍及整个可见光谱范围，从而产生一种白色光。

低压汞灯（Low Pressure Mercury Lamp）是指汞蒸气压力为 1.3～13Pa（0.01～0.1mmHg）时的汞灯，此时它的发射光是峰值为 253.7nm（0.01mmHg）的紫外光，这相当于 471kJ/mol（约 112.5kcal/mol）的能量，而这一能量约占灯的总能量的 70%。在 25℃时，该灯的主发光线波长为 253.7nm 和 184.9nm。低压汞灯光强低，光固化速度慢，但发热量小，无须冷却就可使用，在印刷制版上用得较多，主要用于杀菌灯、荧光分析、光谱仪波长基准。这类灯又称灭菌灯，主要分为冷阴极辉光放电灯和热阴极弧光放电灯。

稀土三基色荧光灯曾获得 1977 年美国重大技术发明奖,其三基色分别为:发蓝光(峰值 450nm)的铕激活的多铝酸钡镁($BaMg_2Al_{16}O_{27}{:}Eu^{2+}$),发绿光(峰值 543nm)的铈、铽激活的多铝酸镁($MgAl_{11}O_{19}{:}Ce^{3+}, Tb^{3+}$)和发红光(峰值 611nm)的铕激活的氧化钇($Y_2O_3{:}Eu^{3+}$)。三种成分按一定比例混合,可以制成色温为 2500～6500K 的任意光色的荧光灯,光效达 80lm/W 以上,平均显色指数达 85。

例如,红色荧光粉的制备方法如下:

将 Y_2O_3 和 Eu_2O_3 按一定比例混合后溶于 6mol/L 的盐酸,滤去不溶物,加热近沸,以温度约 95℃的 15%草酸进行沉淀。

热渍 2～3h 后过滤,洗涤沉淀至近中性,烘干。

在 850～900℃加热,使之分解为$(Y, Eu)_2O_3$的混合物。

将混合物置于坩埚中,在 1250～1300℃下灼烧 3～5h,经选粉、过筛,得成品。其反应式如下

$$Y_2O_3+Eu_2O_3+12HCl\rightarrow 2YCl_3+2EuCl_3+6H_2O$$

$$2YCl_3+2EuCl_3+6H_2C_2O_4+nH_2O\rightarrow(Y,Eu)_2(C_2O_4)_6\cdot nH_2O\downarrow+12HCl$$

$$(Y,Eu)_2(C_2O_4)_3\cdot nH_2O\xrightarrow{高温}(Y,Eu)_2O_3+3CO\uparrow+3CO_2\uparrow+nH_2O\uparrow$$

6.3.4　高压汞灯

高压汞灯是最早的高压气体放电光源。低压汞灯中汞的蒸气压极小,不足 133Pa;而高压汞灯的汞蒸气压为低压汞灯的数千倍,普通高压汞灯的蒸气压为 0.2～1MPa。

低压汞放电主要产生 254nm 和 185nm 波长的紫外光辐射,可见光辐射很微弱;在高压汞灯中,原子密度高,原子间相互作用大,造成所谓的压力加宽、碰撞加宽等现象,以致汞在可见光区的特征谱线[即 404.9mn(紫)、435.8nm(蓝)、546.1nm(绿)、577.0～579.0nm(黄)等]非常明显。

在高压汞灯的可见光辐射中,红光成分极少,仅占总可见光辐射的 1%,与日光中的红光比例(约 12%)相差甚远。因此,高压汞灯的光色显蓝绿色,显色指数低(仅为 25),被照物体不能很好地呈现原有的颜色,明显失真,不宜用于对照明要求较高的场所。

例如,效率较高的高压汞灯荧光粉有:$YVO_4{:}Eu^{3+}$、$Y(V, P)O_4{:}Eu^{3+}$、$Y_2(V, B)_2O_8{:}Eu^{3+}$ 和$(Y, Eu, Bi)(VO_4)(BO_3)(PO_4)$等。

6.4　长余辉发光材料

长余辉发光材料简称“长余辉材料”,又称“夜光材料”。它是一类吸收太阳光或人工光源所产生的光而发出可见光,而且在激发源停止后仍可继续发光的物质。

长余辉材料具有利用日光或灯光进行储光,并在夜晚或黑暗处发光的特点,是一种储能、节能的发光材料。长余辉材料不消耗电能,但能把吸收的天然光等存储起来,在较暗的环境中呈现出明亮可辨的可见光,因此具有照明功能,可起到指示照明和装饰照明的作用,是一种“绿色”光源材料。尤其是稀土激活的碱土铝酸盐长余辉材料的余辉时间可达 12h 以上,具有白昼蓄光、夜间发光的长期循环蓄光、发光的特点,有着广泛的应用前景。

长余辉材料是研究和应用得最早的一种发光材料，有关它的研究已有 140 多年的历史。常用的传统长余辉材料主要是硫化锌和硫化钙荧光体。

近年来，稀土激活的碱土铝酸盐和硫化物成为长余辉材料的主体，代表长余辉材料研究开发的发展趋势。

（1）稀土激活的硫化物长余辉材料

硫化物长余辉材料的基质主要是锌和碱土金属硫化物。所谓"碱土金属"，是指元素周期表中的ⅡA族元素，包括铍（Be）、镁（Mg）、钙（Ca）、锶（Sr）、钡（Ba）、镭（Ra）这 6 种元素。其中铍属于轻稀有金属，镭是放射性元素。碱土金属的共价电子构型是 ns^2，在化学反应中易失电子，形成+2 价阳离子，表现为强还原性。钙、镁和钡在地壳内较丰富，它们的单质和化合物的用途较广泛。

稀土激活的硫化物长余辉材料的发光颜色较为丰富，尤其是红色发光是其他基质长余辉材料尚无法实现的，如 $ZnS:Eu^{2+}$、$SrS:Eu^{2+}, Er^{3+}$ 和 $Ca_{1-x}Sr_xS:Eu^{2+}, Dy^{3+}, Er^{3+}$等。

（2）稀土激活的碱土铝酸盐长余辉材料

稀土激活的碱土铝酸盐长余辉材料是指以碱土金属（主要是 Sr、Ca）铝酸盐为基质，Eu^{2+}为激活剂，Dy^{3+} 和 Nd^{3+}等中重稀土的离子为辅助激活剂的发光材料。这类材料主要有 $SrAl_2O_4:Eu^{2+}$、$SrAl_2O_4:Eu^{2+}, Dy^{3+}$、$Sr_4Al_{14}O_{25}:Eu^{2+}, Dy^{3+}$和 $CaAl_2O_4:Eu^{2+}, Nd^{3+}$等。它们发射从蓝色到绿色的光，峰值分布在 440～520nm 范围，发光亮度高，余辉时间长。有文献报道，样品在暗室中放置 50h 后仍可见清晰的发光。

在铝酸盐材料中，研究最多、应用最普遍的是 $SrAl_2O_4:Eu^{2+}, Dy^{3+}$黄绿色荧光粉。由日亚公司开发的蓝绿色荧光粉 $Sr_4Al_{14}O_{25}:Eu^{2+}, Dy^{3+}$，其发射主峰在 490nm，与人眼暗视觉峰值接近，具有目前最长的余辉时间，为 $SrAl_2O_4:Eu^{2+}, Dy^{3+}$的两倍。

（3）稀土长余辉发光材料的应用

将长余辉材料制成发光涂料、发光油墨、发光塑料、发光纤维、发光纸张、发光玻璃、发光陶瓷、发光搪瓷和发光混凝土，可用于安全应急、交通运输、建筑装潢、仪表、电气开关显示及日用消费品装饰等诸多方面。

在安全应急方面，长余辉材料及其制品可用于消防安全设施、器材的标志，救生器材标志、紧急疏散标志、应急指示照明和军事设施的隐蔽照明。如日本将发光涂料用于某些特殊场合的应急指示照明。据报道，在美国"911"事件中长余辉发光标志在人员疏散过程中起了重要的作用。利用含长余辉材料的纤维制造的发光织物，可以制成消防服、救生衣等，用于紧急情况。

在交通运输领域，长余辉材料可用于道路交通标志，如路标、护栏、地铁出口、临时防护线等；在飞机、船舶、火车及汽车上涂以长余辉标志，目标明显，可减少意外事故的发生。美国利用发光纤维制造发光织物，制成夜间在道路上执勤人员的衣服。

在建筑装潢方面，长余辉材料可用于装饰、美化室内外环境，简便醒目，节约电能。英国一家公司将发光油漆涂于楼道，白昼储光，夜间释放光能，长期循环以节省照明用电。还可用于广告装饰、夜间或黑暗环境需要显示部位的指示，如暗室座位号码、电源开关显示。

长余辉材料还可用于仪器仪表表盘、钟表表盘的指示，以及日用消费品装饰，如发光工艺品、发光玩具、发光渔具等。德国利用发光油墨印刷夜光报纸，在无照明的情况下仍然可以阅读。

长余辉材料所涉及的应用领域相当广泛，其制品的种类很多。其中发光涂料、油墨、塑料、纤维等制品的制备方法主要是把长余辉材料作为添加成分掺杂于聚合物基体材料中，工艺比较简单，长余辉材料不经过高温处理。长余辉发光陶瓷、搪瓷和玻璃制品的制造工艺较为复杂，主要是因为在这些制品的制造过程中需要进行高温处理。

尽管长余辉材料本身就是一种功能陶瓷材料，但它的热稳定性是有一定限度的，温度对长余辉材料的发光性能的影响很大，随着温度的升高，发光亮度急剧下降，甚至发生荧光淬灭。

6.5 稀土发光材料的应用

稀土发光材料（Rare Earth Luminescent Materials）是由稀土 4f 电子在不同能级间跃迁而产生的，因激发方式不同，发光可分为光致发光（Photoluminescence）、阴极射线发光（Cathodluminescence）、 电致发光（Electroluminescence）、 放射性发光（Radiation Luminescence）、X 射线发光（X-ray Luminescence）、摩擦发光（Triboluminescence）、化学发光（Chemiluminescence）和生物发光（Bioluminescence）等。稀土发光具有吸收能力强、转换效率高、可发射从紫外光到红外光的光谱，特别是在可见光区有很强的发射能力等优点。稀土发光材料已被广泛应用在显示显像、新光源、X 射线增光屏等各方面。

在稀土功能材料的发展中，尤其以稀土发光材料格外引人注目。稀土因其特殊的电子层结构而具有一般元素所无法比拟的光谱性质，稀土发光几乎覆盖了整个固体发光的范畴，只要谈到发光，就几乎离不开稀土。稀土元素的原子具有未充满的受到外界屏蔽的 4f5d 电子组态，因此有丰富的电子能级和长寿命激发态，能级跃迁通道多达 20 余万个，可以产生多种多样的辐射吸收和发射，构成广泛的发光和激光材料。随着稀土分离、提纯技术的进步，以及相关技术的发展，稀土发光材料的研究和应用得到显著发展。发光是稀土化合物光、电、磁三大功能中最突出的功能，受到人们的极大关注。就 24 种稀土应用领域的分析结果来看，稀土发光材料的产值和价格均位于前列。在我国的稀土应用研究中，发光材料占主要地位。

稀土化合物的发光基于它们的 4f 电子在 f-f 组态之内或 f-d 组态之间的跃迁。具有未充满的 4f 壳层的稀土原子或离子，其光谱大约有 30 000 条可观察到的谱线，它们可以发射从紫外光、可见光到红外光区的各种波长的电磁辐射。稀土离子丰富的电子能级和 4f 电子的跃迁特性，使稀土成为巨大的发光宝库，从中可发掘出更多新型的发光材料。

稀土发光材料的应用会给光源带来环保节能、色彩显色性能好及寿命长的优势，有利于推动照明显示领域产品的更新换代。我国稀土发光材料行业紧跟国际稀土发光材料研发和应用的发展潮流，与下游产业之间建立了良好的市场互动机制，成为节能照明和电子信息产业发展过程中不可或缺的基础材料。除上述领域外，稀土发光材料还被广泛应用于促进植物生长、紫外消毒、医疗保健、夜光显示和模拟自然光的全光谱光源等特种光源与器材的生产，应用领域不断得到拓展。

6.5.1　稀土发光材料的制备方法

（1）气相法

气相法包括气体冷凝法、真空蒸发法、溅射法、化学气相沉积法（CVD）、等离子体法、化学气相输运法等。

（2）固相法

固相法包括高温固相合成法、自蔓延燃烧合成法（Self-propagation High-temperature Synthesis，SHS）、室温和低热固相反应法、低温燃烧合成法、冲击波化学合成法、机械合金化法等。

（3）液相法

液相法包括沉淀法、均相沉淀法、共沉淀法、化合物沉淀法、熔盐法、水热氧化法、水热沉淀法、水热晶化法、水热合成法、水热脱水法、水热阳极氧化法、胶溶法、相转变法、气溶胶法、喷雾热解法、包裹沉淀法、溶胶-凝胶法、微乳液法、微波合成法等[1]。

6.5.2　稀土发光材料的主要应用

（1）光源。日光灯 $Ca_5(PO_4)_3(Cl, F):[Sb^{3+}, Mn^{2+}]$、$BaMg_2Al_{16}O_{27}:Eu^{2+}$、$MgAl_{11}O_{16}:[Ce^{3+}, Tb^{3+}]$、$Y_2O_3:Eu^{3+}$；高压汞灯 $Y(PV)O_4:Eu$、$YVO_4:Eu, Tb$；黑光灯 $YPO_4:Ce, Th$、$MgSrBF_3:Eu$；固体光源 GaP、$GaAs$、GaN、$InGaN$ 和 $YAG:Ce$。

（2）显示。数字符号显示发光二极管（LED）；平板图像显示 OLED。

（3）显像。黑白电视 $Gd_2O_2S:Tb$；彩色电视 $Y_2O_3:Eu$、$Y_2O_2S:Eu$；飞点扫描 $Y_2SiO_5:Ce^{3+}$；X 射线成像 $(Zn, Cd)S:Ag$、$CaWO_4$、$BaFCl:Eu^{2+}$、$La_2O_2S:Tb^{3+}$、$Gd_2O_2S:Tb^{3+}$。

（4）探测。闪烁晶体 CsI、$TlCl$。

（5）激光。固体激光材料 $YAG:Nd^{3+}$、$YAP:Nd^{3+}$、$YLF:Nd^{3+}$。

玻璃激光材料掺 Nd^{3+} 硅酸盐、硼酸盐和磷酸盐玻璃。

化学计量激光 $PrCl_3$、NdP_5O_{14}、$NdLiP_4O_{12}$、$NdKP_4O_{12}$、$NdK_3(PO_4)_2$、$NdAl_3(BO_3)_4$ 和 $NdK_5(MoO_4)_4$。

液体激光 Eu^{3+} 激活的苯酰丙酮（BA）、二苯酰甲烷（DBM）、三氟乙酰丙酮（TFA）和苯三氟丙酮（BTFA）等。

气体激光 Sm(I)、Eu(I)、Eu(II)、Tm(I)、Yb(I)、Yb(II) 和 Yb 等金属蒸气[2]。

稀土发光材料具有很多优点：发光谱带窄，色纯度高，色彩鲜艳（如图 6.5 所示）；光吸收能力强，转换效率高；发射波长分布区域宽；荧光寿命长，从纳秒跨越到毫秒，达 6 个数量级；物理和化学性能稳定、耐高温、可承受大功率电子束、高能辐射和强紫外光的作用。正是这些优异的性能，使稀土化合物成为探寻高新技术材料的主要研究对象。

稀土发光材料被广泛应用于照明、显示、显像、医学放射图像、辐射场的探测和记录

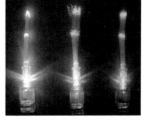

图 6.5　不同发光颜色的稀土发光材料　　彩图 6.5

等领域，形成了很大的工业生产和消费市场规模，并正在向其他新兴技术领域扩展。

我国拥有发展稀土应用的得天独厚的资源优势，在已查明的世界稀土资源中，80%的稀土资源在我国，并且品种齐全。从 1986 年起，我国稀土产量已经跃居世界第一位，使我国从稀土资源大国变成稀土生产大国。无论是储量、产量，还是出口量，我国在世界稀土市场上都占有举足轻重的地位。在我国稀土事业迅速发展的同时，应该清醒地看到，我国在稀土深加工方面、在稀土功能材料的开发和应用技术方面并不站在世界前列，与世界先进水平还有相当大的差距，需要奋起迎头赶上。我国稀土资源利用的特点是：一方面出口原料和粗产品；另一方面却在进口产品和精制品。因此，在我国开展稀土精细加工和稀土功能材料的研究具有独特的意义，这是我国 21 世纪化学化工的重大课题，而稀土发光材料的研究将是它的一个主攻方向[2]。

6.6　基于无机稀土纳米探针的无背景荧光生物检测[3]

荧光生物分析技术在科研及医疗机构已获得广泛应用。常规的荧光免疫分析方法由于采用传统生物探针（如荧光染料及量子点等）作为标记，易受到杂散光及生物组织自荧光的干扰。利用无机稀土纳米荧光探针优异的发光性能，如长荧光寿命的下转换发光、近红外激发的上转换发光及无须激发源的长余辉发光，可有效地解决背景荧光的干扰。文献[3]从基础的物理化学性能到生物应用角度出发，综述了无机稀土纳米发光材料的最新进展，包括材料的控制合成、表面功能化、光学性能及其在无背景荧光生物分析方面的应用示范，并对该类材料未来的发展趋势与努力的方向做了进一步的远景展望。图 6.6 给出了无机稀土发光材料的荧光生物检测机理。

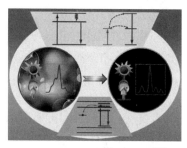

彩图 6.6

图 6.6　荧光生物检测机理[3]

三价稀土离子掺杂半导体纳米晶具有独特的光学性能，其在光电子器件、平板显示和荧光生物标记等方面的潜在应用，获得了人们的普遍关注。文献[4]从材料制备、光谱性能、电子能级结构及能量传递机理等几个方面系统总结了近年来稀土掺杂半导体纳米晶的最新研究进展，重点综述了通过湿化学方法把稀土离子掺杂到半导体纳米晶晶格位置的合成策略、稀土离子在半导体纳米晶中的格位分布及半导体纳米晶到稀土离子的能量传递机理。同时，还总结了近年来通过能级拟合计算来探索稀土在半导体纳米晶中的能级结构和晶体场参数的工作。这些方面的研究对于深入理解稀土掺杂半导体纳米晶的光物理具有重要意义。最后，针对稀土掺杂半导体纳米晶未来的发展趋势与方向提出了展望。图 6.7 给出了稀土掺杂半导体纳米晶的能带结构图。

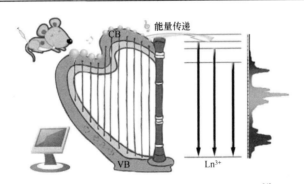

彩图 6.7

图 6.7　稀土掺杂半导体纳米晶的能带结构图[4]

思 考 题 6

1. 什么叫稀土？请写出所有稀土元素的名称及符号。
2. 稀土电子结构具有哪几个显著特点？
3. 稀土元素是如何分组的？
4. 常见的稀土元素的价态有哪些？
5. 稀土元素的金属活泼顺序是什么？
6. 稀土元素有哪些物理和化学性质？

参 考 文 献

[1] 孙彦彬，邱关明，陈永杰，等. 稀土发光材料的合成方法[J]. 稀土，2003，24（1）：43-48.

[2] 李建宇. 稀土发光材料及其应用[M]. 北京：化学工业出版社，2003.

[3] HUANG P, TU D T, ZHENG W, et al. Inorganic lanthanide nanoprobes for background-free luminescent bioassays[J]. Science China Materials, 2015, 58: 156-177.DOI: 10.1007/s40843-015-0019-4.

[4] LUO W Q, LIU Y SH, CHEN X Y. Lanthanide-doped semiconductor nanocrystals: electronic structures and optical properties[J]. Science China Materials, 2015, 58: 819-850.DOI: 10.1007/s40843-015-0091-9.

第 7 章 色 度 学

7.1 色度学基础

7.1.1 颜色的基本性质

颜色是外界光刺激作用于人的视觉器官而产生的主观感觉，所以颜色特性既可以从客观刺激方面来衡量，也可以从观察者的主观感觉方面来描述。描述客观刺激的概念是"心理物理学"概念；描述观察者主观感觉的概念是"心理学"概念。确定光的心理物理量与心理量的关系是"感觉心理学"研究的重要任务。颜色视觉有三种特性，描述颜色的心理物理量是亮度、主波长与纯度，相应的心理量是明度、色调与饱和度。

颜色分为两大类：非彩色和彩色。非彩色是指黑色、白色和介于这两者之间深浅不同的灰色。它们可以排成一个系列，由白色逐渐到浅灰、中灰、深灰直到黑色，这叫"白黑系列"或"无色系列"。白黑系列由白到黑的变化可以用一条直线代表，一端是纯白，另一端是纯黑，中间有着各种不同等级的灰色过渡，如图 7.1 所示。所谓灰色是相对的，比周围明亮的称为"浅灰"，比周围暗的称为"深灰"，灰色是最不饱和色之一。所谓"纯白"和"纯黑"也是相对而言的，并无绝对的标准，白雪接近纯白，黑绒接近纯黑，将白和黑按不同比例混合可得出各种灰色。白色和各种灰色统称为"消色"，它们都是物体对光波做非选择性吸收（或反射）作用的结果。白黑系列的非彩色的反射率代表物体的明度。反射率高时接近白色，反射率低时接近黑色。一张洁白的纸的反射率可达 85%以上，用来测量颜色、定标用的标准白板的反射率可达 90%以上，一张黑纸的反射率可低至 5%以下，黑色天鹅绒的反射率甚至可低于 0.05%。

图 7.1　白黑系列

表示光的强度的心理物理量是"亮度"（Luminosity）。所有的光，不论是什么颜色，都可以用亮度来测量。非彩色的白黑变化相应于白光的亮度变化。当白光的亮度非常高时，人眼就感觉到是白色的；当光的亮度很低时，就感觉到发暗或发灰；无光时是黑色的。与亮度相应的心理量是"明度"（Brightness）。明度是人眼对物体的明亮感觉，其受视觉感受性和过去经验的影响。通常明度的变化相应于亮度的变化，物体表面或光源的亮度越高，人感觉到的明度就越高，但二者的关系并不固定。若亮度的小幅增大（或减小）达不到人眼的分辨阈限，眼睛就觉察不出明度的变化。这时亮度虽有变化，但明度不变。在暗环境中观察一张高反射率的书页与在亮环境中观察一块低反射率的黑墨相比，虽然可能后者的亮度大于前者，但由于观察者已经知道它们是书页和黑墨，因此仍感觉书页为白色，而黑墨仍为黑色，有较低的明度。这是因为观察者有对书页和黑墨的记忆和经验，有周围其他物体的相对明度作参考，以及对不同照明条件的认识影响了明度感觉。

彩色系列（或有色系列）是指除白黑系列外的各种颜色。通常所说的颜色即指彩色，彩色的第一个特性是用心理物理量"亮度"和心理量"明度"来表示的。所有的光，不论是什么颜色，都可以用光的亮度来定量表示。与非彩色相似，彩色光的亮度越高，人眼就感觉越明亮，或者说有越高的明度。彩色物体表面的反射率越高，它的明度就越高。

表示彩色的第二个特性的心理物理量是"主波长"（Dominant Wavelength）。与主波长相应的心理量是"色调"（Hue）。光谱是由不同波长的光组成的，用三棱镜可以把日光分解成光谱上不同波长的光，不同波长所引起的不同感觉就是色调。例如，700nm 波长光的色调是红色，579nm 波长光的色调是黄色，500nm 波长光的色调是绿色等。若将几种主波长不同的光按适当的比例加以混合，则能产生不具有任何色调的感觉，也就是白色。事实上，只选择两种主波长不同的光以适当的比例加以混合也能产生白色，这样的一对主波长的光叫作"互补波长"，例如，600nm 波长的橙色和 492nm 波长的蓝绿色是一对互补波长；575.5nm 波长的黄色和 474.5nm 波长的蓝色也是互补波长。一对互补波长的色调叫作互补色。光源的色调取决于人眼对辐射光的光谱组成产生的感觉。物体的色调取决于光源的光谱组成和物体表面反射（透射）的各波长的比例对人眼产生的感觉。例如，在日光下，一个物体反射 480～560nm 波段的辐射，而相对吸收其他波长的辐射，那么该物体表面为绿色。

表示彩色第三个特性的心理物理量是"纯度"（Purity），其相应的心理量是"饱和度"（Saturation）。纯色是指没有混入白色的窄带单色光，在视觉上就是高饱和度的颜色。可见光谱的各种单色光是最饱和的彩色。当光谱色掺入白光成分越多时，就越不饱和。例如，主波长为 650nm 的光是非常纯的红光，如果把一定数量的白光加到这个红光上，混合的结果便是粉红色。加入的白光越多，混合后的颜色光就越不纯，看起来就越不饱和。

光刺激的心理物理特性可以按亮度、主波长和纯度来确定，这些特性又分别同明度、色调、饱和度的主观感觉相联系。颜色可分为彩色和非彩色。光刺激如果没有主波长，这个光就是非彩色的白光，它没有纯度。然而所有视觉刺激都有亮度特性，亮度是彩色刺激和非彩色刺激的共同特性，而主波长和纯度表示刺激是彩色的。

7.1.2　颜色的交互作用和颜色恒常性

在某一物体表面所看到的颜色不仅取决于这个表面本身产生的物理刺激，还取决于同时呈现在它周围的颜色。物体本身的颜色和它周围颜色的交互作用能影响被看表面的色调和明度。当被看的颜色向它周围颜色的对立方向转化，即向周围颜色的补色方向转化时，叫作颜色的同时交互作用（或颜色对比）。例如，在红色背景中放一小块白纸或灰纸，用眼睛注视白纸几分钟，白纸会表现出绿色；如果背景是黄色，白纸会出现蓝色；红和绿是互补色，黄和蓝也是互补色。

当在一个颜色（包括灰色）的周围呈现高亮度或低亮度刺激时，这个颜色就向其周围明度的对立方向转化，这叫作明度对比，例如，白背景上的灰方块呈浅黑色，而黑背景上的灰方块则呈白色等。对比效应在视觉中有重要作用，明度对比更是这样，它与视觉中的颜色恒常性相联系。一块煤在阳光下单位面积反射光比一张白纸在黑暗处时高一千倍。但我们仍然把煤看成黑的，而把纸看成白的、灰的或黑的，这是由这个物体与周围物体的相对明度关系决定的。白纸不管在什么样的照明条件下都是白的，而煤仍然是黑的，这就是说，尽管外界的条件发生变化，人们仍然可根据物体的固有颜色来感知它们，这是颜色恒常性的表现。在一天的过程中，我们周围物体所受的照度会有很大的变化，中午时的照度要比日出时和日落时高几百倍。但在日常生活中，当照明条件变化时，我们的视觉仍能保持对物体颜色的恒常性，这才使我们对周围物体有正确的认识。

颜色恒常性还表现在当光源的光谱成分发生变化时，被观察物体的颜色在一定程度上看起来仍然保持不变。例如，室内不管是由白炽灯的黄光还是荧光灯的蓝光照明，书页纸看起来都是白色的。但如果让被实验者通过一个圆筒，只看到被照射物体的一小块面积，同时又不让他知道是用哪一种色光照射时，一张白纸在用红光照射时就会被看成是红色的。

一个物体的明度和色调不仅取决于当前的刺激，而且与先前刺激的后效有关，这种后效叫相继交互作用（或相继对比效应）。例如，看一个红色方块一段时间后再注意看一个均匀的灰色表面，就会看到一个很快消失的绿色方块的映象，映象的颜色是诱导颜色的补色，这样产生的映象叫作"负后象"。对黑色和白色也是同样的情况，黑色的负后象是白色，而白色的负后象是黑色。后象也可以是与原来刺激相同的颜色，这种后象叫作"正后象"。

7.1.3　颜色的混合

对颜色混合的研究可追溯到 17 世纪后期牛顿的工作，他用棱镜把太阳光分散成光谱上的颜色光带。牛顿通过实验证明了：（1）白光是由很多不同颜色的光混合而成的；（2）作为白光成分的单色光具有不同的折射度。牛顿进一步进行了颜色混合的实验，让白光通过两个棱镜以产生两个光谱，再设法使两个光谱上的单色光混合。牛顿发现光谱上的两种颜色混合后会出现一种新的颜色，绿光和红光混合会出现黄色，黄光和红光混合会出现橙色，而且在光谱上能找到这个颜色，它位于红和黄之间。一般来说，光谱上临近的两种颜色混合所产生的新颜色处于光谱上两种被混合颜色的中间，称为中间色。但也有例外，例如，两种颜色在光谱上距离很远，它们混合所产生的新颜色可能是灰色或白色，这叫"中性颜色"。光谱两端的红光和蓝色混合会出现一个光谱上找不到的新颜色，这个颜色是紫色，它被叫作"非光谱色"。

颜色混合的各种规律可以用叫作"颜色环"的理想示意图来表示。若把饱和度最高的光谱色依顺序围成一个环再加上紫红色就构成了图 7.2 所示的颜色环。圆环的圆周代表色调，白色位于圆环中心。每种颜色都在圆环上或圆环内占据一确定位置。颜色越不饱和，其位置越靠近中心。

这个模型可用来定性地预测各种颜色光相混合的结果。例如，圆周上的 b 点代表 480nm 波长的蓝色光，g 点代表 520nm 波长的绿色光，如果这两种光以相等的亮度相混合，那么用直线连接圆周上的 b、g 两点，再由圆心画

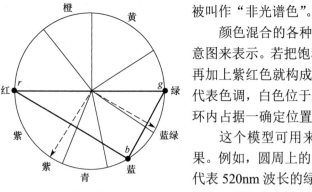

图 7.2　颜色环

一条线过这条线的中点，并落在圆周的弧线 $\stackrel{\frown}{bg}$ 上，这一点的颜色就是这两种颜色相混合的结果，它是蓝绿色。又如，当 r 红和 g 绿两种颜色相混合时，从 r 点到 g 点连接一条直线，如果 r 和 g 分别代表 660nm 波长的红光和 520nm 波长的绿光，而两者又是等量混合，则这条线就通过圆环的中心，这说明混合的结果是一个中性颜色，而这两个混合的颜色则互为补色。480nm 波长蓝光和 660nm 波长红光相混合将呈现紫色，这个颜色在光谱上是没有的，但在颜色环上能表示出来，它位于红、蓝之间。颜色环模型的优点是它是一个封闭的图形，能使相似的颜色彼此靠近，并能将由颜色混合产生的非光谱色表现出来。

19 世纪初，Yaung 提出某一波长的光可以通过三种不同波长的光相混合而复现出来的假设。他认为红（R）、绿（G）、蓝（B）这三种单色光可以作为基本的颜色——原色，把这三种光按不同的比例混合就能准确地复现出任何其他波长的光。当把它们等量混合时会产生中性的颜色——白光（W），后来 Maxwell 用旋转圆盘所做的颜色混合实验证明了 Yaung 的假设。Maxwell 证明在颜色环上按不同的比例混合三种颜色可以产生任何色调。他还证明了这三种颜色不一定是红、绿、蓝，任何三种颜色只要混合后能产生中性色，就都可以起原色作用。用三种原色能产生各种颜色的原理是当今颜色科学中最重要的原理之一，这一原理经过 Helmhotz 的进一步发展形成了颜色视觉机制学说，即三种感受器理论，也称为三色学说。

颜色混合的另一个重要特点是颜色可以相互代替，例如，黄光和蓝光混合可得白光。若没有黄光，用红光和绿光混合可得黄光，这一混合的黄光与蓝光混合仍可得白光。颜色混合的一条重要原则是只要外貌上相同的颜色，不管它原来组合的成分是什么，在视觉系统上产生的效应都是相同的。色调取决于波长，每种波长都产生一定色调，但每种色调并不只和一种特定的波长相联系。从波长 520nm 的单色光可得到绿光，同样可以从波长 510nm 和 530nm 的光线混合得到绿光，这种绿光还可以从其他大量的混合得到。光谱相同的光线固然能引起同样的颜色感觉，而光谱不同的光线在某种条件下，也能引起人眼相同的颜色感觉，这叫同色异谱。

染料的混合与光的混合属于不同的过程，光线与光线的混合是两种波长的光线同时作用到视网膜上的相加过程，因此，叫"加色混合"，而水彩或染料的混合是"减色混合"。因为染料反射某些光波而吸收其他光波，所以，由染料混合而生的颜色依赖于染料所反射的光谱成分。黄色染料主要反射光谱上黄色和邻近的绿色的波长，而吸收蓝色和其他各种颜色的波长，这是一种相减过程；蓝色染料则主要反射蓝色和邻近的绿色的波长，而吸收黄色和其他各种颜色的波长，这也是一种相减过程；当黄色和蓝色染料相混合时，二者都共同反射绿色带的波长，而其他所有波长的颜色被黄色染料或被蓝色染料吸收了，所以混合的结果是绿色。因此，染料的混合是对光谱颜色的双重减法。

1853 年，格拉斯曼（Grassman）将颜色现象总结成颜色混合定律。

（1）人的视觉只能分辨颜色的三种变化：明度、色调与饱和度。

（2）在出两种成分组成的混合色中，如果一种成分连续地变化，混合色的外貌也连续地变化，由这一定律可导出以下两条定律。

① 补色律。每种颜色都有一个相应的补色。如果某一颜色与其补色以适当比例混合，便产生白色或灰色。如果两者按其他比例混合，便产生近似于比重大的颜色成分的非饱和色。

② 中间色律。任何两个非补色相混合，便产生中间色，其色调取决于两颜色的相对数量，其饱和度取决于两者在色调顺序上的远近。

（3）颜色外貌相同的光，不管它们的光谱组成是否一样，在颜色混合中都具有相同的效果。换言之，凡是在视觉上相同的颜色，都是等效的。由这一定律可导出颜色的代替律，即相似色混合后仍相似

如果颜色 A=颜色 B，颜色 C=颜色 D，那么 A+C=B+D。

代替律表明，只要在感觉上颜色是相似的，就可以相互代替而得到同样的视觉效果，尽管它们两者的光谱成分是不一样的。例如，设 A+B=C，如果没有 B，而 X+Y=B，那么 A+(X+Y)=C，这个由代替而产生的混合色与原来的混合色在视觉上具有相同的效果。根据代替律，可以利用颜色混合方法来产生或代替各种所需要的颜色。颜色混合的代替律是一条非常重要的定律，现代的色度学就建立在这一定律的基础上。

（4）亮度相加律。由几个颜色组成的混合色的亮度是各颜色光亮度的总和。

格拉斯曼颜色混合定律是色度学的一般规律，适用于各种颜色光的相加混合，但不适用于染料或涂料的混合。

7.2 颜色匹配和标定

7.2.1 颜色匹配和颜色方程

根据格拉斯曼颜色混合实验，外貌相同的颜色可相互代替，相互代替的颜色可以通过颜色匹配实验来找到。把两个颜色调节到视觉上相同或相等的方法叫颜色匹配。在进行颜色匹配实验时须通过颜色相加混合的方法，改变一个颜色或两个颜色的明度、色调、饱和度这三个特性，使两者达到匹配。

在颜色匹配实验中用来产生混合色的红、绿、蓝叫作"三原色"，把为了匹配某一特定颜色所需的三原色数量叫作"三刺激值"。精密的颜色匹配实验是在比色计上进行的，比色计的原理示意图如图 7.3 所示。人的视场被二等分，视场的一边呈现的是待配色光，另一边投射的是红、绿、蓝三原色的混合光。让视场两边分别投射到视场中的两块屏幕上，然后通过调节红、绿、蓝三原色的强度来改变这三者之间的比例，直到所得颜色看起来与待配色光相同为止。因此，可以用三种原色相加的比例来表示某一颜色，并可写成方程

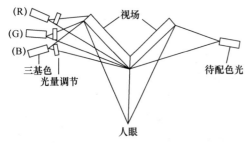

图 7.3　比色计的原理示意图

$$(Q) \equiv R(R) + G(G) + B(B) \tag{7.1}$$

其中(Q)是某一颜色，(R)、(G)、(B)是红、绿、蓝三原色，R、G、B 是每种颜色的数量（三刺激值），式中"$\equiv$"是指匹配，即在视觉上颜色相同。在颜色匹配实验中，如果被匹配的颜色很饱和，那么用红、绿、蓝三原色可能实现不了匹配，这时就需要把少量的三原色之一加到被匹配的颜色上，并与余下的两种原色相匹配。例如，对光谱的黄单光就不能用三原色的混合获得满意的匹配，这时，只用红和绿两原色相混合，而把少量的蓝原色加到黄

光谱色一侧，这一颜色匹配关系仍可用(Q)+B(B)≡R(R)+G(G)表达。这一方程在色度学中可写成(Q)≡R(R)+G(G)−B(B)。

在上述可能具有负值的方程表示的颜色匹配条件下，对于所有的颜色（包括白黑系列的各种灰色），各种色调、饱和度的颜色都能由红、绿、蓝三原色按不同的比例相加混合得到。

通常原色的单位是这样选择的：以某一特定的白光（如日光色白光）作为标准，使红、绿、蓝三原色进行混合直到三原色以适当比例匹配标准白光。这时三原色的亮度值不一定相等，而把每一原色光的亮度值作为一个单位看待，三者的比例定为1:1:1的等量关系。换言之，为了匹配标准白光，三原色的数量 R、G、B（三刺激值）相等，即 $R=G=B=1$。

用(R)、(G)、(B)三原色的单位向量可定义一个三维空间。颜色刺激(C)可表示为这个三维空间中的一个以原点为起点的向量（见图7.4），这个向量对应于空间中坐标为 R、G、B 的点。这个三维向量空间被称为（R、G、B）三刺激空间。在三刺激空间中向量的方向由三刺激值之间的比例决定，所以向量的方向表示颜色，向量的幅度表示亮度。这样，在三刺激空间中方向相同、幅度不同的向量应代表颜色相同但亮度不同的颜色刺激。但实际上，代表不同亮度、相同颜色的点在三刺激空间中的轨迹不是直线而是略有偏离的，这就是所谓的Bezold-Brucke Effect（"贝祖德–布吕克效应"）。如果忽略不计这样的非线性，就可以在二维空间中表示颜色。为此，可相对于三个坐标轴对称地取一个截面，此截面通过(R)、(G)、(B)三个坐标轴上的单位向量点(1, 1, 1)（见图7.4）。因此，截面的方程为(R)+(G)+(B)=1。这个截面与三个坐标轴平面的交线构成一个等边三色形，它被称为"色度图"

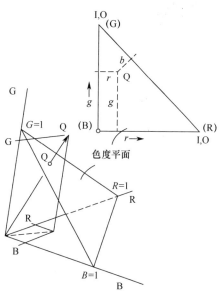

图 7.4　三刺激空间和色度图

（Chromaticity Diagram）。各个颜色刺激向量都与此色度图有一交点，因此，用色度图就能表示三维空间中的所有颜色，平面上的每个点都代表一种颜色。三刺激空间中坐标为 R、G、B 的颜色刺激向量（或其延长线）与此色度图的交点坐标为 (r, g, b)，用空间解析几何不难求出 r、g、b 分别为

$$r =R/(R+G+B), g=G/(R+G+B), b=B/(R+G+B) \tag{7.2}$$

在色度学中不直接用三原色数量（即 R、G、B 三刺激值）来表示颜色，而是用三原色各自在 $R+B+G$ 总量中的相对比例表示颜色。三原色各自在 $R+B+G$ 总量中的相对比例叫作"色度坐标"，所以上述的 r、g、b 就是颜色刺激的色坐标。某一特定颜色刺激(Q)的方程可写成

$$(Q)=r(R)+g(G)+b(B) \tag{7.3}$$

例如，匹配标准白光(W)的三原色光的数量 R、G、B 相等，所以标准白光的色度坐标为

$$r \approx 1/(1+1+1) =0.33, g \approx 1/(1+1+1) =0.33, b \approx 1/(1+1+1) =0.33$$

所以，(W)=0.33(R)+0.33(G)+0.33(B)。由于 $r+g+b=1$，因此在 r、g、b 三个变量中只需知道其中两个就可以求得第三个变量，也就是说只需要知道其中两个量，如 r 和 g，就可以表示一种颜色。为此，可把上述等边三角形的色度图投影到(R)、(G)坐标平面上去，这时可得到一个直角三角形的色度图（见图7.4）。这样的色度图首先是由麦克斯韦（Maxwell）提出来的，因此被称为麦克斯韦颜色三角形。三角形的三个顶点分别代表(R)、(G)、(B)三原色。在此三角形色度图中没有 b 坐标，但它可由 $b=1-(r+g)$ 求得。现在国际上正式采用麦克斯韦直角三角形作为标准色度图。

7.2.2 颜色相加原理

根据格拉斯曼颜色混合的代替律，如果有两个颜色刺激，其中第一个颜色刺激可用三原色光数量 R_1、G_1、B_1 匹配出来，第二个颜色刺激可用 R_2、G_2、B_2 匹配出来，第一个颜色刺激和第二个颜色刺激的相加混合色则可用三原色光数量的各自之和 R、G、B 匹配出来，即

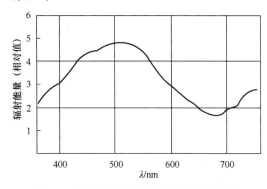

$$R=R_1+R_2$$
$$G=G_1+G_2$$
$$B=B_1+B_2$$

由此可见，混合色的三刺激值分别为各组成色三刺激值各自之和，这称为颜色相加原理。它不仅适用于两个颜色的相加，而且可以扩展到许多颜色的相加。

设颜色刺激 Q 的光谱能量分布为 $\{Q_\lambda \mathrm{d}\lambda\}$（见图7.5），那么，它可被看作颜色刺激 $Q_\lambda \mathrm{d}\lambda$ 的相加混合。一个任意光源的三刺激值应等于

图7.5 颜色刺激的光谱能量分布的例子

匹配该光源各波长光谱色的三刺激值 $Q = \int_\lambda^\infty Q_\lambda \mathrm{d}\lambda$ 各自之和。也就是说，如果 $Q_\lambda \mathrm{d}\lambda$ 的三刺激值分别为 $R_\lambda \mathrm{d}\lambda$、$G_\lambda \mathrm{d}\lambda$ 和 $B_\lambda \mathrm{d}\lambda$，以及 Q 的三刺激值为 R、G 和 B，那么

$$R = \int_\lambda^\infty R_\lambda \mathrm{d}\lambda \tag{7.4}$$

积分在可见光谱的范围内进行，λ 为 380～780nm。对 G 和 B 也有类似的公式。

对某一光谱的光源来说，用特定的三原色光匹配各个波长的光谱色所需的三刺激比例是不同的。但是对任何光源来说，匹配同波长光谱色的三刺激值比例都是固定的。只是在改变光源时，由于光源的光谱功率分布不同，因此需要对匹配各个波长光谱色的固定三刺激值分别乘以不同的因数，由此可得一种测量颜色的方法。

当选定了三原色光(R)、(G)和(B)，并已知颜色视觉正常的人眼用这三原色匹配等能光谱的各波长光谱色 q_λ 所需的三刺激值（这些特定的三刺激值分别用 $\bar{r}_\lambda$、$\bar{g}_\lambda$、$\bar{b}_\lambda$ 表示）时，就可把它作为标准去计算具有不同光谱功率分布的光源的刺激值。这时只需用待测光的光谱功率分布按波长对等能光谱的三刺激值加权，因此有

$$Q = \int_\lambda^\infty P_\lambda q_\lambda \mathrm{d}\lambda \tag{7.5}$$

和

$$R = \int_{\lambda}^{\infty} P_{\lambda} \overline{r}_{\lambda} \mathrm{d}\lambda, \quad G = \int_{\lambda}^{\infty} P_{\lambda} \overline{g}_{\lambda} \mathrm{d}\lambda, \quad B = \int_{\lambda}^{\infty} P_{\lambda} \overline{b}_{\lambda} \mathrm{d}\lambda \tag{7.6}$$

设有两个颜色刺激 Q_1 和 Q_2 的光谱功率分布分别为 $\{P_{1\lambda}\mathrm{d}\lambda\}$ 和 $\{P_{2\lambda}\mathrm{d}\lambda\}$。如果下述三个方程成立，那么这两种颜色刺激是完全匹配的

$$\int_{\lambda}^{\infty} P_{1\lambda} \overline{r}_{\lambda} \mathrm{d}\lambda = \int_{\lambda}^{\infty} P_{2\lambda} \overline{r}_{\lambda} \mathrm{d}\lambda$$

$$\int_{\lambda}^{\infty} P_{1\lambda} \overline{g}_{\lambda} \mathrm{d}\lambda = \int_{\lambda}^{\infty} P_{2\lambda} \overline{g}_{\lambda} \mathrm{d}\lambda \tag{7.7}$$

$$\int_{\lambda}^{\infty} P_{1\lambda} \overline{b}_{\lambda} \mathrm{d}\lambda = \int_{\lambda}^{\infty} P_{2\lambda} \overline{b}_{\lambda} \mathrm{d}\lambda$$

左面的积分分别为颜色刺激 Q_1 的三刺激值 R_1、G_1 和 B_1；右面的积分分别为颜色刺激 Q_2 的三刺激值 R_2、G_2 和 B_2。如果 Q_1 和 Q_2 具有不同的光谱功率分布，但符合颜色匹配条件，那么看起来就具有相同的颜色。这时这两种颜色就称为"异谱同色"（Metameric Colors）。

7.2.3 颜色的标定

在电视、电影、印刷等领域，以及在理解人眼的颜色视觉机制中都需要对颜色进行度量。现代色度学就是一门对颜色进行测量和标定的学科。狭义地讲，色度学是一种工具，它用于预测两种光谱功率成分不同的光（视觉刺激）在一定的观察条件下，在颜色上是否能匹配。广义地说，色度学应包括对复杂环境下呈现给观察者的色刺激外貌的测定方法，其中涉及目前尚未理解的复杂问题。现代色度学采用国际照明委员会（Commission International de I'Eclairage，法语，简称为 CIE）所规定的一套颜色测量原理、数据和计算方法，称其为 CIE 标准色度学系统。

外界的光学辐射作用于人的眼睛会产生颜色感觉，因此物体的颜色既取决于外界的刺激，又取决于人眼的视觉特性，颜色的测量和标定应符合人眼的观察结果。然而，不同观察者的颜色特性是有差异的，这就要求根据许多观察者的颜色视觉实验确定一组为匹配等能光谱所需的三原色数据，即"标准色度观察者光谱三刺激值"，以此代表人眼的平均颜色视觉特性，从而用于色度学计算和标定颜色。Wright 和 Guild 分别进行了用三原色匹配等能光谱上各种颜色的颜色匹配实验，但 Wright 所选用的三原色（波长）为 650nm（红色）、530nm（绿色）和 460nm（蓝色），而 Guild 所选用的三原色（波长）为 630nm、542nm 和 460nm。

如果原来选择的三原色系统是 R、G、B，那么 R、G、B 的线性组合 R'、G'、B' 也可以作为新的三原色，两者之间的线性变换关系（A）可表示为

$$\begin{bmatrix} R' \\ G' \\ B' \end{bmatrix} = \begin{bmatrix} a_{11} & a_{12} & a_{13} \\ a_{21} & a_{22} & a_{23} \\ a_{31} & a_{32} & a_{33} \end{bmatrix} \times \begin{bmatrix} R \\ G \\ B \end{bmatrix} = A \times \begin{bmatrix} R \\ G \\ B \end{bmatrix} \tag{7.8}$$

由于 R'、G'、B' 是线性独立的，因此 A 的行列式 $|A| \neq 0$。这样，以这两个原色系统中的某一个系统表示的颜色匹配函数也将是另一个原色系统表示的颜色匹配函数的线性变换。因此，如果已知 4 种特定颜色刺激在这两个原色系统中的色度坐标，那么就可以求出

这个线性变换，从而把一个原色系统表示的色度坐标转换为另一个原色系统的色度坐标。

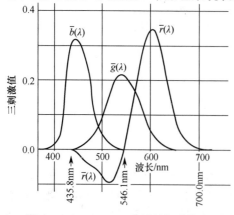

图 7.6　1931 CIE-RGB 系统标准色度
观察者光谱三刺激值曲线

根据上述原理，Guild 把他和 Wright 测得的光谱颜色的色度坐标转换到一个共同的原色系统中，这个新系统的三原色波长分别为 700nm、546.1nm 和 435.8nm，将三原色的单位调整到相等数量并相加匹配出等能白色（E 光源），结果发现他们的研究结果很一致。因此，1931 年 CIE 采用两人的平均结果给出匹配等能光谱色的 $\bar{r}_{\lambda}$、$\bar{g}_{\lambda}$、$\bar{b}_{\lambda}$ 光谱三刺激值。光谱三刺激值曲线如图 7.6 所示。这组函数原色 $R=700$nm、$G=546.1$nm、$B \approx 435.8$nm，等能光谱白色的色度 E（$r=g \approx 0.33$）叫作 1931 CIE-RGB。

图 7.7 所示为根据 1931 CIE-RGB 系统标准观察者光谱三刺激值所绘制的色度图。光谱三刺激值与光谱色的色度坐标的关系式为

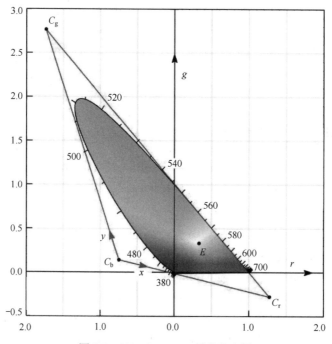

图 7.7　1931 CIE-RGB 系统色度图

$$r = \frac{\bar{r}}{\bar{r} + \bar{g} + \bar{b}}, g = \frac{\bar{g}}{\bar{r} + \bar{g} + \bar{b}}, \ b = \frac{\bar{b}}{\bar{r} + \bar{g} + \bar{b}} \qquad (7.9)$$

其中 $r+g+b=1$。

　　在色度图中，偏马蹄形曲线是光谱轨迹，应注意光谱轨迹中很大一部分的 r 坐标都是负值。1931 CIE-RGB 系统的 r、g、b 光谱三刺激值是从实验得到的。本来可以用色度学计算来标定颜色，但是由于用来标定光谱色的原色出现负值，计算起来极不方便，又不

易理解,因此,1931 年 CIE-XYZ 系统利用三种设想的或想象的原色 X（红）、Y（绿）、Z（蓝），以便使得到的颜色匹配函数在所有的波长时都是正值。1931 CIE 综合了几项实验研究的结果,确定了匹配等能光谱各种颜色所需的 XYZ 三原色刺激值,并将它命名为 CIE 1931 标准观察者光谱三刺激值。如图 7.8 所示,图中的 x、y、z 曲线分别代表匹配各波长等能光谱刺激所需的红、绿、蓝三原色的量,要想得到某一波长的光谱颜色,只要按 x、y、z 数量的红、绿、蓝设想原色相加即可。例如,为了产生波长为 475nm 的颜色,需要大量的 z,再加上少量的 x 和 y。如果用 x、y、z 和 X、Y、Z 分别代替 r、g、b 和 $\bar{r}$、$\bar{g}$、$\bar{b}$,则式（7.9）仍成立。

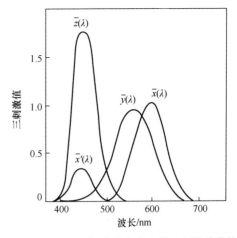

图 7.8　CIE 1931 标准观察者光谱三刺激值曲线

根据 1931 年 CIE-XYZ 系统可绘制出 CIE 1931 色度图（见图 7.9）。对于任何一种光谱色,只要确定它们的 X、Y、Z 三刺激值的比例,就可以进一步用色度坐标在 xy 色度图中确定它的颜色特性。色度坐标（xy）是由相应的三刺激值除以三刺激值之和得出的,即

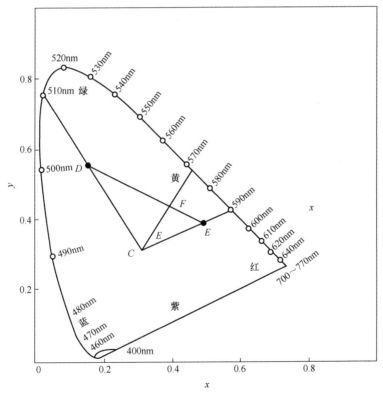

图 7.9　CIE 1931 色度图

（注 1：由于人眼的中央凹具有色素,因此在不同的视野测得的三刺激值曲线不同,测量的视野有 2°、10° 等。这里所画的适用于 2° 视野）

$$x = \frac{X}{X+Y+Z}, \quad y = \frac{Y}{X+Y+Z}, \quad z = \frac{Z}{X+Y+Z} \qquad （7.10）$$

因为 $x+y+z=1$，所以三个数值中只要确定了任何两个，就可以求出第三个数。在色度图中通常是以 x 和 y 来确定颜色的特性的，例如，$x=0.333$，$y=0.333$，即纯白色。在图 7.9 中，x 色度坐标相当于红原色的比例，y 色度坐标相当于绿原色的比例。从图中可见，光谱的红色波段在图的右下部，绿色波段在图的左上部，蓝色波段在图的左下部，形成一个马蹄形。马蹄形线上的各点代表 380nm（紫色）、780nm（红色）之间所有的单色光，马蹄形线上各波长的连线叫作光谱轨迹，这些波长被称为主波长。从"紫"端到"红紫"端的连线是光谱上没有的由紫到红的颜色。马蹄形三角形内的颜色包括一切在物理上能实现的颜色。根据格拉斯曼定律并且忽略有关的非线性，通过三刺激空间中两个向量的相加就可求得颜色的混合。例如，如果把任意的向量 **D** 和 **E** 线性相加并把它们投影到色度图上，那么这两种颜色向量之和 **F** 将在这两个向量的端点连线上，并且位于与它们幅度成正比的位置上（见图 7.9），这样就能确定两种颜色刺激以任意比例混合时所得的颜色。

　　CIE 曲线可用于检验由特定的三原色混合而产生颜色的范围。例如，在电视或染料混合中，为了重现物体颜色，要选择一组三原色，这相当于在色度图中选择三个点，以这三个点为顶点的三角形不一定能包括所有可见的颜色。图 7.10 给出了 NTSC 彩色电视制式和欧洲广播联盟（EBU）（PAL 和 SECAM 制式采用 EBU 标准）中所采用的荧光粉三原色的色度坐标及它们的标准白光 C 的色度坐标，只有在三角形中的颜色才是在电视监视器上能重现的颜色。选择三原色的方法之一是通过确保等量的三原色混合产生标准白色。从理论上说，假设的等能谱白色的色度坐标是 x=0.33 和 y=0.33，即图 7.10 中的 W 点。

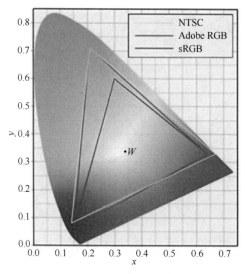

彩图 7.10

图 7.10　NTSC 和 PAL 彩色电视制式的三原色

7.3　固体发光的颜色表示

　　固体发光的颜色是通过色坐标（Chromaticity Coordinate）来进行表征的，所谓色坐标就是颜色的坐标，也叫表色系。

常用的颜色坐标的轴为 x，纵轴为 y。有了色坐标，就可以在色度图上确定一个点，这个点精确地表示发光颜色，即色坐标精确地表示颜色。因为色坐标有两个数字，不直观，所以大家喜欢用色温来大概地表示照明光源的发光颜色。其实，色温是通过色坐标算出来的，没有色坐标是得不出色温的，只能是"大概""也许"的。

如果有很深的颜色，如绿色、蓝色等，可以通过色坐标算出"主波长"和"纯度"来比较直观地表示颜色。通常用 K（开尔文）来表示色温，例如，暖白色-3300K 以下，白色约-4000K，珠光色-5000K 以上。

对节能灯，国家规定了表 7.1 所示的色坐标要求，偏离值小于 5SDCM（SDAM 为色容差单位，其英文全称为 Standard Deviation of Color Matching）[1]。

表 7.1 国家规定的节能灯的色坐标要求

编 号	名 称	符 号	x	y
F6500	日光色	RR	0.313	0.337
F5000	中性白色	RZ	0.346	0.359
F4000	冷白色	RL	0.380	0.380
F3500	白色	RB	0.409	0.394
F3000	暖白色	RN	0.440	0.403
F2700	白炽灯色	RD	0.463	0.420

7.4 辐射度量学和光度学基础

7.4.1 概览

辐射度量学（Radiometry）是一门研究电磁辐射能测量的科学，其基本概念和定律适用于整个电磁波段。在可见光波段，使人眼产生总的目视刺激的计量是光度学（Photometry）的研究范畴。人眼视觉的生理和感觉印象等心理因素，对光度测量有着很大的影响。

辐射度量学基于物理光照的基础，任何物体都能辐射和吸收红外光，辐射和吸收均是物体与环境之间的能量转换的过程。假设物体能够全部吸收外来的电磁辐射，且没有任何反射和透射，则这种物体就称为黑体，黑体是最好的吸收体也是最好的辐射体。然而实际物体达不到 100%的吸收率，将实际物体的吸收与相同温度黑体的吸收之比称为物体的吸收率。当物体温度恒定时，其吸收率与辐射率相等。物体辐射红外线的强弱是由其温度和辐射率决定的。

在辐射单位体系中，辐射通量或辐射能是基本量，是只与辐射客体有关的量，其基本单位是瓦特（Watt）或焦耳（Joule）。辐射度学适用于整个电磁波段，而光度单位体系是一套反映视觉亮暗特性的光辐射计量单位，被选作基本量的不是光通量而是发光强度，其基本单位是坎德拉（cd），光度学只适用于可见光波段。

以上两种单位体系中的物理量在物理概念上是不同的，但所用的物理符号是相互对应的[2]，如表 7.2 所示。

表7.2　常用辐射度量学物理量与光度学物理量之间的对应关系

辐射度量学物理量名称	符号	定义或定义式	单位	光度学物理量名称	符号	定义或定义式	单位
辐射能	Q_e	基本量	J	光量	Q_v	$Q_v = \int \Phi_v \mathrm{d}t$	lm·s
辐射能通量	Φ_e	$\Phi_e = \mathrm{d}Q_e/\mathrm{d}t$	W	光通量	Φ_v	$\Phi_v = \int I_v \mathrm{d}\Omega$	lm
辐射出射度	M_e	$M_e = \mathrm{d}\Phi_e/\mathrm{d}A$	W/m²	光出射度	M_v	$M_v = \mathrm{d}\Phi_v/\mathrm{d}A$	lm/m²
辐射强度	I_e	$I_e = \mathrm{d}\Phi_e/\mathrm{d}\Omega$	W/sr	发光强度	I_v	基本量	cd
辐射亮度	L_e	$L_e = \mathrm{d}I_e/(\mathrm{d}S\cos\theta)$	W/(sr·m²)	光亮度	L_v	$L_v = \mathrm{d}I_v/(\mathrm{d}S\cos\theta)$	cd/m²
辐射照度	E_e	$E_e = \mathrm{d}\Phi_e/\mathrm{d}A$	W/m²	光照度	E_v	$E_v = \mathrm{d}\Phi_v/\mathrm{d}A$	lx

7.4.2　辐射度量学物理量

（1）辐射能

辐射能是以辐射形式发射或传输的电磁波能量。辐射能一般用符号Q_e表示，单位为J（焦耳）。

（2）辐（射能）通量

辐射能通量Φ_e又称辐射功率，定义为单位时间内通过某一截面的辐射能$\Phi_e = \mathrm{d}Q_e/\mathrm{d}t$，单位为W（瓦特）或J/s（焦耳/秒）。辐射的能量其实是波长的函数，称为光谱密集度，用$\Phi_{e\lambda}$表示，如图7.11所示。

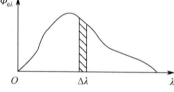

$$\Phi_\lambda = \Phi(\lambda)$$
$$\Phi_{e\lambda} = \lim_{\Delta\lambda}\frac{\Delta\Phi_\lambda}{\Delta\lambda} = \frac{\mathrm{d}\Phi_\lambda}{\mathrm{d}\lambda}$$
$$\mathrm{d}\Phi_\lambda = \Phi_{e\lambda}\mathrm{d}\lambda$$
$$\Phi_e = \int_0^\infty \Phi_{e\lambda}\mathrm{d}\lambda$$

图7.11　光谱密集度与波长的关系

（3）辐射出射度

辐射出射度M_e是用来反映物体辐射能力的物理量，定义为从辐射源单位面积发射出的辐射通量，$M_e = \mathrm{d}\Phi_e/\mathrm{d}A$，其单位为W/m²。

（4）辐射强度

辐射强度I_e定义为点辐射源在给定方向上单位立体角内传送的辐射通量，$I_e = \mathrm{d}\Phi_e/\mathrm{d}\Omega$，其单位为W/sr（瓦/球面度），如图7.12所示。

（5）辐射亮度

辐射亮度L_e定义为面辐射源上某点在某一给定方向上的辐射通量，$L_e = \mathrm{d}I_e/(\mathrm{d}S\cos\theta) = \mathrm{d}^2\Phi_e/(\mathrm{d}\Omega\mathrm{d}S\cos\theta)$，其中$\theta$为给定方向和辐射源面元法线间的夹角，单位为W/(sr·m²)（瓦/(球面度·平方米)），如图7.13所示。

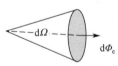

图7.12　辐射强度定义

（6）辐射照度

在辐射接收面上的辐射照度E_e定义为照射在面元$\mathrm{d}A$的辐射通量与该面元面积之比，

即 $E_e = \mathrm{d}\Phi_e / \mathrm{d}A$，其单位为 W/m²。

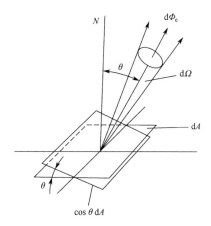

图 7.13　辐射亮度定义式中的各符号示意图

（7）单色辐射度量

对于单色辐射，同样可以采用上述物理量表示，只不过均定义为单位波长间隔内对应的辐射度量，并且对所有辐射量 X_e 来说，单色辐射度量与辐射度量之间均满足

$$X_e = \int_0^\infty X_e(\lambda)\mathrm{d}\lambda$$

7.4.3　光度学物理量

（1）光通量

标度可见光对人眼的视觉刺激程度称作光通量 Φ_v，单位为流明（lm）[3]。

（2）光出射度

光源单位发光面积发出的光通量，定义为光源的光出射度，以字符 M_v 表示，单位为流明/平方米（lm/m²）。

$$M_v = \mathrm{d}\Phi_v / \mathrm{d}A$$

（3）光照度

单位受照面积接收的光通量，定义为光照面的光照度，以字母 E_v 表示，单位为勒克斯（lx），1lx=1lm/m²。

$$E_v = \mathrm{d}\Phi_v / \mathrm{d}A$$

（4）发光强度

点光源在元立体角 $\mathrm{d}\Omega$ 内发出的光通量为 $\mathrm{d}\Phi_v$，则点光源在该方向上的发光强度 I_v 为

$$I_v = \mathrm{d}\Phi_v / \mathrm{d}\Omega$$

发光强度的单位为坎德拉（cd）。发光强度是光学基本量，是国际单位制中 7 个基本量之一。1979 年第十六届国际计量大会对发光强度的单位坎德拉做出了规定，一个光源发出频率为 540×10^{12}Hz 的单色光，在一定方向的辐射强度为(1/683)W/sr，则此光源在该方向上的发光强度为 1cd。

从发光强度的单坎德拉可以导出光通量的单位——流明，发光强度为 1cd 的匀强点光源，在单位立体角内发出的光通量为 1lm。

（5）光亮度

光亮度 L_v 描述了具有有限尺寸的发光体发出的可见光在空间分布的情况

$$L_v = \mathrm{d}\Phi_v / (\cos\theta \cdot \mathrm{d}A \cdot \mathrm{d}\Omega)$$

式中，发光面的元面积为 $\mathrm{d}A$，在和发光表面法线 N 成 θ 角的方向元立体角 $\mathrm{d}\Omega$ 内发出的光通量为 $\mathrm{d}\Phi_v$。

由于 $I_v = \mathrm{d}\Phi_v / \mathrm{d}\Omega$，因此光亮度公式可以改写成

$$L_v = I_v / (\cos\theta \cdot \mathrm{d}A)$$

此式表明，发光面 $\mathrm{d}A$ 在 θ 方向上的光亮度 L_v 等于 $\mathrm{d}A$ 在 θ 方向上的发光强度 I_v 与该面元面积在垂直于该方向平面上的投影 $\cos\theta\mathrm{d}A$ 之比。

7.4.4　视见函数

人眼对自然光的感觉在不同波长上有不同的反馈，对不同波长的单色光产生相同的视觉效应，有不同的辐射功率。在可见光谱中，人眼对光谱中部（黄绿色）最敏感，越靠近光谱两端越不敏感。在引起相同的视觉效应的条件下，若光波长为 λ 的光所需要的光辐射功率为 $P(\lambda)$，而对光波长为 555nm 的光（人眼对此波长的光最敏感）所需要的光辐射功率为 $P(555)$，则定义 $V(\lambda)=P(555)/P(\lambda)$ 为波长 λ 的视见函数。表 7.3 给出了人眼的视见函数。

表 7.3　人眼的视见函数

光的颜色	波长/nm	视见函数	光的颜色	波长/nm	视见函数
紫	400	0.0004	橙	660	0.531
	410	0.0012		610	0.503
	420	0.0040		620	0.381
	430	0.0116		630	0.265
蓝	440	0.023		640	0.175
	450	0.033		650	0.107
青	460	0.030	红	660	0.061
	470	0.090		670	0.034
	480	0.139		680	0.017
	490	0.208		690	0.0082
绿	500	0.323		700	0.0041
	510	0.503		710	0.0021
	520	0.710		720	0.0010
	530	0.862		730	0.00050
黄	540	0.954		740	0.00025
	550	1.000		750	0.00012
	560	0.995		760	0.0006
	570	0.952		770	0.0003
	580	0.870		780	0.00015
	590	0.757			

思 考 题 7

1. 什么是颜色视觉理论的三色学说？它的优缺点各是什么？
2. 什么是光源的亮度？它描述了光源的什么特性？

3．什么是光源的显色性？怎样评价光源的显色性？

4．什么是光源的发光强度？它描述了光源的什么特性？

5．试述辐射度量与光度量的联系和区别。

6．什么是颜色的恒常性、色对比、明度加法定理和色觉缺陷？

参 考 文 献

[1] 苏君红. 红外材料与探测技术[M]. 杭州：浙江科学技术出版社，2015.

[2] 吴庆，黄先，刘丽，等. 色坐标对白光 LED 光通量的影响[J]. 发光学报，2007，28（5），736-740.

[3] 郁道银，谭恒英. 工程光学[M]. 4 版. 北京：机械工业出版社，2016.

第8章　分立发光中心发光

8.1　分立发光中心概述

8.1.1　发光中心的概念

现实生活中，人们发现某些半导体（如 ZnS）只有通过掺杂才能获得高效发光，如 ZnS:Cu；另外，半导体带间跃迁只能产生一种发光颜色，掺杂可获得多种颜色，如 ZnS:Re。

发光中心是指半导体中杂质或杂质与缺陷形成的复合体，在其中进行辐射复合，产生特征发光。发光中心可理解为"类–受主态"，可能处于带隙中靠近价带的位置，也可能处于价带以下"芯能级"[①]位置。

发光中心在晶格中并不是孤立的，受周围基质晶格离子的影响不同，发光中心的能级状态也不同。根据激发的电子是否进入导带，可将发光中心分为"分立发光中心"和"复合发光中心"。

8.1.2　分立发光中心

发光中心受到晶格的影响小，它的能级基本保留自由离子的状态。有些发光中心受晶格的影响虽然大一些，发光中心的能级状态和自由离子也有所不同，但即使电子处于激发态，也不会离开发光中心，在考虑了周围离子的相互作用之后，还能找出对应关系。

此类分立发光中心（Discrete Luminescent Center）在晶格中较为独立，激发的电子可以不与基质晶格共有，对晶格的导电性没有贡献，周围晶格对发光中心的作用是一项微扰。分立发光中心常存在于离子性较强的晶体中。大多数荧光粉都属于分立发光中心，分立发光中心离子的种类也很多。

8.1.3　分立发光中心的分类

1. 根据晶场影响强弱的分类

分立发光中心按照中心与晶格相互作用的强弱可分为三类：基本独立的分立发光中心、受晶场影响较大的分立发光中心和受晶场影响很大的分立发光中心。

（1）基本独立的分立发光中心：基质晶格对分立发光中心的影响是次要的，有明显的特征光谱，如稀土离子的发光（$4f^n \leftrightarrow 4f^n$）。

（2）受晶场影响较大的分立发光中心：晶格使激活剂离子的能级结构有很大的变化，但是运用晶体场论可以判断各个谱线（或谱带）的起源。主要是过渡金属稀土离子（如 Cr^{3+}、

---

① 所谓芯能级（Core Level），是指由原子核内部电子构成的能级，与价电子所形成的能级相对应。

Mn^{2+} 和 Mn^{4+}）或离子团（如 WO_4^{2-}）的发光。过渡金属元素在周期表中的位置如图 8.1 所示。

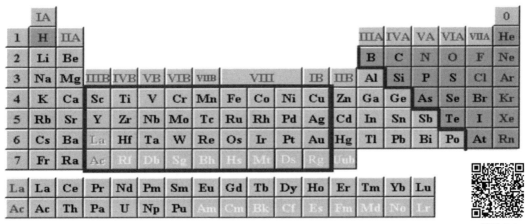

图 8.1　过渡金属元素[①]在周期表中的位置　　　　彩图 8.1

（3）受晶场影响很大的分立发光中心：把激活剂离子的电子跃迁发光和基质的相互作用放在一起考虑，需要运用位型坐标模型来分析光谱。此时，电子即使处于激发态，也不会离开中心。如 KCl:Tl 和 Zn_2SiO_4:Mn^{2+} 的发光、电荷迁移（CT）跃迁、4f → 5d 跃迁、$ns^2 →$ $nsnp$ 等。

2. 根据电子跃迁情况分类（箭头向右表示吸收，向左表示发射）

1）1s↔2p，例如：F 心。

2）$ns^2 ↔ nsnp$，例如：Ti$^+$ 族中的 Ga^+、In^+、Ti^+、Ge^{2+}、Sn^{2+}、Pb^{2+}、Bi^{3+}、Cu^-、Ag^- 和 Au^- 等。

3）$3d^{10}↔3d^9s$，例如：Cu^+、Ag^+ 和 Au^+ 等。

4）$3d^n↔3d^n$，$4d^n↔4d^n$，例如：过渡金属离子。

5）$4f^n↔4f^n$，例如：稀土离子和锕系金属离子。

6）$4f^n↔4f^{n-1}5d$，例如：Ce^{3+}、Pr^{3+}、Sm^{2+}、Tm^{2+} 和 Yb^{2+}（Tb^{3+} 的吸收跃迁）等。

7）电荷迁移跃迁。激发：VO_4^{3-}、WO_4^{2-}、MoO_4^{2-} 等，VO_4^{3-} 中电子从 O^{2-} 的 2p 轨道迁移到 V^{5+} 的 3d 轨道。稀土离子激活的荧光粉，电子从配体迁移到稀土离子，如 O^{2-}（2p）或 S^{2-}（3p）→ Yb^{3+}（4f）。

8）$π↔π^*$ 或 $n↔π^*$，有机分子跃迁。

分立发光中心的特点：激发的电子可以不和晶格共有，对晶体的导电性没有贡献；周围晶格离子对发光中心只起次要的、微扰的作用。

---

① **过渡金属元素**是指元素周期表中 d 区的一系列金属元素，又称过渡金属，如图 8.2 所示，一般来说，这一区域包括Ⅲ到Ⅻ一共 10 个族的元素，但不包括 f 区的**内过渡元素**。过渡元素这一名词首先由门捷列夫提出，用于指代第Ⅷ族元素。他认为从碱金属到锰族是一个"周期"，从铜族到卤素又是一个周期，那么夹在两个周期之间的元素就一定有过渡的性质。这个词虽然还在使用，但已失去了原意。过渡金属元素的一个周期称为一个过渡系，第 4、5、6 周期的元素分别属于第一、二、三过渡系。

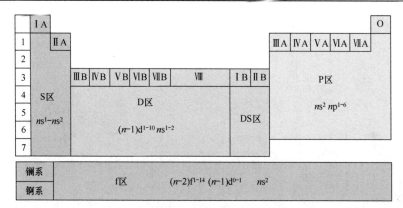

图 8.2　元素周期表元素分区示意图

S 区包括第 I、II 主族的全部元素；P 区包括第 III 主族到第 VII 主族，再加上零族的元素；D 区包括第 III 到第 VII 副族的元素（除镧系元素和锕系元素外）加上第 VIII 族的元素；DS 区包括第 I、II 副族的元素。{内过渡元素（Inner Transition Elements）：最后填充 f 电子，其外电子层构型为$(n-2)f^{1\sim14}(n-1)d^{0\sim2}ns^2$ 的 f 区元素（f Block Elements），具有完全相同的最外层和次外层电子结构，包括镧系元素和锕系元素 [锕（Ac）、钍（Th）、镤（Pa）、铀（U）、镎（Np）、钚（Pu）、镅（Am）、锔（Cm）、锫（Bk）、锎（Cf）、锿（Es）、镄（Fm）、钔（Md）、锘（No）、铹（Lr）]。它们各单独排成一横行，在化学元素周期表的下方。周期表中的 58～71 号元素叫作 4f 内过渡元素，90～103 号元素叫作 5f 内过渡元素。}

8.1.4　复合发光中心

发光中心外层电子受晶场的作用很大，被激发后会进入导带，产生光电导。发光的光谱和激活剂的能级结构基本没有什么关系 [与激活剂离子的光谱（支）项无关]，离子仅起到杂质能级的作用。电子和空穴通过这类复合发光中心（Recombination Luminescent Center）复合发光，但发光的光谱中心的能级结构受到晶格的显著影响。

发光的光谱主要取决于整个晶体的能谱，杂质起微扰的作用，这表现于共价性强的半导体的发光。

8.2　晶体场

发光中心周围晶体离子所产生的静电场，通常称为晶体场，简称"晶场"。晶体离子和发光中心存在相互作用。

晶场的作用：（1）使宇称选择定则放松；（2）引起发光中心的能级劈裂；（3）使简并度部分或全部消除；（4）改变发光中心的能级之间的跃迁概率。

离子的电子云可用波函数来描述

$$\Phi_{nlm}(r,\theta,\varphi) = R_{lm}(r)\vartheta_{lm}(\theta)\varphi_m(\varphi) \tag{8.1}$$

式中，n 为主量子数，l 为角量子数，m 为磁量子数。

对于 S 电子，$l=0$，$m=0$（不考虑电子自旋），其波函数（见图 8.3）为

$$\vartheta_{lm} = \frac{1}{\sqrt{2}}, \quad \varphi_0 = \frac{1}{\sqrt{2\pi}} \tag{8.2}$$

可见，波函数分布与 θ、φ 无关。电子云分布呈空间对称的球形。

对于 P 电子，$l=1$，$m=0,\pm1$，其相应的波函数（见图 8.4）可表示为

$$P_x = \vartheta_{1,1}(\theta)\varphi_1(\varphi) \propto \sin\theta \cdot \cos\varphi$$

$$P_y = \vartheta_{1,-1}(\theta)\varphi_{-1}(\varphi) \propto \sin\theta \cdot \sin\varphi \qquad (8.3)$$

$$P_z = \vartheta_{1,0}(\theta)\varphi_0(\varphi) \propto \cos\varphi$$

可见，P_x、P_y、P_z 具有相同能量，P 态是三重简并的，如图 8.5 所示。

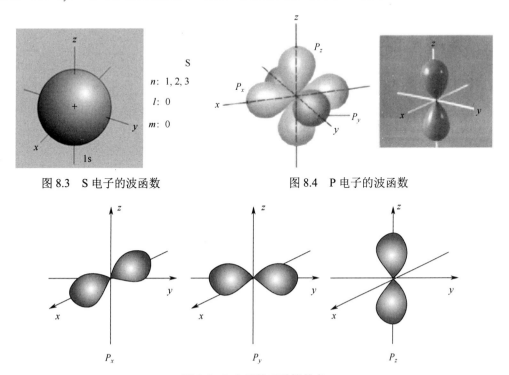

图 8.3　S 电子的波函数　　　　　　图 8.4　P 电子的波函数

图 8.5　P 电子的三重简并态

另外，在 D_{4h} 晶场（四方晶体系）中，在图 8.6 所示的晶格排列中，l' 略大于 l，晶格对 P_x 和 P_y 电子云的排斥相同，均大于对 P_z 电子云的排斥。在此情况下，能级劈裂成两个，三能级不再简并，如图 8.6 所示。可见，晶体场可导致简并能级劈裂。

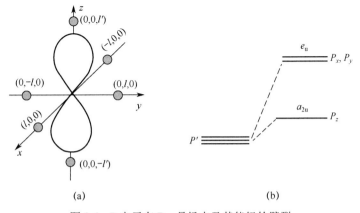

图 8.6　P 电子在 D_{4h} 晶场中及其能级的劈裂

由此，可以思考这样两种情况：（1）S 电子轨道是否会分裂？（2）O_h 晶场中 P 轨道是否会劈裂？

图 8.7 给出了 P 电子在 O_h 晶场中及 S 电子在 O_h 晶场中的情况。在图 8.7（a）中，$l'=l$，晶格对 P_x、P_y 和 P_z 的电子云排斥相同。能级不劈裂，三能级简并。在图 8.7（b）中，S 电子在 O_h 晶场中也不会出现能级劈裂的情况。

因此，可得到如下结论：（1）S 电子的能级在任何晶场中都不会劈裂；（2）能级在低对称性晶场中容易劈裂。

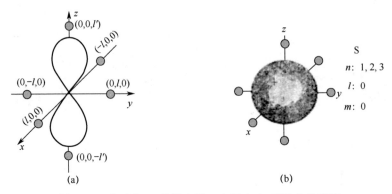

图 8.7　P 电子在 O_h 晶场中及 S 电子在 O_h 晶场中的情况

8.3　稀土离子发光

镧系元素（Ln）[元素周期表中从镧（La）到镥（Lu）的 15 个元素]，加上同族（ⅢB）的钪（Sc）和钇（Y）共 17 个元素，称为稀土元素（RE）。

镧系元素的电子组态为 $1s^22s^22p^63s^23p^63d^{10}4s^24p^64d^{10}4f^n5s^25p^65d^m6s^2$，简记为[Xe] $4f^n5d^m6s^2$（$n=0\sim14$，$m=0,1$）。

三价镧系离子（Ln^{3+}）的电子组态为 $1s^22s^22p^63s^23p^63d^{10}4s^24p^64d^{10}4f^n5s^25p^6$，简记为[Xe] $4f^n5s^25p^6$（$n=0\sim14$）。

自由三价稀土离子的核外电子排布次序为：1s→2s→2p→3s→3p→4s→3d→4p→5s→4d→5p→4f，由低到高，原子中各状态的能量顺序如图 8.8 所示。

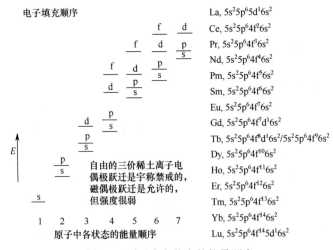

图 8.8　原子中各状态的能量顺序

　　图 8.9 给出了在晶场影响下三价稀土离子 4f 电子组态的能级劈裂情况。一般来说，三价稀土离子具有如下性质：

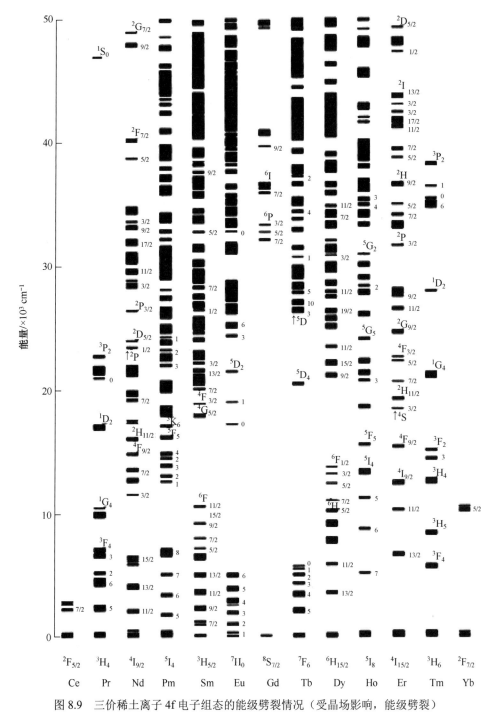

图 8.9　三价稀土离子 4f 电子组态的能级劈裂情况（受晶场影响，能级劈裂）

（1）发光来自 4f→4f 跃迁，由于是电偶极禁戒的，因此自由离子的发光很弱。

（2）L-S 耦合引起的能级劈裂可达几至一万多 cm^{-1}。

（3）受 5s 和 5p 电子的屏蔽，4f 能级的晶场劈裂在几十至一百 cm^{-1}。

（4）个别离子可以有 5d→4f 跃迁。

（5）一般地，在晶场中发光峰半宽度比自由离子略宽。

8.3.1 跃迁的选择定则

1. 电偶极跃迁[①]

其选择定则为：（1）宇称 $\Delta L=\pm1$；（2）$\Delta J=0,\pm1$，但 $J=0$ 到 $J=0$ 的跃迁是禁止的；（3）$\Delta S=0$。

2. 磁偶极跃迁（电四极跃迁）[②]

其选择定则为：宇称 $\Delta L=0$。

电偶极跃迁概率比磁偶极跃迁概率大得多，它们相差几个数量级。

8.3.2 稀土离子的 4f→4f 跃迁（4f^n 组态内跃迁）

一般地，基态能级的光谱项为 $^{2S+1}L_J$。对于稀土离子，当 4f 电子数大于 7 时，$J=L+S$；当 4f 电子数小于 7 时，$J=L-S$。

例如：对于 Eu^{3+}，根据洪特规则，能量最低的光谱项为 ^7F，电子数为 6 个，小于 7，所以 $J=L-S=3-3=0$，故其基态能级为 $^7F_0$。

在 NaLuO$_2$:Eu^{3+} 中，如图 8.10（a）所示，该晶体是以 Eu^{3+} 为中心呈中心对称分布的，(x,y,z) 和 $(-x,-y,-z)$ 有 Lu^{3+}，其 $^5D_0-^7F_1$ 跃迁出现 593nm 发射，如图 8.11（a）所示。

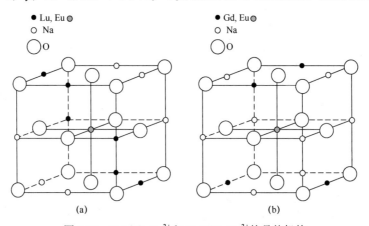

图 8.10　NaLuO$_2$:Eu^{3+} 和 NaGdO$_2$:Eu^{3+} 的晶体机构

---

① **电偶极子**（Electric Dipole）是由等值异号的两个点电荷组成的系统。电偶极子的特征用电偶极矩 $p=ql$ 描述，其中 l 是两点电荷之间的距离，l 和 p 的方向规定为由 $-q$ 指向 $+q$。电偶极子在外电场中受力矩的作用而旋转，使其电偶极矩转向外电场方向。电偶极矩就是电偶极子在单位外电场作用下可能受到的最大力矩，故简称矩矩。如果外电场不均匀，除受力矩外，电偶极子还要受到平移的作用。电偶极子产生的电场是构成它的正（positive）、负（negative）点电荷产生的电场之矢量和。

② **磁偶极子**是类比电偶极子而建立的物理模型，具有等值异号的两个点磁荷构成的系统称为磁偶极子。比如，一根小磁针就可以视为一个磁偶极子，地磁场也可以看作由磁偶极子产生的场。磁偶极子受到力矩的作用会发生转动，只有当力矩为零时，磁偶极子才会处于平衡状态，利用这一原理可以进行磁场的测量。但由于没有发现单独的磁单极子的存在，因此将一个载有电流的圆形回路作为磁偶极子的模型。

另外，在 $NaGdO_2$:Eu^{3+}（非中心对称）中，如图 8.10（b）所示，该晶体中（x，y，z）为 Gd^{3+}，（$-x$，$-y$，$-z$）可以是 Gd^{3+} 或 Na^{+1}。Gd^{3+} 的 $^5D_0-^7F_2$ 跃迁出现 618nm 发射，如图 8.11（b）所示。

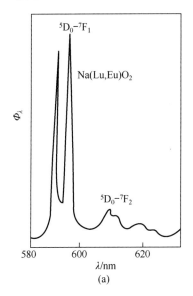
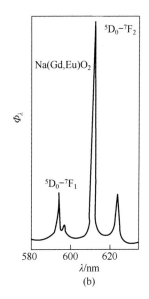

图 8.11　Eu^{3+} 占据对称中心（$NaLuO_2$:Eu^{3+}晶体）和非对称中心（$NaGdO_2$:Eu^{3+}晶体）的发光光谱

8.3.3　Eu^{3+}稀土荧光粉的激发

图 8.12 给出了 Y_2O_3:Eu^{3+}稀土荧光粉的吸收光谱。可见，该吸收光谱中有三种吸收特征峰，即属于带谱的基质晶格（Host Lattice，HL）吸收和电荷迁移（Charge Transition，CT）吸收，以及属于线谱的稀土离子（Eu^{3+}）吸收。

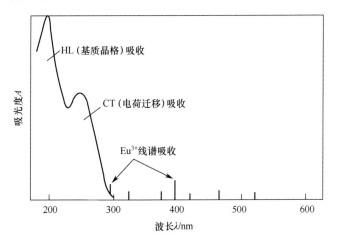

图 8.12　Y_2O_3:Eu^{3+}的吸收光谱

电荷迁移态通过无辐射跃迁途径向 4f 激发态提供粒子，然后由 4f 激发态跃迁回基态而发光。图 8.13 给出了 Y_2O_2S:Eu^{3+}中 Eu^{3+}的 4f 态和电荷迁移态的情形。

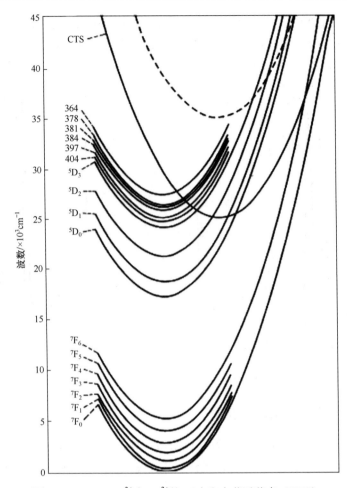

图 8.13 $Y_2O_2S:Eu^{3+}$ 中 Eu^{3+} 的 4f 态和电荷迁移态（CTS）

8.3.4 稀土离子的 5d→4f 跃迁发光

5d 电子是最外层电子，受晶场影响，5d 和 4f 高能级重合。电子可以直接被激发到 5d，5d→4f 跃迁发光是带状谱（如 Eu^{2+} 和 Ce^{3+} 的发光）。图 8.14 给出了 Eu^{2+}、Eu^{3+} 和 Ce^{3+} 的能量状态。

1. Eu^{2+} 的发光

图 8.15 所示为 $Eu^{2+}SrBe_2$ 掺杂在 Si_2O_7 和 $SrAl_2O_{19}$ 中的发光，实线为低温下测得的线谱。在晶场的作用下，5d 能级劈裂，出现 5d→4f 的发光跃迁或同时出现 4f→4f 的发光跃迁。

另外，图 8.16 还给出了 Eu^{2+} 在几种晶体（$(BaEu)_3Al_{12}O_{19}$、$(SrEu)_3MgSi_2O_8$、$(BaEu)_2MgO_7$ 和 $(SrEu)_2SiO_4$）中的 5d→4f 跃迁发光光谱。可见，**由于晶场劈裂，带谱位置的差别很大**。图 8.17 给出了 Ce^{2+} 在几种晶体中的发光光谱，这些也是 5d→4f 跃迁发光光谱。因此，改变晶格可改变 5d 的位置，使 Eu^{2+} 的发光位置落在从红到蓝的任何位置。如果提高 5d 的位置，也可能出现 4f→4f 跃迁产生的线谱。

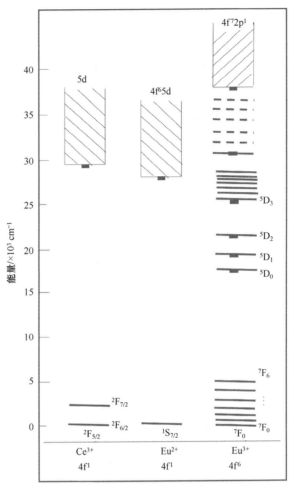

图 8.14　Eu^{2+}、Eu^{3+} 和 Ce^{3+} 的能量状态

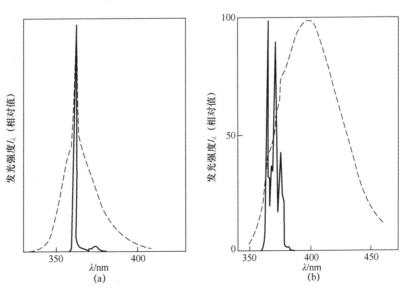

图 8.15　$Eu^{2+}SrBe_2$ 掺杂在 Si_2O_7 和 $SrAl_2O_{19}$ 中的发光

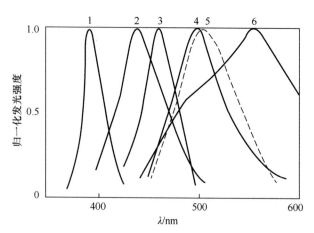

图 8.16 Eu^{2+} 在几种晶体 $[(BaEu)_3Al_{12}O_{19}、(SrEu)_3MgSi_2O_8、(BaEu)_2MgO_7$ 和 $(SrEu)_2SiO_4]$ 中的发光光谱

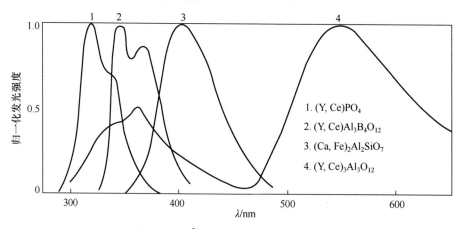

1. (Y, Ce)PO₄
2. (Y, Ce)Al₃B₄O₁₂
3. (Ca, Fe)₂Al₂SiO₇
4. (Y, Ce)₃Al₃O₁₂

图 8.17 Ce^{2+} 在几种晶体中的发光光谱

此外，温度对稀土荧光粉的发光也有很大影响。作为一个例子，图 8.18 给出了在三种不同温度下 $(Sr, Eu)B_4O_7 \; Eu^{2+}$ 荧光粉的发射光谱及其位型坐标图。而图 8.19 给出了 $(Sr, Eu)B_4O_7 \; Eu^{2+}$ 的发射能级寿命。可知，出现 5d→4f 跃迁发射之后，能级的寿命迅速缩短。

2. f→d 和 CTS 跃迁吸收的规律比较

（1）电荷迁移带随氧化数的增大而向低能方向移动，f→d 跃迁向高能方向移动。4 价镧系离子的最低吸收带为 CT，2 价镧系离子的最低吸收带是 f→d 的跃迁所产生的。

（2）f→d 跃迁吸收带半高宽一般较窄，约为 $1000cm^{-1}$；CT 则一般为 $2000cm^{-1}$。

（3）容易氧化成+4 价的 Ce^{3+}、Pr^{3+} 和 Tb^{3+} 的 f→d 跃迁和容易还原成+2 价的 Eu^{3+}、Yb^{3+} 等离子的 CT 跃迁吸收能量都低于 $40000cm^{-1}$，可以与 4f 能级发生作用导致 f-f 发射。但若 f→d 跃迁和 CT 能级低于 4f 能级，则可以观察到从这些能级的跃迁发射，如 Eu^{2+} 的 $4f^{n-1}5d^1→4f^7$ 的宽带跃迁发射。

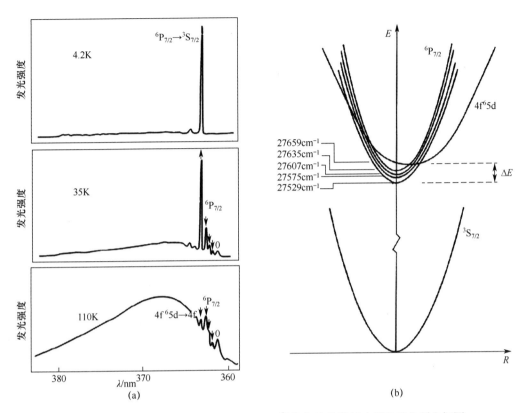

图 8.18　在三种不同温度下(Sr, Eu)B$_4$O$_7$ Eu^{2+}荧光粉的发射光谱及其位型坐标图

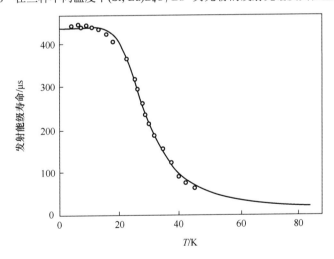

图 8.19　(Sr, Eu)B$_4$O$_7$ Eu^{2+}的发射能级寿命

3. 稀土离子的无辐射跃迁

多声子发射：如图 8.20 所示，当激发态和基态间的能量差 $\Delta E'$ 等于或小于周围环境所能达到的最高振动频率 ν_{max} 的 4～5 倍时，激发态的能量同时激发几个高能振动，无辐射地

返回基态，进而降低辐射过程。

多声子发射可以淬灭高能级的发射。Eu^{3+}是否产生源于$^5D_1$的发射取决于其周围晶格。从图 8.21 所示的 Eu^{3+} 的能级图可知，对于基质 Y_2O_3，有 $^5D_1$ 发射；但对于硼酸盐、硅酸盐基质，$^5D_1$ 发射很难检测到。

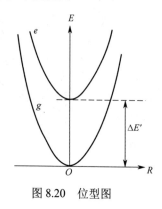

图 8.20　位型图

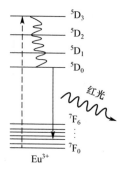

图 8.21　Eu^{3+}的能级图

8.4　具有 3d 电子的离子发光

具有 3d 电子的离子发光主要是一些过渡金属离子的发光，此时哈密顿函数

$$H_c = \sum_i \sum_{n=0}^{\infty} \sum_{m=-n}^{n} r_i^n A_{nm} Y_n^m(\theta_i \varphi_i)$$

为球谐函数。$A_{nm} < r^n >$ 为晶场参数，其中，$< r^n >$ 为 r^n 径向波函数的平均值，$A_{nm} = \sum_j -e \dfrac{4\pi}{2n+1} \dfrac{q_i}{R_j^{n+1}} (-1)^m Y_n^{-m}(\theta_j \varphi_j)$。此处，$i$ 是电子的角标，j 是周围离子的角标。

无晶场时，哈密顿函数 $H_F = -\dfrac{h^2}{2m}\nabla^2 - \dfrac{Ze^2}{r}$，则 $H_F \varphi = E\varphi$。其中 $E = \varepsilon_{3d}$，φ 是一个球函数。

有晶场时，$H = H_F + H_c$。

下面来求其本征函数。对于 3d 电子，$l=2$，则 $m=0, \pm 1, \pm 2$，它是五重简并的，通过计算可得

当 $m=0$ 时，$d_{z^2} = 3\cos^2\theta - 1 \propto \dfrac{z^2 - \frac{1}{2}(x^2+y^2)}{r^2}$；

当 $m=2$ 时，$d_{x^2-y^2} = \sin^2\theta\cos 2\varphi \propto \dfrac{(x^2-y^2)}{r^2}$；

当 $m=-2$ 时，$d_{xy} = \sin^2\theta\sin 2\varphi \propto \dfrac{xy}{r^2}$；

当 $m=1$ 时，$d_{zx} = \sin\theta\cos\theta\cos\varphi \propto \dfrac{xz}{r^2}$；

当 $m=-1$ 时，$d_{yz} = \sin\theta\cos\theta\sin\varphi \propto \dfrac{yz}{r^2}$。其本征函数如图 8.22 所示。

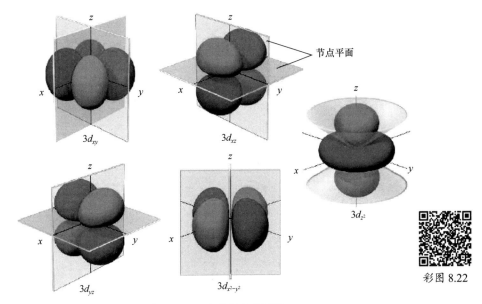

图 8.22 3d 电子的本征函数

8.4.1 O_h 晶场对 3d 电子的影响

对于 3d 电子，它是五重简并的，d^1 电子的能级在 O_h 晶场中的劈裂如图 8.23 所示。通过计算，可知在 O_h 晶场中，其本征函数为

$$E_g = \begin{cases} d_{z^2} = \varphi_{2,0} \\ d_{x^2-y^2} = \dfrac{1}{\sqrt{2}}(\varphi_{2,2} + \varphi_{2,-2}) \end{cases}, \quad T_{2g} = \begin{cases} d_{xy} = -\dfrac{i}{\sqrt{2}}(\varphi_{2,2} - \varphi_{2,-2}) \\ d_{yz} = \dfrac{i}{\sqrt{2}}(\varphi_{2,1} + \varphi_{2,-1}) \\ d_{zx} = -\dfrac{i}{\sqrt{2}}(\varphi_{2,1} - \varphi_{2,-1}) \end{cases}$$

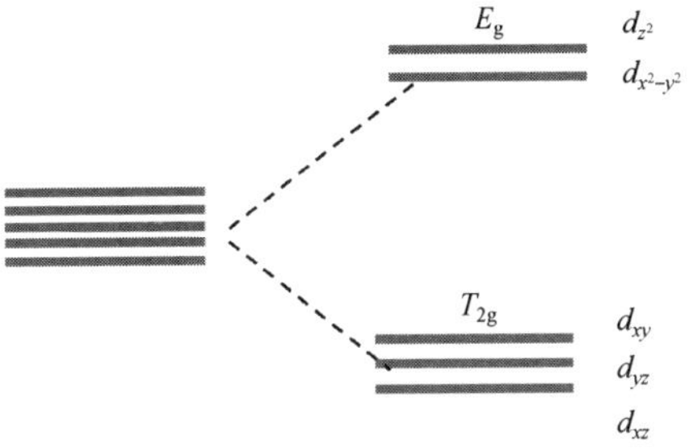

图 8.23 d^1 电子的能级在 O_h 晶场中的劈裂

作为另一个例子，图 8.24 给出了红宝石 Al_2O_3:Cr^{3+} 晶场能级图及其吸收光谱和发射光谱。图 8.25 给出了 Cr^{3+} 在 Al_2O_3 中的能级图。图 8.26 给出了八面体（如 MnF_2）中 Mn^{2+} 的能级及室温下 MnF_2 的吸收光谱。

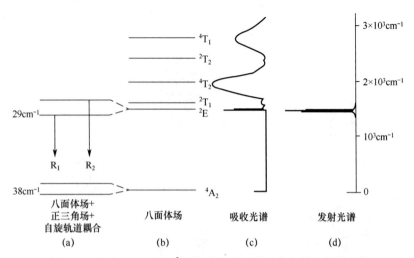

图 8.24　红宝石 $Al_2O_3:Cr^{3+}$ 晶场能级图及其吸收光谱和发射光谱

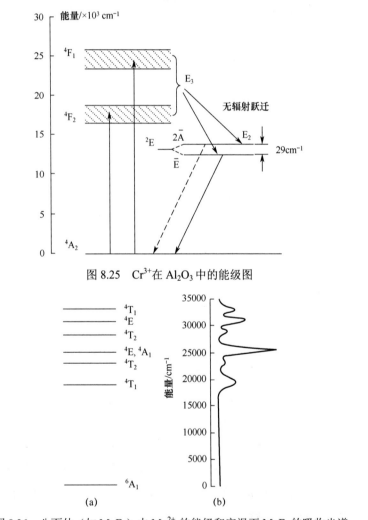

图 8.25　Cr^{3+} 在 Al_2O_3 中的能级图

图 8.26　八面体（如 MnF_2）中 Mn^{2+} 的能级和室温下 MnF_2 的吸收光谱

8.4.2　受晶场影响较大的分立发光中心的发光

Mn^{2+}在不同晶场中的发光如图 8.27 所示。自由 Mn^{2+}的发光峰值在 373nm；$ZnS:Mn^{2+}$的发光峰值在 585nm；$ZnF_2:Mn^{2+}$的发光峰值在 595nm；$Zn_2SiO_4:Mn^{2+}$的发光峰值在 520nm。

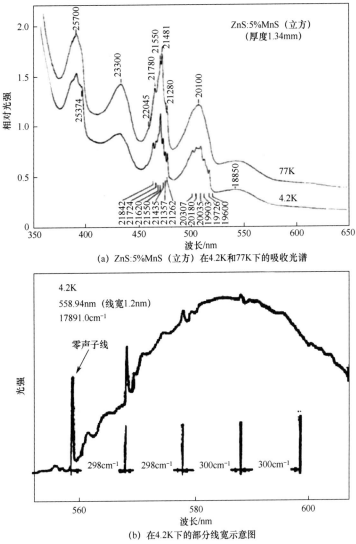

(a) ZnS:5%MnS（立方）在4.2K和77K下的吸收光谱

(b) 在4.2K下的部分线宽示意图

图 8.27　Mn^{2+}在不同晶场中的发光

8.5　电子云膨胀效应[1]

同一个发光中心在不同的基质晶格中，其发光行为不同，主要原因是发光中心周围的环境发生了改变。例如，$YF_3:Eu^{3+}$的吸收光谱如图 8.28 所示，与 $Y_2O_3:Eu^{3+}$的吸收光谱（见图 8.12）相比，发现：（1）$YF_3:Eu^{3+}$中没有观察到基质晶格吸收带，它位于更短的波长区域，已超出图 8.28 的波段范围；（2）在 YF_3 中电荷迁移（CT）吸收带出现在 150nm，这是 F^- 到 Eu^{3+} 的电荷转移，说明电子从 F^- 迁移到 Eu^{3+} 比从 O^{2-} 迁移到 Eu^{3+} 需要更多的能量；

（3）YF₃:Eu³⁺的另一个位于140nm附近的宽带状吸收，属于Eu³⁺的4f-5d跃迁，这是允许跃迁；（4）在两个吸收光谱带中，均可观察到Eu³⁺的4f⁶组态内的电子跃迁，呈现较弱的线状光谱。由于4f电子受到充满的5s和5d轨道很好的屏蔽作用，因此可以认为基质晶格环境对Eu³⁺的4f⁶组态内的电子跃迁的影响非常小。

仔细观察这些线状光谱可以发现，图8.28与　图8.12几乎没有区别。在氟化物中，线谱的强度比氧化物中的低，经高分辨率光谱仪检测，两种物质的线状光谱的劈裂模式有所不同。

造成给定离子在不同基质中具有不同光谱性质的主要原因有两个。其一是共价键性质的不同。如果增强共价键，那么电子间的相互作用被削弱，因为这些电子被分散到更宽的轨道上，因此，电子跃迁的能级差由共价键的性质决定。共价键越强，多重项之间的能量间距越小，电子跃迁所需的能量越低。这就是电子云膨胀（Nephelauxetic，希腊语

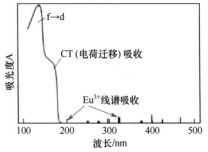

图 8.28　YF₃:Eu³⁺的吸收光谱

"云膨胀"的意思）效应。可见，Y₂O₃:Eu³⁺的电荷迁移能量比YF₃:Eu³⁺低。在Eu的硫化物中，Eu通常是+2价的，因为硫化物中Eu³⁺-S²⁻的电荷迁移能量太低，+3价不再稳定。

表8.1给出了不同壳层中电子跃迁的实例，即Bi³⁺（6s²）和Gd³⁺（4f⁷）。前者属于6s²→6s6p吸收跃迁，6s和6p电子处于离子表面，电子云膨胀效应大。后者具有弱的吸收带是因为电子在4f⁷层内跃迁，电子处于离子的内层轨道，电子云膨胀效应小。同理，Eu³⁺在YF₃中和在Y₂O₃中相比，4f⁷层内跃迁的位置稍高也体现了电子云膨胀效应。

表 8.1　Bi³⁺和Gd³⁺的电子云膨胀效应（自上而下共价键依次递增）

Bi³⁺		Gd³⁺	
基质晶格	¹S₀→³P₁ (cm⁻¹)①	基质晶格	⁸S→⁶P₇/₂ (cm⁻¹)②
YOP₄	43.000	LaF₃	32.196
YBO₃	38.500	LaCl₃	32.120
ScBO₃	35.100	LaBr₃	32.096
La₂O₃	32.500	Gd₃Ga₅O₁₂	31.925
Y₂O₃	30.100	GdAlO₃	31.923

注：①属于6s²→6s6p跃迁中能量最低的跃迁；②属于4f⁷层内的能量最低的跃迁。

化学键的共价性越高，则成键原子（离子）双方的电负性差异就越小，这使得两原子之间的电荷迁移态跃迁向低能量区域移动。因此，与具有更多共价键性的Y₂O₃相比，氟化物YF₃中Eu³的吸收带处在能量更高的位置。表8.2给出了一些实例。

表 8.2　在一些基质晶格中Eu³⁺的电荷迁移态跃迁的最大值

基 质 晶 格	最大值 Eu³⁺电荷迁移 /×10³cm⁻¹	基 质 晶 格	最大值 Eu³⁺电荷迁移 /×10³ cm⁻¹
YOP₄	45.0	La₂O₃	33.7
YOF	43.0	LaOCl	33.3
Y₂O₃	41.7	Y₂O₂S	30.0
LaPO₄	37.0		

基质晶格影响离子的发光性质的另一个因素是晶体场。如前面所述，某一发光跃迁的光谱位置由晶体场的强度所决定，晶体场还能使某些光跃迁产生劈裂。下面的因果关系是很显然的：不同的基质晶格→不同的晶体场→不同的谱线劈裂模式。通过这种方法，发光中心可以作为监测化学环境的探针。

8.6　色心[2]

将碱卤晶体在碱金属的蒸气中加热，然后使之骤冷到室温，原本透明的晶体就会出现颜色：NaCl 变为淡黄色，KCl 变为紫色，LiF 变为粉红色等，这个过程称为增色过程。

在增色过程中，碱金属原子扩散进入晶体，并以一价离子形式占据了晶体的正离子格点；同时晶体中出现了负离子空位，这个负离子空位可以捕获一个电子，形成色心，即 F 心。"F 心"来自德文 Farbe（彩色）一词。

纯净卤化碱晶体在光谱的整个可见光波段中是透明的。色心是能吸收可见光的晶体缺陷。

虽然会影响紫外光区的吸收，但寻常的晶格空位并不会使卤化碱晶体赋色。通常，可使晶体赋色的方法有：①引入化学杂质；②引入过量的金属离子；③X 射线或 γ 射线辐射；④中子或电子轰击；⑤电解等。

一般产生色心的方法是将晶体在过量碱金属中加热或用 X 射线辐射。图 8.29 所示为卤化碱晶体中与 F 心联系的中心吸收带（F 带）情况。

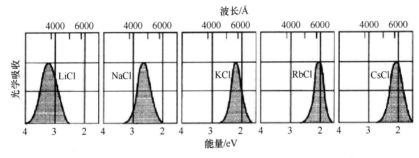

图 8.29　卤化碱晶体中与 F 心联系的中心吸收带（F 带）情况

用电子自旋共振方法对 F 心的研究表明，它由一个负离子晶格空位束缚一个电子构成，如图 8.30 所示。可见，束缚于负离子空位的电子主要分布在近邻晶格空位的各正金属离子上。

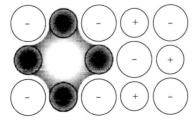

图 8.30　束缚于负离子空位的电子主要分布
在近邻晶格空位的各正金属离子上

当超量的碱金属原子加入卤化碱晶体时，就会产生相应个数的负离子空位。碱金属原子的价电子并不被原子束缚，最终被束缚于一个负离子晶格空位。在完整晶格中，一个负离子晶格空位的作用犹如一个孤立的正电荷，它能吸引一个电子并将它束缚。F 心是卤化碱晶体中最简单的一种俘获电子中心，其光吸收是由中心通过电偶跃迁至一个束缚激发态所引起的。

若 F 心的 6 个最近邻离子中的某一个被另一个不同的碱金属离子所代换，就成为 F_A 心，如图 8.31 所示。两个相邻的 F 心就构成了一个 M 心；三个相邻的 F 心就构成一个 R 心，如图 8.32 所示。

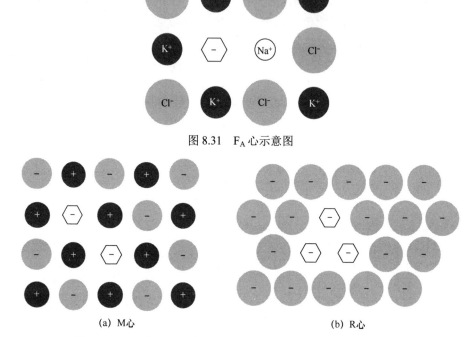

图 8.31 F_A 心示意图

(a) M 心   (b) R 心

图 8.32 M 心和 R 心示意图，其中 R 心是 NaCl 结构中[111]面上的
一组三个负离子空位与三个电子组成的

同理，也能通过俘获空穴而形成色心。空穴色心有别于电子色心：卤素离子填满的 p^6 壳层中出现一个空穴将使此离子具有正电子组态 p^5，而在壳层已填满的碱金属离子中添加一电子，其电子组态即为 p^6s。

思 考 题 8

1. 分立发光中心的含义是什么？它与复合发光中心的主要区别是什么？
2. 什么是晶体场？晶体场对发光中心的影响有哪几个方面？
3. 三价镧系稀土离子的能级特点是什么？
4. 请指出三价 Eu 离子在两种体系中吸收光谱的差异，并讨论原因。

5．为什么位型坐标表示的光学吸收跃迁是垂直的？

6．f-f 跃迁和 f-d 跃迁的含义和特点分别是什么？

7．试用位形坐标解释发光材料的发射光谱和吸收光谱带宽的成因。

8．试用位形坐标说明发光材料从吸收到发射的全过程，并解释斯托克斯位移的成因。

9．为什么同一种发光中心离子在不同基质中的发光光谱会有所不同？

10．根据 $Y_2O_3:Eu^{3+}$ 的吸收光谱，说明发光材料是如何吸收能量的。

参 考 文 献

[1]　孙家跃，杜海燕，胡文祥. 固体发光材料[M]. 北京：化学工业出版社，2003.

[2]　刘显凡. 矿物学简明教程[M]. 北京：地质出版社，2010.

第9章　能量传递与输运

电子从激发态返回基态是能量传递与输运的途径之一。发光材料受到外界激发后，激发能在基质晶格内传输的现象称为"能量传输"。例如，$S^*+A=S+A^*$能量传输完成后，可以发生源于 A^* 的辐射，S 称为敏化剂，A 称为激活剂，基质晶格受到外界激发而吸收的能量通常会以某种形式转移到发光中心，或从一个中心转移到另一个中心。

发光材料内部必然存在能量的传输过程，几乎所有的发光材料中都发生着能量传输现象，如敏化剂的敏化、淬灭剂的淬灭、上转换发光、合作和协同发光、电致发光中载流子的运动等。

9.1　能量传输的现象

能量传输是指能量从一个物体传递到另一个物体的过程。发光材料中的能量传输现象非常普遍，例如，$Ca_3(PO_4)_2$:Ce, Mn 荧光粉中 Mn^{2+} 的发光，其能量来自 Ce^{3+} 的传输。

$Ca_3(PO_4)_2$: Mn 荧光粉：用阴极射线激发可得到橙色 Mn^{2+} 的发光，用 250nm 紫外光激发时看不到橙色发光。

$Ca_3(PO_4)_2$: Ce 荧光粉：用 250nm 紫外光激发时，可得到蓝色发光（Ce^{3+}）。

$Ca_3(PO_4)_2$: Ce, Mn 荧光粉：用 250nm 紫外光激发时，不仅可以得到 Ce^{3+} 发光，也可以得到 Mn^{2+} 的发光。图 9.1 给出了 CdS 单晶片的光致发光现象及内部的能量传输机理。

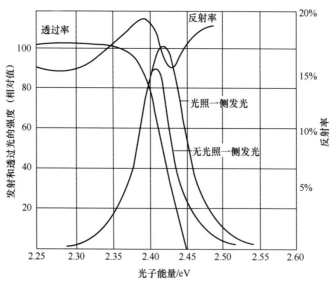

图 9.1　CdS 单晶片的光致发光现象及内部的能量传输机理

（无光照一侧晶体发光的能量是从受紫外光激发的那部分晶体上传输过来的）

9.2　能量传输的定义与传输途径[1]

9.2.1　能量传输的定义

简言之，能量传输就是能量传递与能量输运的总称。而**能量传递**定义为某发光中心把激发能的全部或一部分转交给另一个发光中心的过程。两个发光中心间的相互作用会引起一种跃迁，跃迁的结果是激发能由一个中心到另一个中心。

能量输运定义为借助于电子或（和）空穴的运动，把激发能从基质晶格的一个中心输运到另一个中心的过程。

9.2.2　固态基质中能量传输的途径

通常，固态基质中能量传输的途径可分为如下几部分。

（1）**再吸收**：是指基质中某一处发光后，发射光波在基质晶格中又被基质自身吸收的现象。光子承担输运能量的任务，输运距离可远可近，受温度的影响较小。发生再吸收的条件是激活剂的吸收光谱与敏化剂的发射光谱有较大的重叠。

（2）**共振传递**：处于激发态的发光中心通过电偶极子、电四偶极子、磁偶极子或交换作用等近场力的相互作用把激发能传递给另一个中心的过程，敏化剂 S 从激发态变为基态，激活剂 A 从基态变为激发态，两个中心能量变化值相等。温度对共振传递的影响较小。

（3）**载流子传输**：借助载流子的漂移和扩散输运能量，宏观上电流或光电导特性受温度的影响显著。

（4）**激子能量传输**：以激子形式进行能量快速传递的一种激发能传递方式。

9.2.3　共振能量传递的模型

图 9.2 所示为共振能量传递的理论模型。通过讨论，可以得到一些有用的结论。

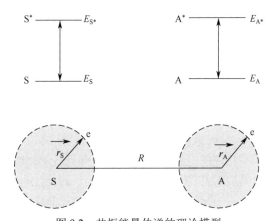

图 9.2　共振能量传递的理论模型

1. 电偶极相互作用情况下 S→A 能量传递的概率

$$P_{SA}(R) = \frac{3}{64\pi^3} \frac{c^4 h^4}{K^2 R^6} \frac{\sigma_A}{\tau_S} \int \frac{\varepsilon_S(E)\alpha_A(E)}{E^4} dE \tag{9.1}$$

式中，$\varepsilon_S(E)$ 为 S 中心的发射光谱；$\alpha_A(E)$ 为 A 中心的吸收光谱；σ_A 为 A 中心的吸收截面；τ_S 为 S^* 态的衰减时间。

设 S^* 态的发射效率为 η_S，则 S^* 态的实测寿命为 $T_S^* = \eta_S T_S$。

$$P_{SA}(R) = \left(\frac{R_0}{R}\right)^6 \cdot \frac{1}{\tau_S^*} \tag{9.2}$$

$$R_0^6 = \frac{3}{64\pi^5} \frac{c^4 h^4}{K^2} \sigma_A \eta_S \int \frac{\varepsilon_S(E)\alpha_A(E)}{E^4} dE \tag{9.3}$$

R_0 可看作 S 和 A 之间发射能量传递的临界距离。显然，S→A 能量传递的概率与各参量之间有如下的关系。

（1）P_{SA} 与两个中心间的距离 R 的 6 次方成反比，S 和 A 距离越近，能量传递的概率越大。

（2）P_{SA} 与 S^* 态的实测寿命成反比，S^* 态的实测寿命越长，越不容易将能量传递给 A 中心。

（3）P_{SA} 与 S 中心的发射效率 η_S 及 A 中心的吸收截面 σ_A 的乘积成正比。S 的发射效率越高，A 中心的吸收截面越大，传递概率越大。S 中心的发射谱和 A 中心的吸收谱要有重叠，重叠得越多，传递概率越大。

2. 其他多极能量传递概率

电偶极跃迁中心与电四极中心间的能量传递概率为

$$d \to q : P_{dq}(R) = \frac{135\alpha c^8 h^9}{8n^6 \tau_D \tau_A R^8} \int \frac{\varepsilon_S(E)\alpha_A(E)}{E^8} dE \tag{9.4}$$

其中 $\alpha = 1.266$。

电四极中心与电四极中心间跃迁的能量传递概率为

$$q \to q : P_{qq}(R) \propto \frac{1}{R^{10}} \tag{9.5}$$

发生多级相互作用的能量传递概率为

$$P_s(R) = \frac{\alpha_{dd}}{R^6} + \frac{\alpha_{dq}}{R^8} + \frac{\alpha_{qq}}{R^{10}} = \sum_{s=6,8,10} \frac{\alpha_s}{R^s} \tag{9.6}$$

如果 S 和 A 都是允许的电偶极跃迁，则

$$\alpha_{dd} > \alpha_{dq} > \alpha_{qq} \tag{9.7}$$

电偶极-电偶极共振能量传递具有最高的传递速率。

如果 S 和（或）A 是不允许的电偶极跃迁（如 f→f 跃迁），则高阶共振能量传递（d→q 或 q→q）在 R 很小时也具有较高的传递速率。图 9.3（a）给出了在室温下 Tb-Nd 系列样品 $Ca(PO_3)_2:Tb_{0.03}Nd_xGd_{0.03-x}$ 中 Tb^{3+} 发射（$^5D_4 - ^7F_J$）的衰减曲线[2]；图 9.3（b）给出了在电偶极-电四极相互作用（$s=8$）的情况下，供体发光的发光强度比值 I/I_0 和衰减时间 τ_h/τ_{h0} 对受体浓度 C/C_0 的依赖性。图 9.4 给出了 $Ca_5(PO_4)_3(F,Cl):Sb^{3+}, Mn^{2+}$ 的发射光谱。

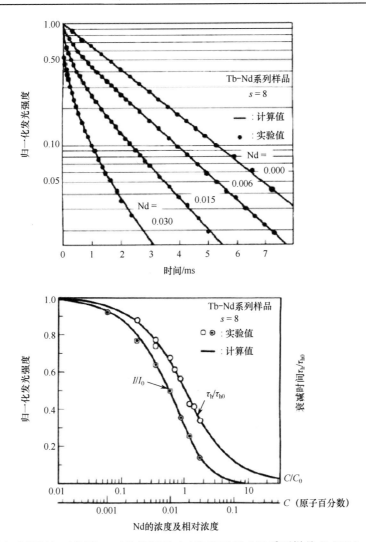

图 9.3　在电偶极-电四极相互作用($s=8$)的情况下,(a)室温下 Tb-Nd 系列样品 Ca(PO$_3$)$_2$: Tb$_{0.03}$Nd$_x$Gd$_{0.03-x}$ 中 Tb^{3+}发射的衰减曲线;(b) Tb^{3+}的发射强度比值 I/I_0 和衰减时间 τ_h/τ_{h0} 对 Nd^{3+}浓度 C 及相对浓度 C/C_0 的依赖性(圆圈及实点为实验值,实线为计算值[2])

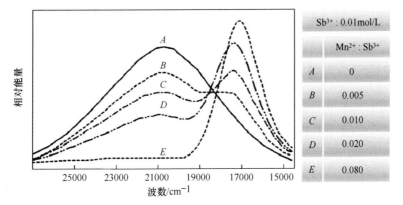

图 9.4　Ca$_5$(PO$_4$)$_3$(F, Cl):Sb^{3+}, Mn^{2+}的发射光谱

9.2.4 共振能量传递的光谱特征

在 A 发射的激发光谱中明显地包含 S 的吸收光谱，S 的激发峰显著地增强（与不含 A 对比）；S 的寿命缩短，A 的寿命延长。图 9.5 给出了 NaY:Ce^{3+}和 NaY:Tb^{3+}的激发光谱与发射光谱[3]。Tb^{3+}的 $^5D_4 \rightarrow {}^7F_5$ 跃迁发射（543nm）监测所得到的激发光谱是由较强的 $4f^75d^1$ 宽带吸收（200～280nm）和较弱的 $4f \rightarrow 4f$ 电子跃迁吸收（330～390nm）两部分构成的。Ce^{3+}的发射峰与 Tb^{3+}的 $4f \rightarrow 4f$ 跃迁激发峰恰好重叠，这一点对于固体中能量的传递和输运是至关重要的。发生能量传递的必要条件是施主离子的发射峰与受主离子的吸收峰有重叠，重叠越大，传递概率越大。图 9.6 给出了 NaY:$Tb_{6.3-x}Ce_x$ 的激发光谱[3]。对于单掺 Tb^{3+}样品（$x=0$）的激发光谱，主要是 228nm 处的 $4f^8 \rightarrow 4f^75d^1$ 宽带跃迁激发，在约 292nm 处基本上没有吸收。在掺入少量 Ce^{3+}后，Tb^{3+}的 $f \rightarrow d$ 跃迁激发峰骤然降低，而在约 292nm 处出现一条很强的带峰，它归属于 Ce^{3+}的 $f \rightarrow d$ 跃迁激发。

由此可见，在掺入少量 Ce^{3+}后，Tb^{3+}的 $^5D_4 \rightarrow {}^7F_J$ 跃迁所需的能量基本上是由 Ce^{3+}的激发所提供的。Ce^{3+}对 Tb^{3+}存在敏化作用。随着 x 值的不断增大，即 Tb^{3+}量减小，而 Ce^{3+}量增大，Tb^{3+}的 $f \rightarrow d$ 激发峰变弱，直到 $x=5.1$ 时完全消失。此时，Ce^{3+}的强吸收几乎完全抑制了 Tb^{3+}的吸收。

表 9.1 分别给出了 Ce^{3+}的含量对 Tb^{3+}的 $^5D_4$ 能级荧光寿命的影响和 Tb^{3+}对 Ce^{3+}的 $^2D_{3/2}$ 能级荧光寿命的影响。当固定 Tb^{3+}的掺杂量时，Tb^{3+}的 $^5D_4$ 能级寿命随 Ce^{3+}含量的增大而延长，说明 Ce^{3+}的引入对 Tb^{3+}来说存在一个能量附加过程。在这一过程中，Tb^{3+}从 Ce^{3+}获得部分激发能量，结果使其 $^5D_4$ 能级寿命延长。

当固定 Ce^{3+}的掺杂量时，随着 Tb^{3+}量的增大，Ce^{3+}的 $^2D_{3/2}$ 能级寿命逐渐缩短，表明在 Ce^{3+}对 Tb^{3+}的敏化过程中，Ce^{3+}的激发能量有额外损失，使其荧光寿命变短。

根据 Dexter 能量传递理论，发生非辐射共振能量传递，首先要求敏化剂发射光谱与激活剂吸收光谱有较大的重叠，传递速率与光谱重叠程度成正比。此外，对于非辐射共振能量传递，当有激活剂时，敏化剂从激发态跃迁到低能级的发射强度要降低。研究表明，在 NaY 沸石中，Ce^{3+}- Tb^{3+}间的能量传递机理主要是非辐射多极子近场力的作用[3]。

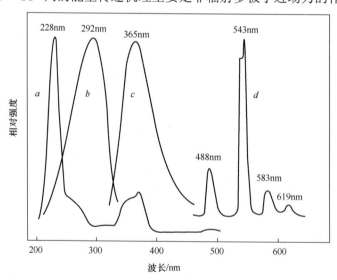

图 9.5 NaY:Ce 和 NaY:Tb 的激发光谱与发射光谱

a—Tb^{3+}激发光谱；b—Ce^{3+}激发光谱；c—Ce^{3+}发射光谱；d—Tb^{3+}发射光谱

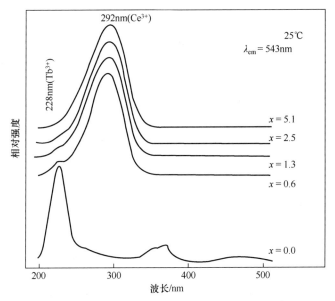

图 9.6　NaY:Tb$_{6.3-x}$Ce$_x$ 的激发光谱［监测波长 543nm（Tb^{3+}的发光）］

（A 的激发光谱中明显地包含 S 的吸收光谱）

表 9.1　不同质量分数比样品的荧光寿命

样　品	Tb^{3+}质量分数	Ce^{3+}质量分数	荧 光 寿 命	
			激发波长 266nm	激发波长 292nm
1	0.85%	3.4%		35.30ns
2	1.62%	3.4%		33.52ns　Ce^{3+} ^{2}D$_{3/2}$ 能级寿命延长
2	2.90%	3.4%		32.96ns
4	3.8%	0.80%	1.9ms	
5	3.8%	1.22%	2.2ms　Tb^{3+} ^{5}D$_4$ 能级寿命延长	
6	3.8%	1.67%	2.6ms	

注：S 的寿命缩短，A 的寿命增长。

9.2.5　同核离子间的能量传递

能量传递可以发生在两个同核离子间（激发能量迁移）。如果 S 离子间的能量传递效率很高，能量传递将一步接一步、连续不断地传递下去，发生能量迁移。当激发能到达一个非辐射损失格位（如消光杂质）时，系统发光效率将会降低，这种现象称为**浓度淬灭**。当 S 离子的浓度较低时，将不会发生这种淬灭。S 离子间的平均距离太大，会导致迁移受阻。图 9.7 给出了 Y$_2$O$_2$S:Pr 和 ZnS:Cu,Al 的阴极射线发光（CL）发光强度与激活剂浓度的关系。显然，高浓度时发光强度降低。

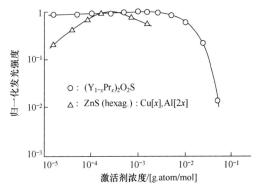

图 9.7　Y$_2$O$_2$S:Pr 和 ZnS:Cu, Al 的 CL 发光强度与激活剂浓度的关系

由于某些原因使发光材料发生非辐射跃迁，从而降低发光效率的现象叫作"淬灭"。淬灭的原因可以各不相同，常见的有温度淬灭、浓度淬灭和杂质淬灭等。

淬灭的物理机制包括合作上转换（Cooperative Upconversion）、交叉弛豫（Cross Relaxation）及能量转移（Energy Transfer）等。

发生淬灭时，当掺杂离子浓度高时，则称淬灭浓度高，反之，则称淬灭浓度低。在纳米材料中，一般来说往往希望淬灭浓度越高越好，这样能够允许我们研究掺杂浓度发光性能的关系；另外，发光效率也更高，因为不容易发生非辐射跃迁，可以避免能量的损失。

9.2.6 交叉弛豫

只有一部分激发能参与能量传递，则称为"交叉弛豫"，例如，
$$Tb^{3+}(^5D_3)+Tb^{3+}(^7D_6) \rightarrow Tb^{3+}(^5D_3)+Tb^{3+}(^7F_0)$$
$$Eu^{3+}(^5D_1)+Eu^{3+}(^7F_0) \rightarrow Eu^{3+}(^5D_0)+Tb^{3+}(^7F_3)$$
其结果是淬灭高能级的发射。图 9.8 给出了 Eu^{3+} 和 Tb^{3+} 的能级图。图 9.9 给出了 Tb^{3+} 的 I_3（$^5D_3$）和 I_4（$^5D_4$）发光强度与浓度的关系。可见，随着浓度的增大，其发光颜色由蓝白逐渐变为绿色。

交叉弛豫与多声子发射相比较：

（1）都能够淬灭高能级发射；

（2）多声子发射与晶格振动频率有关，与浓度无关；

（3）交叉弛豫取决于两中心间的作用，只有当发光中心浓度较高时，才发挥作用。

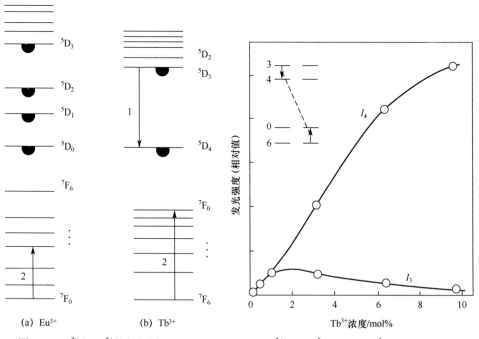

图 9.8 Eu^{3+} 和 Tb^{3+} 的能级图　　图 9.9 Tb^{3+} 的 I_3（$^5D_3$）和 I_4（$^5D_4$）发光强度与浓度的关系

1. 借助载流子的能量输运

在 Ⅱ-Ⅵ族、Ⅲ-Ⅴ族、Ⅳ-Ⅳ族的半导体、半绝缘体和光导体材料中,载流子运动是能量输运的主要机制,而在晶体中,电子和空穴的扩散与漂移又是载流子能量输运的主要方式。

晶体的本征能量吸收可借助空穴的迁移使杂质中心激发而发光。用对应于本征吸收的光激发发光材料时,可以使它们的杂质中心受激发而发光。这种杂质中心发光的能量来源就是通过空穴的扩散,即空穴通过扩散运动迁移到杂质中心,并将能量带给杂质中心而发光的,如图 9.10 所示。

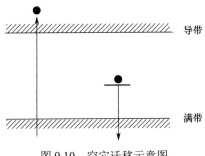

图 9.10　空穴迁移示意图

2. 淬灭剂的淬灭作用

使发光被削弱甚至完全消失的现象称为淬灭。淬灭可分为温度淬灭、淬灭剂淬灭和浓度淬灭这三类。一定类型杂质的掺入可引起淬灭,这类杂质叫作淬灭剂。发光体中的缺陷也可引起淬灭,和淬灭剂一起统称为淬灭中心,如:ZnS:Cu 中的 Ni(杂质含量比 10^{-5})就可造成发光效率的大幅度下降,此现象不能用共振传递来解释,因为淬灭是通过载流子的迁移完成的,使原来 Cu 中心上的空穴消失,Cu 中心失去了和导带电子复合发光的机会;在 Ni 中心上出现了一个空穴,使得它又具有了和其他离化的 Cu 中心一起竞争复合导带电子的能力;空穴的扩散长度可以很大;Ni 中心的复合过程往往是非辐射的。ZnS:Cu 中淬灭剂 Ni 的淬灭作用如图 9.11 所示。

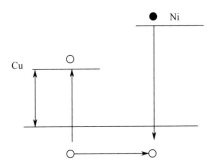

图 9.11　ZnS:Cu 中淬灭剂 Ni 的淬灭作用

3. 借助激子的能量输运

激子的运动结果是将激发能从晶体的一个地方输运到另一个地方。激子可以通过自身的电子和空穴复合发光,产生狭窄的谱线,也可以通过共振传递和再吸收等途径把携带的能量传递给杂质中心。束缚状态的激子可以通过能量传递给其他中心。图 9.12 给出了 Eu^{2+}

的发射能量及其来源于束缚激子的能量传递过程。

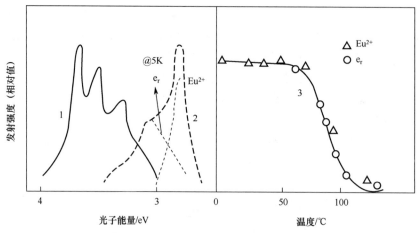

图 9.12　Eu^{2+}的发射能量及其来源于束缚激子的能量传递过程

思 考 题 9

1．通常，固态基质中能量传输的途径有哪些？

2．什么是能量传递和能量输运？有哪几种机制？

3．施主–受主对的发光特性及其原因是什么？

4．三价稀土离子在晶格占据的格位对称性对发光有什么影响？试举例说明。

5．发光材料中能量传输的途径有哪些？各有什么特点？

6．偶极子–偶极子共振能量传递速率与哪些因素有关？

7．如何判断共激活的激活剂离子间存在共振能量传递现象？

8．为什么通常激活剂的浓度不能太高？

9．什么是交叉弛豫？其与多声子发射有何异同？

10．为什么用阴极射线激发荧光粉存在"死区"？

11．为什么激发基质晶格也能够使发光中心发光？

12．试说明淬灭剂的淬灭机理。

参 考 文 献

[1]　固体发光编写组. 固体发光[M]. 合肥：中国科学技术大学出版社，1976.

[2]　Eiichiro Nakazawa, Shigeo Shionoya. Energy transfer between trivalent rareearth ions in inorganic solids. The Journal of Chemical Physics 47, 3211 (1967). DOI: 10.1063/1.1712377.

[3]　孙家跃，杜海燕，胡文祥. 固体发光材料[M]. 北京：化学工业出版社，2003.

第10章　光致发光

10.1　发光概念及内涵

在第 2 章已经提到了固体发光和发光的种类。当物质受到诸如光照、外加电场或电子束轰击等的激发后，吸收了外界能量，其电子处于激发状态，物质只要不因此而发生化学变化，在外界激发停止以后，处于激发状态的电子就总要跃迁回到基态。在这个过程中，一部分多余能量通过光或热的形式释放出来。以光的电磁波形式发射出来，即称为"发光现象"。

概括地说，发光就是物质内部以某种方式吸收能量以后，以热辐射以外的光辐射形式发射多余能量的过程。用光激发材料而产生的发光现象，称为"光致发光"，是指激发波长位于紫外光区到近红外区这个范围内的发光。

10.2　光致发光的主要特征及一般规律

10.2.1　吸收光谱

当光照射到发光材料上时，一部分被反射、散射，一部分被透射，剩下的被吸收。只有被吸收的这部分光才对发光起作用，但是也不是所有被吸收的光的各个波长都能起激发作用。研究哪些波长被吸收、吸收多少，显然是重要的。

发光材料对光的吸收与一般物质一样，都遵循以下的规律，即

$$I(\lambda) = I_0(\lambda)\mathrm{e}^{-k_\lambda x} \tag{10.1}$$

式中，$I_0(\lambda)$ 是波长为 λ 的光射到物质时的初始强度；$I(\lambda)$ 是光通过厚度 x 后的强度；k_λ 是吸收系数（不依赖于光强，但会随波长的变化而变化）。吸收光谱是指材料的 k_λ 随波长（或频率）的变化曲线。

发光材料的吸收光谱首先取决于基质，而激活剂和其他杂质也起一定的作用，它们可以产生吸收带或吸收线。有时，发光材料的吸收光谱可通过物质的透射光谱反映出来，如图 10.1 所示。

10.2.2　反射光谱

如果材料是一块单晶，经过适当的加工（如切割、抛光等），利用分光光度计并考虑反射的损失，就可以测得吸收光谱。但是多数实用的发光材料都是粉末状，是由微小的晶粒组成的，这给精确测量吸收光谱带来了很大的困难。在得不到单晶的情况下，通常只能通过材料的反射光谱来估计它们对光的吸收。所谓反射光谱，就是反射率 R_λ 随波长（或频率）的变化曲线。

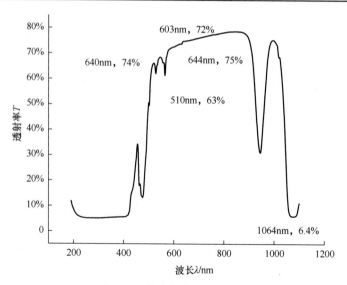

图 10.1 某种物质的透射光谱

反射率是指反射光的总量（如果是粉末，则主要指漫反射）和入射光的总量之比。当粉末层足够厚时，光在粉末中通过无数次折射和反射，最后不是被吸收，就是折回到入射的那一侧。这样就可以理解为什么反射率能够反映材料的吸收能力了。同时也可以知道，在这种多次折射与反射的情况下，吸收和反射的数量关系是很复杂的。只能说，如果材料对某个波长的吸收强，反射率就低；反之，反射率就高。但不能认为反射光谱就是吸收光谱。

10.2.3 激发光谱

在实际应用和研究工作中，还常常需要测量发光材料的激发光谱。激发光谱是指发光的某一谱线（或谱带）的强度随激发光波长（或频率）的变化曲线。由此可见，激发光谱反映不同波长的光激发材料的效果，其横轴代表所用的激发光波长，纵轴代表发光的强弱，可以用能量（或发光强度）表示。

因此，激发光谱表示对发光起作用的激发光的波长范围，而吸收光谱（或反射光谱）则只说明材料的吸收，至于吸收后是否发光，则不一定。把吸收光谱（或反射光谱）和激发光谱相互对比，就可判断哪些吸收对发光是有贡献的，哪些是不起作用的。

10.2.4 发射光谱

发射光谱（也称发光光谱）是指发光的能量按波长（或频率）的分布，通常实验测量的是发光的相对能量。在发射光谱中，横坐标为波长（或频率），纵坐标为发光强度。许多发光材料的发射光谱是连续的谱带，分布在很广的范围。图 10.2 所示为不同材料的发射光谱。

一般地，某些光谱的形状可用高斯函数表示（或拟合）

$$E_\nu = E_{\nu 0} \exp[-\alpha(\nu - \nu_0)^2] \tag{10.2}$$

式中，ν 是发射光的频率，E_ν、$E_{\nu 0}$ 分别是频率 ν、ν_0 处的发光能量密度相对能量，α 为正常数。图 10.3 给出了类似于高斯函数的光谱形状。

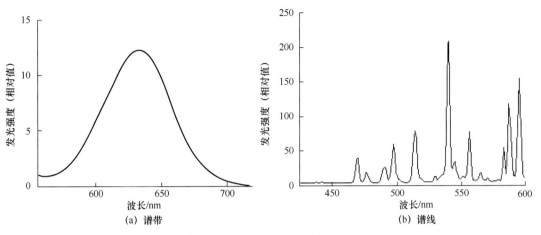

(a) 谱带　　　　　　　　　　(b) 谱线

图 10.2　谱带和谱线的发射光谱

　　发光中心的结构决定发光光谱的形式，因此，不同的发光谱带来源于不同的发光中心，所以具有不同的性能。例如，当温度升高时，一个会减弱，另一个则会相应地加强。在同一个谱带的范围内，则一般地都有同样的性能。因此，在研究各种发光特性时，应该注意把各个谱带分开。

　　此外，有些发光材料的发射谱带比较窄，并且在低温下（液氮或液氦温度下）显现出结构，即分解成许多谱线。还有一些材料在室温下的发射光谱就是谱线。以三价稀土离子为激

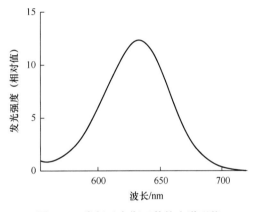

图 10.3　类似于高斯函数的光谱形状

活剂的材料为例：这种材料的三价稀土离子的发射光谱和自由的三价稀土离子的发射光谱非常相似［见图 10.2（b）］，因此可以确定各条谱线的来源，这对研究发光中心及其在晶格中的位置很有用处。

10.2.5　能量传递

　　发光材料吸收了激发光，就会在内部发生能量状态的转变：有些离子被激发到较高的能量状态，或者晶体内产生电子和空穴，等等。而电子和空穴一旦产生，就会任意运动。如此，激发状态将发生转移。即使只是离子被激发，不产生自由电子，处于激发态的离子也可以和附近的离子相互作用而将激发能量传出去。这就是说，原来被激发的离子回到基态，而附近的离子则转移到激发态。这样的过程可以继续下去，形成激发能量的传递（详见第 9 章）。

　　能量传递（Energy Transfer）简称传能，是分子通过碰撞进行的能量传递、转移或交换的现象。能量传递可发生在同一自由度或不同自由度之间，例如，仅发生平动–平动能量交换的碰撞为弹性碰撞。

在发生能量传递时，通常发生离子被激发到较高能量状态，或者晶体内产生电子和空穴的现象。

（1）离子被激发

处于激发态的离子可以和附近离子相互作用将激发能量传出去，则原来被激发的离子回到基态，而附近的离子则转移到激发态。这样的过程可以继续下去，形成激发能量的传递。

（2）晶体内产生电子和空穴

电子和空穴在晶体内任意运动，激发状态也就不会局限在一个地方，而将发生转移。

10.2.6 发光和淬灭

激发能量并不全部都要经过传递，能量传递也不会无限地延续下去。下面分两种情况来讨论。

（1）离子被激发的情况

激发的离子处于高能态，它们是不稳定的，随时可能回到基态。在回到基态的过程中如果发射光子，这就是发光，这个过程叫作发光跃迁（或辐射跃迁）。如果离子在回到基态时不发射光子，而将激发能散发为热（晶格振动），这就称为无辐射跃迁或淬灭。

激发的离子是发射光子还是发生无辐射跃迁，或者是将激发能量传递给别的离子，这几种过程都有一定的概率，取决于离子周围的情况（如近邻离子的种类、位置等因素）。

（2）晶体内产生电子和空穴的情况

由激发而产生的电子和空穴也是不稳定的，最终将会复合。不过在复合以前有可能经历复杂的过程，例如，它们可能分别被杂质离子或晶格缺陷所捕获，由于热振动而又可能获得自由，这样可以反复多次，最后才复合而放出能量。

一般而言，电子和空穴总是通过某种特定的中心而实现复合的。若复合后发射光子，这种中心就是发光中心（可以是组成基质的离子、离子团或有意掺入的激活剂）。有些复合中心将电子和空穴复合的能量转变为热而不发射光子，这种中心叫作"淬灭中心"。

发光和淬灭是在发光材料中互相独立、互相竞争的两种过程。淬灭占优势时，发光弱，效率也低；反之，发光强，效率也高。

10.2.7 斯托克斯定律和反斯托克斯发光

把一种材料的发射光谱和激发光谱进行比较就会发现，在绝大多数的情况下，发光谱带总位于相应的激发谱带的长波边，如图 10.4 所示。例如，发光在红区，激发光多半在蓝区；发光在可见光区，激发光多半在紫外光区。这是很早以前就已经知道的斯托克斯（Stokes）定律。也就是说，发光的光子能量必然小于激发光的光子能量。

如图 10.5 所示，假定系统吸收了一个光子，电子由基态跃迁到激发态，在 E_{12} 与周围环境相互作用，交出部分能量并转移到 E_{11}，损失了部分能量。

一般地，系统与周围环境取得热平衡后在振动能级上的分布大致与 $e^{-\Delta E/kT}$ 成正比，其中 ΔE 是较高振动能级与最低振动能级间的距离。系统与周围晶格的热平衡所需的时间远远短于电子在激发态上的寿命。由此可见，系统一旦被激发到高的振动能级，绝大多数就要趋向低振动能级。因此，发光光子能量必然小于激发光子能量。

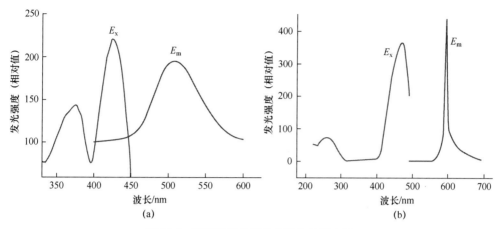

图 10.4　两种物质的激发光谱和发射光谱

但是也存在这样的概率（尽管很小），即中心从周围环境获得能量，从 E_{12} 转移到 E_{13}、E_{14}，然后跃迁到 E_{01}，则发光光子能量就大于激发光子能量，这种发光称为反斯托克斯（Anti-Stokes）发光。

反斯托克斯发光是由于从晶格振动取得能量，或通过多光子吸收而产生的。如图 10.6 所示，在反斯托克斯发光中，两个或多个光子"合成"一个大光子，过程多种多样。

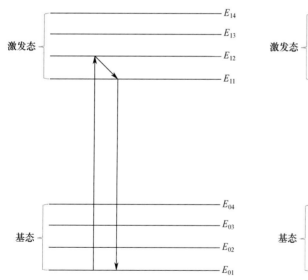

图 10.5　发光中心的能级结构示意图

（E_{01}, E_{02}, E_{03},…代表基态时的不同振动能级；

E_{11}, E_{12}, E_{13},…代表激发态时的不同振动能级）

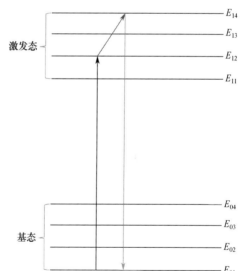

图 10.6　某物质的激发过程和发射过程

10.2.8　发光效率

发光材料的发光效率通常有三种表示法：量子效率 η_q、功率效率（能量效率）η_p 和光度效率（流明效率）η_l。

（1）量子效率 η_q

量子效率 η_q 定义如下

$$\eta_q = \frac{N_f}{N_x} \tag{10.3}$$

式中，N_f 为发射光的光子数，N_x 为入射光的光子数。在发光过程中，一般来说总有能量损失，激发光的光子能量通常大于发射光的光子能量。当激发光波长比发射光波长短得多时，这种能量损失（斯托克斯损失）就很大。例如，日光灯中激发光波长为 253.7nm（汞线），发光的平均波长可以算作 550nm，因此，即使量子效率为 1（或 100%），斯托克斯能量损失也有 1/2 以上。所以量子效率反映不出能量的损失，这也是要引入功率效率的原因。

（2）功率效率（能量效率）η_p

功率效率也称为能量效率，是指发射光的光功率 P_f 与被吸收的光功率 P_x（或激发时输入的电功率）之比，其定义如下

$$\eta_p = \frac{P_f}{P_x} \tag{10.4}$$

发光器件总要作用于人眼。人眼只能感觉到可见光，且在可见光范围内对不同波长光的敏感程度差别极大。比如，人眼对 555nm 波长的绿光最敏感，随波长的变化，其相对视感度通常用视见函数 $\varphi(\lambda)$ 表示，如图 10.7 所示。

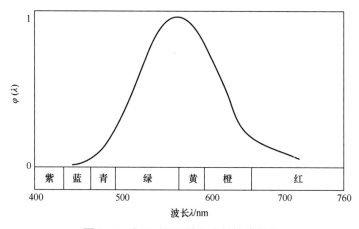

图 10.7　人眼对不同波长光的敏感程度

功率效率很高的发光器件发出的光，人眼看起来不见得很亮。所以，在用人眼衡量发光器件的功能时，可引入流明效率。

（3）流明效率 η_l

发射的光通量 L（以流明为单位）与激发时输入的电功率（或被吸收的其他形式的功率）之比，定义为流明效率 η_l，即

$$\eta_l = \frac{L}{P_x} \tag{10.5}$$

对于光致发光来说，如果激发光是单色或接近单色的，波长为 λ_x，发射光也是单色或接近单色的，波长为 λ_f，则量子效率与功率效率有如下关系

$$\eta_{q} = \eta_{p} \cdot \frac{\lambda_{f}}{\lambda_{x}} \tag{10.6}$$

10.2.9 发光的衰减

发光徽章一般会持续发光几小时，即便日光灯关闭，发光也会持续一定时间。发光与其他光发射现象的根本区别在于持续时间，这一持续时间来自电子在各种高能量状态的寿命。

假定发光材料中某种离子被激发，没有能量传递发生，激发到高能态的电子终究要回到基态。如果在某一时刻 t 共有 n 个电子处在某一激发能级，在 dt 时间内跃迁到基态的电子数目 dn 应该正比于 ndt，即

$$dn = -\alpha n dt \tag{10.7}$$

式中，比例常数 α 表示电子跃迁到基态的概率。

分离变量

$$\frac{dn}{n} = -\alpha dt \Rightarrow \int_{n_0}^{n} \frac{dn}{n} = -\alpha \int_{0}^{t} dt \Rightarrow \ln n \Big|_{n_0}^{n} = -\alpha t \Big|_{0}^{t}$$

$$\Rightarrow \ln n - \ln n_0 = -\alpha t \Rightarrow \ln \frac{n}{n_0} = -\alpha t \Rightarrow n = n_0 \cdot e^{-\alpha t}$$

由此可以得到

$$n = n_0 \cdot e^{-\alpha t} \tag{10.8}$$

式中，n_0 是初始时刻（$t=0$）被激发的电子数。

可以证明：电子在激发态的平均寿命就是 $\tau = 1/\alpha$。同理，发光强度 I 应该正比于电子跃迁回基态的速率，即

$$I \propto dn/dt \tag{10.9}$$

由式（10.8）直接可得

$$I = I_0 e^{-\alpha t}$$

即发光以指数形式衰减。在时间 τ 后，发光强度为初始强度的 $1/e$。τ 称为衰减常数，发光材料的 τ 值，短可至毫微秒数量级，长可达几秒、几十秒甚至更长。在实验中测出不同时间的发光强度，在单对数坐标上作图，可以得到一条直线，其斜率就是 α，从而可以得到 τ 值。很多长余辉材料的衰减都遵循双曲线式规律。

10.2.10 热致释光与红外释光

对于指数式的衰减，衰减常数 τ 常常不随温度而变。而对于双曲线式衰减，温度对之有很大影响，在温度降低到一定程度时，激发停止后的发光会很快地完全停止。当温度升高时，发光又逐渐加强，这种现象称为加热发光或热致释光，有时简称为热释光。值得注意的是：加热发光不是用热来激发发光，而是用热来释放光能，这意味着发光材料能够存储激发能。在温度升高以后，将存储的光能逐渐释放出来。加热发光现象与发光材料中的电子陷阱相联系，因此，利用热发光可以了解晶体中定域能级的情况。

在一定温度以上激发后，随着温度的上升，样品在不同温度出现热释光峰。可证明，余辉越长的材料，热释光峰的温度越高。有的材料甚至在室温衰减完后，加热到高温还有热释光峰，例如，SrS:Ce, Sm 的最大热释光峰在 150℃ 左右；而 SrS:Eu, Sm 则高达 370℃。

这两种材料存储的激发能可通过红外光照射而释放出来，因此，它们被叫作红外释光材料，曾被用来探测红外光。它们和上转换材料的区别是：红外光只能释放它们本来存储着的能量而不能直接激发这种发光体。而这种发光体保存激发能的能力是惊人的，在激发以后，在室温下的黑房间里保存一年甚至更长的时间，再用红外光照射或加热尚能发光。

像 SrS:Ce, Sm 这类具有高温热释光峰的发光材料有很多，其中 LiF、$Li_2B_4O_7$:Mn、CaF_2:Mn 和 $CaSO_4$:Mn 等可以用来作为射线的剂量计，这在以后将会详细讲到。有些古代物体被深埋地下，受到放射性射线的照射，也能将辐射能量保存起来，利用加热发光可以推断出埋藏的年代，这也是加热发光的一种应用。

10.3　多孔硅发光

硅和砷化镓的电子结构不同，前者属于间接带隙半导体，电子在价带和导带间的跃迁需要伴随声子的吸收或发射；而砷化镓属于直接带隙半导体，电子可以直接在价带和导带间跃迁。正是由于这个原因，砷化镓的发光效率远大于硅的发光效率。

多孔硅（Porous Si，PS）是在单晶硅表面上制成的厚度为 $1\sim10\mu m$ 的薄膜，其中含有百分之几十的孔隙，孔隙的横向直径很小，其量级为 10nm，而高度可达微米量级。多孔硅在室温下具有很强的光致发光和电致发光效应。在多孔硅上沉积半透明全膜后，当正向偏压为 15V、电流密度为 $100mA/cm^2$ 时，可观察到稳定的电致可见光发射现象。伏安曲线的测量表明它有明显的类似于二极管的整流特性。

多孔硅发光的波长与硅柱的直径有关，当发光波长进入绿光范围时，硅柱已很细，极易坍塌，使更细的量子线结构很难实现。

过去的研究认为，硅单晶的能隙很窄而且是间接能级，导致硅的发光局限于红外波段范围，而且发光效率低、响应慢。然而，当用缓慢的 HF 酸电化学过程产生一个自由竖立的硅柱阵列时，硅柱的宽度处于纳米量级。用氩离子激光产生的 488nm 或 514.5nm 波长的激光激发，可使多孔硅在室温下发红光。多孔硅的发光性能与这种多孔硅结构的孔隙率密切相关。

与单晶硅的褐黑色外观不同，多孔硅的另一种奇特的光学性质是在可见光区出现强烈的荧光，甚至当微瓦级蓝色或绿色激光照射时，在室温下就可用肉眼觉察荧光的发光强度。

如果能用硅来制作发光二极管，将会产生很大的突破，它对光电子存储系统及显示系统都有重大意义。一个有效的电泵浦的新设计方案可能会使发光二极管工艺的成本大大降低，但要制造一个实用的光电子系统，不仅可以用激光激发的方法，也可用电流注入的方法。

多孔硅是通过一定的方法（如可以用电化学的阳极反应）形成一种孔状结构的硅基纳米材料，硅基纳米材料的研究是实现光电集成的关键，多孔硅的发光研究为硅基发光研究开辟了新的研究与应用领域。

10.3.1　多孔硅的制备

多孔硅的形成方法有很多，包括对硅片的电化学刻蚀、水热腐蚀、化学染色腐蚀、火花腐蚀、光刻等。下面以电化学法为例进行简单介绍，图 10.8 给出了多孔硅形成过程及机理示意图，用电化学的阳极反应在 HF 酸溶液中进一步腐蚀数小时后，就会形成树枝等形状的多孔硅。

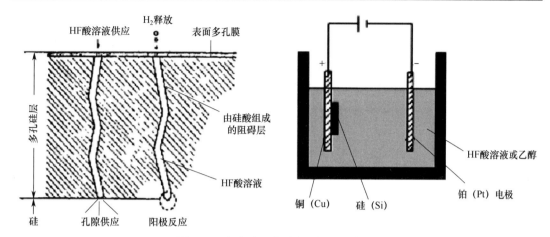

图 10.8　多孔硅形成过程及机理示意图

至于为什么腐蚀过程是这样进行的，为什么可以形成这种特殊形态的 Si 结构（树枝状），有以下几种模型可以解释：Beale 耗尽模型、扩散限制模型、量子限制模型等。用各种模型解释起来都比较复杂，在此不做详细介绍。图 10.9 给出了理想的多孔硅截面示意图。

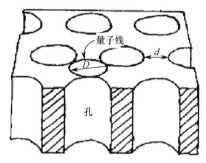

图 10.9　理想的多孔硅截面示意图

10.3.2　多孔硅的光致发光

1990 年，Canham L T 首先发现多孔硅在室温下可以产生很强的光致可见光[1]。如图 10.10 所示，当用氩离子激光器发出的绿光照射多孔硅表面时，就会观察到有红光发出。一般情况下，可发可见光的多孔硅的孔隙率大于 80%。鲍希茂等人认为，多孔硅是由许多小颗粒组成的，颗粒的内核是有序的，外面覆盖一个无序壳层，这些颗粒在空间堆成无规则的珊瑚状，有序晶核的排列保持原来单晶的晶向。

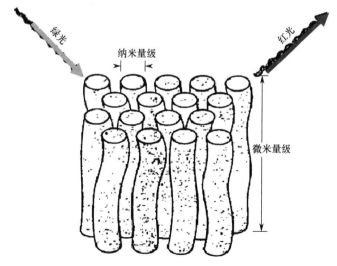

图 10.10　氩离子激光器激发多孔硅表面，使其发射红光

在实验过程中，发现多孔硅有如下实验现象。

① 随着多孔硅孔隙率的提高，多孔硅的密度降低，谱线蓝移，发光强度增大，如图 10.11 所示。实验发现，多孔硅的发光特性与其孔隙率的关系如表 10.1 所示。图 10.12 所示为理想的（100）Si 圆孔和方孔的多孔硅的孔隙率与对应的表面示意图。

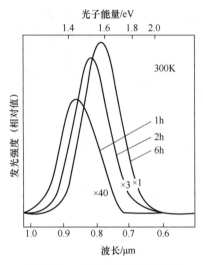

图 10.11　多孔硅的室温发光谱

表 10.1　多孔硅的发光特性与其孔隙率的关系

孔　隙　率	发　光　特　性	孔　隙　率	发　光　特　性
小于 60%	无荧光发射	70%～80%	进入可见光区
约 60%	近红外区	大于 80%	橙光段

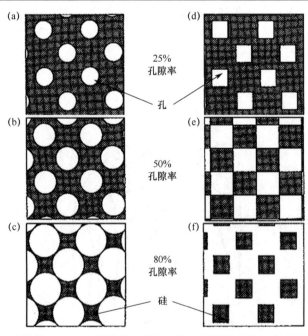

图 10.12　理想的（100）Si 圆孔和方孔的多孔硅的孔隙率与对应的表面示意图

② 发光特性与衬底的导电类型、电阻率等因素有关。根据掺杂元素种类的不同，半导体可分为 n 型和 p 型半导体。n 型硅在 LED 正面光照的条件下，利用电化学刻蚀的方法可制备得到具有荧光特性的多孔硅。光照的原因在于电化学刻蚀多孔硅需要大量的空穴参与，而 n 型硅中的空穴为少数载流子。这种方法制得的多孔硅表面含有大量的纳米级微晶结构，在蓝光激发下可发出橙红色荧光（波长为 630～650nm）。另外，p 型多孔硅的电化学刻蚀无须光照，新制得的多孔硅无荧光特性，需要利用弱氧化剂进行荧光活化处理。图 10.13 给出了相同厚度（40μm）p 型和 n 型多孔硅的辐射波长与荧光强度的关系。可见，p 型多孔硅的发光峰值比 n 型多孔硅的发光峰值更"红移"。

③ 充分氧化后多孔硅的光致发光会出现汇聚效应。如图 10.14 所示，随着热氧化时间的推移，多孔硅光致发光的发光峰能量越来越集中，出现所谓的汇聚效应。

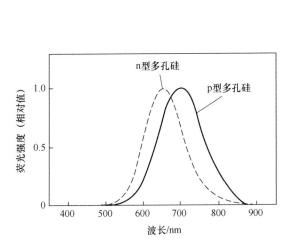

图 10.13　相同厚度（40μm）p 型和 n 型
多孔硅的辐射波长与荧光强度的关系

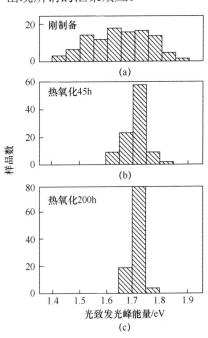

图 10.14　充分氧化后多孔硅常见
红黄光区光致发光的汇聚效应

④ 荧光的退化与恢复。多孔硅的荧光在空气或氧气中不仅有蓝移现象，它的发光强度也往往随着时间的推移而变化。一般光强随着时间的推移而减弱，甚至淬灭；如果加温或有光照，这个退化过程会进行得更快。但是退化了的多孔硅经 HF 酸腐蚀，往往可以恢复部分发光强度；在氮气中进行处理后，也可以在一定程度上恢复荧光发射。

⑤ 多孔硅荧光瞬态特性。多孔硅荧光瞬态衰减过程不是一个简单的指数过程。文献报道多孔硅红光的瞬态时间常数处于 10～100μs 量级，而蓝光的瞬态时间常数处于 1～10ns 量级，相差 3～5 个量级。

表 10.2 给出了多孔硅的发光频谱，可产生 4 个发光带：UV 带、F 带、S 带和 IR 带。在 4 种发光带中，最重要的是 S 带（Slow Band，它的衰变时间慢），因为这种光可以通过电激发产生。

表 10.2　多孔硅的发光频谱

光 谱 范 围	峰值波长/nm	发 光 带	光 致 发 光	阴 极 发 光	电 致 发 光
UV	约 350	UV 带	有	有	无
蓝～绿	约 470	F 带	有	有	无
蓝～红	400～800	S 带	有	有	有
近红外	1100～1500	IR 带	有	无	无

10.3.3　多孔硅的光致发光机理

对于多孔硅发光有很多模型可做解释，比较被认可的模型有：量子尺寸模型、量子限制模型、硅本征表面态模型和量子限制发光中心模型，下面介绍其中主要的两种。

（1）量子尺寸模型

Canham L T 提出，采用电化学腐蚀法制备的多孔硅是由密集的、具有纳米量级线度和微米量级尺寸的硅丝构成的，形成了所谓的"量子线"。当孔隙率达 80%以上时，硅丝之间是自由竖立的。

多孔硅的发光被认为是约束在这些量子线上激子的辐射复合。与体材料相比，一维的量子线的量子尺寸效应导致能隙变大，这也是导致激子结合能增大的一个重要原因。

显然，在一维量子线上，载流子及激子等元激发受周围环境的电屏蔽作用要弱得多，也就是说，介电常数 ε 要小得多，这会导致激子的结合能增大，由此可以解释多孔硅发射可见光所表现出的宽能隙效应。

可见，量子线越细，能隙越大，ε 越小，则结合能越大，这将导致室温下及更高温度下可观察到发光及发光峰波长"蓝移"。

（2）量子限制发光中心模型

1993 年，秦国刚认为实际研究的多孔硅大部分为氧化程度不同的氧化多孔硅，因此提出量子限制发光中心模型[2]。光激发主要发生在纳米硅中，而光发射则主要发生在氧化硅中的发光中心（杂质和缺陷）上及纳米硅中光激发的电子和空穴通过量子隧穿进入硅界面的发光中心上。

1993 年，Prokes S M 论证了多孔硅发光来自氧化硅中的氧空穴[3]；1994 年，Canham L T 坚持认为纳米硅与 750nm 波长的红外光的来源密切相关，也承认氧化硅的发光性质在解释多孔硅许多波长较短的发光带时起关键作用[4]。Pavesi L 根据他们的实验结果强调，光激发发生在纳米硅中，而光发射来自纳米硅-氧化硅界面态[5]。

如图 10.15 所示，氧化多孔硅光致发光可分成三个过程：（a）纳米硅内光激发，氧化硅和纳米硅-氧化硅界面发光中心光发射；（b）纳米硅内光激发，纳米硅内光发射；（c）氧化硅内光激发，氧化硅内发光中心光发射。

多年来，人们一直在克服硅材料的发光效率低问题，试图寻找一种新的能实现在同一块硅片上同时集成电子器件及发光器件的材料，多孔硅本身也是一种硅材料，而且它与硅芯片之间可以兼容，有望达到在同一块硅片上集成电子器件及发光器件的目的。近年来各国学者做了不懈的努力，多孔硅发光器件已取得显著的进展，硅发光器件的寿命不但得到明显的延长，响应速度也有很大的提高，随着多孔硅的发展，新的硅芯片可望将硅技术的应用完全从电子领域发展到光电子领域。

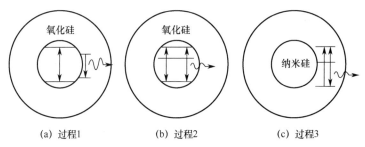

(a) 过程1　　　　　　(b) 过程2　　　　　　(c) 过程3

图 10.15　氧化多孔硅光致发光的三个过程

10.3.4　多孔硅的电致发光

国外最早关于多孔硅的电致发光的报道是 Halimaoui A[3]和 Koshida N[4]于 1991 年底在美国举行的材料学的秋季会议上提出的。国内对多孔硅的电致发光的研究始于复旦大学应用表面物理国家重点实验室的张甫龙等人[5]。他们在制备了多孔硅并观测了它们的光致发光之后，又将样品在热沸硝酸中氧化 3～5min，背面是铝的多孔硅，表面淀积 20nm 的金膜，当给样品加 15V 的偏压使电流密度达到 $100mA/cm^2$ 时，在暗室里肉眼观测到了明显的光致发光，颜色为橙红色。Au/PS/P-Si/Au 在 0～10V 范围内的电流量是饱和的，在正向偏压 0～5V 内，电流随电压的变化很小，在电压超过 5V 后，电流随电压的升高而迅速增大，有明显的二极管整流特性。

至于电致发光的机理，Koshida N[4]认为是一种从金膜电极和 P-Si 衬底向多孔硅中分别注入电子和空穴的过程，电子和空穴在多孔硅内复合并产生了可见光发射。从多孔硅样品的PL 谱（光致发光光谱）和 EL 谱（电致发光光谱）的比较来看，经硝酸处理的多孔硅的 EL 的效率要低于前者，主要可解释为处理后表面非辐射复合中心数目增大，所以发光效率下降。有经验表明，对多种金属（或导电膜）/多孔硅/Al 结构加偏压，在暗室里也会出现发白光现象。发光有时呈不稳定的闪烁，这种发光不是来自多孔硅的。当多孔硅层在光照下和加电压下所发射的光谱分布基本一致时，才能认为是一种多孔硅的电致发光。

10.3.5　多孔硅的应用与展望

多孔硅——这种近几年来颇受重视的新材料正在因它的形成设备简单、价格便宜、具有单晶硅不可比拟的优越性而迅速地发展起来，应用也越来越广泛。

（1）多孔硅是湿敏元件的理想材料和优质的绝缘材料

多孔硅是由腐蚀单晶硅形成的纳米尺度的硅柱经线阵质量移动而得到的，所以在各硅柱之间存在着大量的孔隙，使硅柱表面能大量接触空气。由于硅柱表面处于耗尽状态，因此表面层的电阻明显增大。当空气湿度增大时，硅柱表面出现水分子吸附，是极强的电介质。在氢原子附近具有非常强的正电场，对水分子有较大的亲和力。当水分子在 P 型多孔硅中的附着量增大时，在价带顶部会形成附加的受主表面态，可接收来自价带顶部的电子，形成表面的负的空间电荷的积累，并且表面能带向上弯曲，为平衡束缚在表面的负的空间电荷，将在近表面的价带中出现空穴积累，其结果是导致多孔硅层内的载流子浓度明显增大，多孔硅层的电阻率降低。由于在不同环境下由多孔硅的电特性可测出环境的湿度，因此一致认为多孔硅是湿敏元件的理想材料，但要注意解决定标问题。

在集成电路的早期发展阶段，作为器件隔离方法，人们在绝缘体（如蓝宝石衬底）上生长硅单晶形成绝缘衬底上的硅（Silicon-On-Insulator，SOI）结构，后来生长成为 SIS（Si/绝缘体/Si）结构。这些是实现三维集成的关键步骤。由于多孔硅高度绝缘，在低温下极易氧化，因此人们用单晶硅片阳极氧化形成一层多孔硅，再在多孔硅衬底上外延硅单晶膜，再用选择性腐蚀方法开窗口，通过窗口对外延层下面的多孔硅进行侧向氧化形成 SOI 结构。由于这种 SOI 结构用大面积硅单晶膜构成，因此不存在晶粒间界，其外延膜特性也优于用其他方法制造的 SOI 结构，并且分子束外延（Molecular Beam Epitaxy，MBE）技术比较适用于三维集成技术[6]。

（2）多孔硅基发光二极管

多孔硅的电致发光是制备多孔硅基光电器件的关键，多孔硅基发光二极管就是在此基础上制备成功的。

（3）多孔硅基光探测器

多孔硅基光探测器[7]在某些光区有非常高的灵敏度。多孔硅表面能有效俘获光子，表面复合很低，与同类器件相比，多孔硅基光探测器的噪声等效功率较大，这一点可通过优化工艺来解决。

10.4 延迟荧光

10.4.1 有机材料的荧光与磷光

在有机电致发光中，电激发可产生两种激子：三线态激子和单线态激子，二者的比例为 3：1，如图 10.16 所示，图中 ISC 为隙间窜越，RISC 为反向隙间窜越。单线态激子跃迁产生荧光，三线态激子跃迁产生磷光。对于大部分有机材料，三线态激子的辐射跃迁是禁阻的，只能产生单线态激子的发光，因而内量子效率在理论上最高只能达到 25%。而在磷光材料中，由于存在金属原子，打破了自旋跃迁的禁阻，可以同时利用三线态激子和单线态激子的发光，内量子效率在理论上可以达到 100%。磷光材料 OLED（Organic Light-Emitting Diode，有机发光二极管）的内量子效率已经接近 100%；与此相对，尽管荧光材料已经取得了很高的稳定性，但它们的内量子效率的极限值仅为 25%。

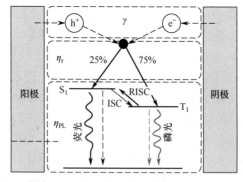

图 10.16 荧光和磷光发射过程的图解

10.4.2　延迟发光概述

1. 延迟发光

磷光材料的缺点如下：①在至今已发现的高效率磷光材料中，要用到稀有金属铱（Ir）、铂（Pt）的复合物，材料昂贵；②蓝光磷光材料的发光寿命短，几乎没有可实用的材料。磷光材料和荧光材料各有其优缺点，在近年的研究中，有人提出了新的发射机制：延迟发光，如图 10.17 所示。有些发光材料被发现拥有超过其理论极限 25%甚至接近磷光材料的100%的量子效率。

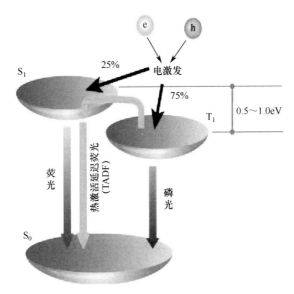

图 10.17　延迟荧光发射过程的图解

延迟荧光源于从第一激发三重态（T_1）通过上转换重新生成第一激发单重态（S_1）的辐射跃迁。上转换的转换机制有两种：①三重态-三重态淬灭（TTA）过程；②热激活延迟荧光（TADF）过程。

TTA 过程虽在磷光材料 OLED 中是不利的，但在荧光材料中由 TTA 过程产生的单重态激子能够提高其电致发光（EL）效率。基于这种上转换机制，额外的单重态激子能够将材料的效率提高 15%～37.5%，于是，荧光材料的量子效率的理论上限可提高至40%～62.5%。

TADF 过程如图 10.17 中的浅灰色箭头所示，热量能提高从 T_1 到 S_1 的反向 ISC 过程，因此促进了延迟荧光的增强。因此，当 TADF 材料应用于 OLED 时，通过加热器件可增强反向 ISC，使荧光材料的量子效率极限提升至 100%。日本九州大学的 OPERA 实验室的 Adachi 等人在最近的几篇文章中系统地研究分析了高效 TADF 材料的制备原则并报道了高效 TADF 发光材料，如图 10.18 所示，其中 CDCB 系列材料的量子效率达到 83%±2%，蓝光材料的量子效率也提高至 47%，与磷光材料相当。

能获得高效 TADF 的条件是三线态（T_1）和单线态（S_1）的能量差 ΔE_{st} 在 0.1eV 以下（一般荧光材料的 ΔE_{st} 在 1eV 以上），并且分子形状不容易改变。而要降低 ΔE_{st}，则需尽量减少分子轨道中 HOMO 和 LUMO 电子云的重叠，这一点可以通过改变分子设计来控制。OPERA 研究团队制备了具备天蓝色、绿色、黄绿色、黄色和橙色等发光色的多种 CDCB 系列材料，还制作了采用这些 CDCB 系列材料的有机 EL 面板，黄色发光材料在光激发时的发光效率只有 26%±1%，但绿色和黄绿色发光材料的发光效率为 74%～104%，天蓝色和橙色发光材料的发光效率约为 47%。通过设计分子的形态，最终 CDCB 系列材料已经充分减小了 HOMO 与 LUMO 能级轨道的重叠，最终获得的 ΔE_{st} 降低至 80meV。

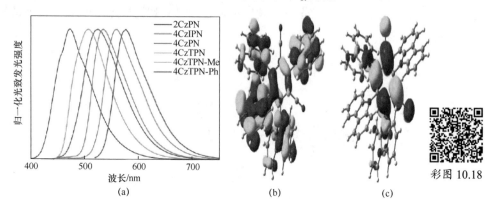

图 10.18　CDCB 系列材料的 PL 光谱及 CDCB 材料中的 4CzIPN

2. 延迟荧光

单重态的寿命一般为 10^{-8} s，最长可达 10^{-6}s，但有时可以观察到单重态的寿命长达 10^{-3} s，这种长寿命的荧光被称为延迟荧光（Delayed Fluorescence）。

延迟荧光也被称为缓发荧光，它来源于从第一激发三重态（T_1）重新发生的 S_1 态的辐射跃迁

$$S_1 \rightarrow T_1 \rightarrow S_1 \rightarrow S_0 + h\nu_f \qquad (10.10)$$

由于经过了上述过程，因此延迟荧光的寿命与三重态的寿命（约 10^{-3}s）匹配，而远大于寻常的辐射寿命。

3. 产生延迟荧光的机理

根据过程，产生延迟荧光的机理可包括：①热活化延迟发光；②三重态–三重态的湮灭延迟荧光；③敏化延迟荧光。

（1）热活化延迟荧光

热活化延迟荧光的产生原因是：当第一激发单重态 S_1 与第一激发三重态 T_1 之间的能差较小时，在高温体系中 T_1 态可以从环境中获取一定的能量后又达到能量更高的 S_1 态（化合物的激发态属于 $\pi \rightarrow \pi^*$）跃迁时，能差通常小于 10kcal/mol，新产生的 S_1 态仍将以原有的量子效率发射荧光，这就是"热活化延迟荧光"。热活化延迟荧光也被称为"E 型延迟荧光"，这是因为这种现象是从四溴荧光素（Eosin）上观察到的。

（2）湮灭延迟荧光

当一个化合物的激发态的电子组态属于（π, π^*）态时，S_1 态与 T_1 态之间相互作用重新生成 S_1 态，然后生成荧光

$$S_1 \rightarrow T_1 + T_1 \rightarrow S_1 + S_0 \rightarrow S_0 + S_0 + h\nu_f \qquad (10.11)$$

这种现象最先从芘（Pyrene）、菲（Phenanthrence）的溶液中观察到，故也叫"P 型延迟荧光"。

湮灭延迟荧光过程为

$$\text{吸收，光强 } I_0 \qquad A(S_0) + h\nu \xrightarrow{\ I_0\ } A^*(S_1) \tag{10.12}$$

$$\text{正常荧光} \qquad A^*(S_1) \xrightarrow{\ k_f\ } A(S_0) + h\nu' \tag{10.13}$$

$$\text{系间窜越} \qquad A^*(S_1) \xrightarrow{\ k_{ISC}\ } A^*(T_1) \tag{10.14}$$

$$\text{磷 光} \qquad A^*(T_1) \xrightarrow{\ k_P\ } A(S_0) + h\nu'' \tag{10.15}$$

$$\text{能池作用} \qquad A^*(T_1) + A^*(T_1) \xrightarrow{\ k\ } A^*(S_1) + A^*(S_0) \tag{10.16}$$

$$\text{延迟荧光} \qquad A^*(S_1) \xrightarrow{\ k_f'\ } A(S_0) + h\nu' \tag{10.17}$$

（3）敏化延迟荧光

关于敏化延迟荧光有两种现象：①浓度为 $10^{-3}\,\text{mol/dm}^3$ 的菲溶液中加入 $10^{-7}\,\text{mol/dm}^3$ 的蒽后观察到由蒽产生的延迟荧光，而蒽在如此低的浓度下，有三重态–三重态湮灭形成；②蒽萘混合体系的溶液可以产生较强的延迟荧光，而纯萘的溶液即使有很高的浓度，也不能观察到它的延迟荧光。

① 敏化延迟荧光的作用过程为

$$\text{菲吸收} \qquad P(S_0) + h\nu \rightarrow P^*(S_1) \tag{10.18}$$

$$\text{菲的系间窜越} \qquad P^*(S_1) \rightarrow P^*(T_1) \tag{10.19}$$

$$\text{菲（}T_1\text{）对蒽的敏化} \qquad P^*(T_1) + A(S_0) \rightarrow P(S_0) + A^*(S_0) \tag{10.20}$$

$$\text{能池作用} \qquad A^*(T_1) + A^*(T_1) \rightarrow A^*(S_1) + A(S_0) \tag{10.21}$$

$$\text{能池作用} \qquad A^*(T_1) + P^*(T_1) \rightarrow A^*(S_1) + P(S_0) \tag{10.22}$$

$$\text{延迟荧光} \qquad A^*(S_1) \rightarrow A(S_0) + h\nu \tag{10.23}$$

② 敏化延迟荧光的机理图解如图 10.19 所示。

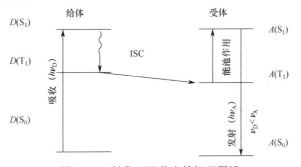

图 10.19　敏化延迟荧光的机理图解

10.4.3　激基缔合物和激基复合物发光

一个激发态分子以确定的化学计量与同种或不同种的基态分子因电荷转移相互作用而形成的激发态碰撞络合物分别称为激基缔合物（Excimer）和激基复合物（Exciplex）。

激基复合物也被称为激基络合物，二元激基缔合物和激基复合物可分别表示为$[AA]^*$和$[AB]^*$。它们不仅是重要的光物理现象，也会影响其他物理过程，还是许多光化学反应的中间体，对反应的发生、反应机理和产物结构的研究等都有重要的意义。

（1）激基缔合物和激基复合物的性质

① 激基缔合物或激基复合物形成时，其发射光谱将展现出一个新的、强而宽的、长波、无结构发射峰。

② 激基缔合物的极性较弱，其发射光谱对溶剂的依赖性也较低；激基复合物的极性较强，其发射光谱对溶剂的依赖性也较高。

③ 这种络合物的短寿命和不确定的振动特性导致其发射光谱没有振动结构，同时较单个激发态分子更稳定（能量更低），故其发射峰总是在波长更大的位置。

（2）形成激基缔合物或激基复合物的条件

① 分子具有平面性，相互间距离达到约 3.5×10^{-10}m。

② 在溶液中分子有足够的浓度。

③ 分子间的相互作用是相互吸引。

芘/蒽的发射光谱（虚线）与其激基缔合物/激基复合物的发射光谱（实线）如图 10.20 所示。

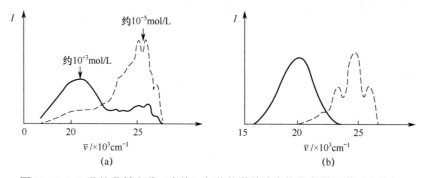

图 10.20 （a）芘的发射光谱（虚线）与芘的激基缔合物的发射光谱（实线）；

（b）蒽的发射光谱（虚线）与蒽和二乙基氨基苯所形成的激基复合物的发射光谱（实线）

（3）激基缔合物或激基复合物的形式

① 可以是二元络合物，也可以是一个激发态分子与两个基态分子生成的三元激基缔合物或激基复合物。

② 可以是同一个分子，也可以是生成的分子内激基缔合物或激基复合物。其中，当分子内激基缔合物或激基复合物分子表示为 $A(CH_2)_nX$ 时，$n=3$ 对这种电荷转移络合物的形成最为有利。

1,1'-丙撑联萘的分子内激基缔合物的发射光谱如图 10.21 所示。

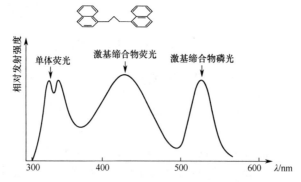

图 10.21 1,1'-丙撑联萘的分子内激基缔合物的发射光谱

10.5　聚集诱导发光

10.5.1　聚集诱导发光概述

大约半个世纪前，Foster 和 Kasper 发现化合物芘的荧光会随着溶液浓度的增大而减弱，化合物在浓度较高时荧光很弱或淬灭，这种现象在芳香性化合物及其衍生物中十分常见，人们称之为"浓度淬灭"。这种浓度导致荧光淬灭的过程被证实为"聚集诱导荧光淬灭"（Aggregation-Caused Quenching，ACQ），造成这一现象的原因是分子间电子振动的相互作用导致了非辐射能量转换，平面共轭荧光生色团之间的作用变强，形成了激基缔合物。通常认为 ACQ 效应是不利于实际运用的，例如，当把荧光物质做成固体薄膜制造高效有机发光二极管时，ACQ 效应会大幅影响其发光效率；当将其应用于生物成像和检测时，会大幅影响其分辨率和灵敏度等。很多科研组织都做了大量工作来减小 ACQ 效应带来的不利影响，但是结果并不理想，因为荧光分子在高浓度的溶液中或者固态时有聚集的内在趋势。2001 年，唐本忠院士研究组发现了一类物质（HPS）在溶液中的发光很弱，但在聚集或固态时的发光强度明显增大，并提出了聚集诱导发光（Aggregation-Induced Emission，AIE）这一概念[8]。AIE 材料的提出和发现为解决荧光淬灭的问题带来了曙光，成为攻克 ACQ 难题的研究方向。

10.5.2　聚集诱导发光效应的机理研究

AIE 效应与聚集诱导荧光淬灭是两种完全相反的现象。为了充分发挥这些化合物的应用价值，对其机理进行研究是必不可少的，这对设计合成新型高效荧光材料具有重要的指导意义，因此 AIE 机理成为一个备受关注的研究方向。目前经过实验验证的比较成熟的机理主要有以下三种：分子内旋转受阻（Restriction of Intramolecular Rotations，RIR）、分子内振动受阻（Restriction of Intramolecular Vibrations，RIV）及分子内运动受阻（Restriction of Intramolecular Motions，RIM）。RIR 机理是在四苯乙烯（TPE）分子和 HPS 分子体系中研究得到的。以四苯乙烯分子为例，其结构为 4 个苯基以碳碳双键为核心的螺旋桨结构，在溶液中，四苯乙烯分子中的苯基可以通过单键自由地绕着定子（烯键）旋转，使激发态分子能量以非辐射的形式消耗，跃迁回基态，而不是以光辐射的形式向外释放，导致荧光淬灭。在高浓度溶液中或者在聚集状态下，由于分子之间的相互作用及堆积阻碍了单键的旋转，因此减少了激发态分子的自由旋转，迫使其通过光辐射向外释放能量，分子跃迁回基态，产生荧光。大部分的 AIE 体系都可以用 RIR 机理解释，但是少部分分子无法用该机理完美解释，例如，图 10.22 中的化合物 THBA，该苯环间位被乙基链固定而无法通过单键旋转，烯键两边的苯环可以看成可弯曲折叠部分，在溶液状态下，两个苯环部分通过类似贝壳或蛤一样的振动消耗能量，使激发态分子以非辐射的方式回到基态。在固体状态下，由于空间限制，分子内振动被阻止，辐射通道被打开。称这一理论为 RIV 机理。当 RIR 机理和 RIV 机理同时作用时，荧光团同样具有 AIE 活性，称为 RIM 机理。

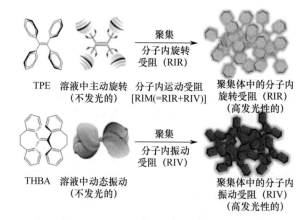

图 10.22　AIE 分子机理结构示意图

10.5.3　聚集诱导发光材料的设计

尽管大部分传统荧光染料都具有 ACQ 效应,但是它们本身具有很多不可替代的功能特点。如何既保留荧光染料的功能特点,又克服 ACQ 效应带来的不利影响而达到双赢的目的,是一项很有意义的工作。目前,科研工作者主要从三个方面来完成 ACQ 分子到 AIE 分子的转变。(1) 在 ACQ 母体上修饰 AIE 荧光团。根据 AIE 基团是共轭基团的特性,可从分子上解决 ACQ 效应。例如,在蒽的衍生物中,通过将两个 TPE 基团连接到蒽核的两边,可将 ACQ 分子转变为 AIE 分子,在固态下荧光量子转化率是溶液中的 10 倍以上。TPE 基团的主要作用是提高固体荧光量子产率和增大蒽核的空间位阻,从而减少 π-π 堆积,进而衍生出许多 AIE 分子。(2) 用 ACQ 基团取代 AIE 分子中的一部分。将 ACQ 基团引入 AIE 分子并加以修饰,以保留 AIE 分子中 ACQ 基团的功能特性。例如,取代 TPE 分子中的一个苯环并不会影响其 AIE 特性,将 TPE 分子中的一个苯环转化为 ACQ 基团也不会影响其 AIE 特性。通过这种方法可以使很多 ACQ 分子具有 AIE 特性。然而随着取代基个数的增大,AIE 性能会逐渐减弱。(3) 以 ACQ 分子为母体重新构建 AIE 分子:这种方式依据 AIE 效应的机理,向 ACQ 分子中引入可导致 AIE 效应的运动因素或非平面因素,例如,通过单键引入定子和转子来得到 AIE 性能,从而成功地改变 ACQ 分子的光物理性质,这是构建新型 AIE 分子的有效手段。

10.5.4　聚集诱导发光材料的研究进展

随着 AIE 研究的逐渐深入,其优越的光学及聚集形貌特征极大地促进了工业界和生物医学领域的发展,一些热稳定性良好的 AIE 荧光团被应用于高性能的光电器件(如 OLED、光波导及刺激响应材料),同时利用聚集诱导发光特性可以合理地设计一系列荧光增强型探针(检测炸药、离子、pH 值、温度、黏度和压力等)和生物探针(蛋白质、DNA、RNA、糖和磷脂等),其高效的荧光亮度是生物成像及示踪过程中所必需的条件。2012 年,唐本忠教授课题组合成了一个带四苯乙烯(TPE)核心的半菁染料 TPE-Cy(如图 10.23 所示),该化合物具有较大(大于或等于 185nm)的斯托克斯位移。化合物 TPE-Cy 在 pH 值为 1～10 的水溶液中,结合一个质子,由于 TPE 部分的疏水作用聚集形成纳米颗粒,酸性越强,纳米颗粒聚集越多，红色荧光越强；在 pH 值为 10 的弱碱性环境下，该化合物在溶液中达到电离平衡，分子处于自由旋转状态，分子能量以非辐射的形式释放，溶液没有荧光；在 pH 值为 10～14 的碱性溶液中，OH 根发生亲核反应，破坏了半菁结构的共轭链，故荧光变为蓝色，电离平衡破坏，分子颗粒由于 TPE 疏水性而发生聚集，碱性越强，蓝色荧光越强。同时，发现 TPE-Cy 化合物具有很好的水溶性和生物相容性，进入细胞后可以进行细胞内的 pH 值检测，并且可以实现较广的体内 pH 值检测范围（4.5～8.5）。同时，该化合物还可以成功地定位细胞内酸性最强的细胞器溶酶体[9]。

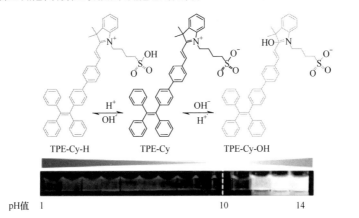

彩图 10.23

图 10.23　化合物 TPE-Cy 的分子式及检测机理

10.5.5　聚集诱导发光的展望

AIE 现象从发现到今天虽然只有十几年，但其深远的影响已经改变了聚集荧光淬灭带来的种种不便，这启迪我们进一步地去深入探究光电材料的设计和应用。另外，从 AIE 机理的提出到 AIE 材料的设计合成，再到各个领域的研究应用，是巨大的跨越。这一切都需要研究者跨学科、共同合作来解决问题，推动聚集诱导发光这一全新领域的发展。

思 考 题 10

1. 解释激发光谱和发射光谱，并说明激发光谱和发射光谱有什么关系。
2. 不同激发波长下的发射光谱有什么区别？为什么会得到这样的结果？
3. 吸收光谱和激发光谱有什么关系？
4. 如何测量半导体材料的光致发光光谱？
5. 由半导体材料的光致发光光谱可得到材料的哪些信息？
6. 简述紫外可见分光光度计的理论依据，如何操作它进行定量分析？
7. 多孔硅发光的特点是什么？
8. 多孔硅发光的机理有哪些？你赞同哪一种？为什么？
9. 聚集诱导发光的特点是什么？
10. 聚集诱导发光的机理有哪些？
11. 延迟荧光的含义是什么？如何实现热延迟荧光发射？

参 考 文 献

[1] Canham L T. Silicon quantum wire array fabricaiton by electrochemical dissolution of wafers[J]. Appl. Phys. Lett., 1990 (57):1046-1048.

[2] Qin G G, Jia J Q. Mechanism of the visible luminescence in porous silicon[J]. Solid State Commun,1993(86): 559-563.

[3] Prokes S M. Light emission in the thermally oxidized porous silicon: Evidence for oxide-related luminescence[J]. Appl. Phys. Lett., 1993, 62: 3244.

[4] Cullis A G, Canham L T, Williams G M, et al. Correlation of the structural and optical properties of luminescent, hishly oxidized porous silicon[J]. J. Appl. Phys. 1994 75(1): 493-501.

[5] Pavesi L, Negro L D, Mazzoleni C, et al. Optical gain in silicon nanocrystals[J]. Nature, 2000 (408): 440-444.

[6] Halimaoui A, Oules C, Bomchil G, et al. Electroluminescence in the visible range during anodic oxidation of porous silicon films[J]. Appl. Phys. Lett., 1991(59): 304-306.

[7] Koshida N, Koyama H. Visible electroluminescence from porous silicon[J]. Appl. Phys. Lett.,1992 (60):347-349.

[8] 张甫龙，郝平海，史刚，等. 多孔硅的电致发光研究[J].半导体学报，1993，14（3）：139-142.

[9] 周国良，盛篪，樊永良，等. 用分子束外延在多孔硅衬底上外延单晶硅来实现 SOI 结构[J].半导体学报，1991，12（5）：289-294.

[10]ZHENG J P, JIAO K L, SHEN W P, et al. Highly sensitive photodetector using porous silicon[J]. Appl. Phys. Lett., 1992(61): 459-461.

[11]Luo J, Xie Z, Lam J W Y, et al. Aggregation-induced Emission of 1-methyl-1, 2, 3, 4, 5-pentaphenylsilole[J]. Chem. Commun., 2001, 18: 1740-1741.

[12]Murray, et al. Synthesis and characterization of nearly monodisperse CdE (E-sulfur, selenium, tellurium) semiconductor nanocrystals[J]. J. Am. Chem. Soc. ,1993, 115: 8706-8715.

第11章 电致发光

11.1 电致发光器件

11.1.1 全固态的电致发光显示器

（1）电致发光的发展历程

电致发光（EL）又称"场致发光"，是固体发光材料在电场激发下发光的现象。是 1920 年由德国学者古登和波尔发现的，在某些物质上加电压后会发光。

1923 年，苏联的罗塞夫发现了 SiC 中偶然形成的 PN 结的光发射。

1936 年，法国的 Destriau 发现 ZnS 的电致发光现象（他发现掺入荧光粉 ZnS 的蓖麻油一旦加上电场就会发光），基于 ZnS 构造了第一个粉末电致发光磷光体（phosphor），并制造了第一个有效的掺 Mn 的 ZnS 薄膜型电致发光显示器件（ELD）。

人们曾经将这种 ELD 和光导膜结合，用于光放大器和 X 射线增强器，1960 年在日本曾用于电视成像。

1950 年，人们发明了透明导电膜，成功开发了分散型 EL（即第一代 EL）器件。

1968 年，人们用分散型 EL 器件实现了直流驱动；用薄膜型 EL 器件（即第二代 EL 器件）可实现高亮度。

1974 年，通过实验证实了二层绝缘膜结构的薄膜型 EL 器件可用于电视画面显示的可能性。

1983 年，日本开始薄膜 ELD 的批量生产。

目前，夏普等公司生产了橙红色发光的 ELD，国内有许多公司也在生产 EL 器件。总之，ELD 的发展主要分为三个阶段。

① 第一阶段：ZnS:Mn（橙黄色）单色显示器的商品化；

② 第二阶段：二色（红、绿）、三色（红、绿、蓝）、多色显示器的商品化；

③ 第三阶段：全色显示器的商品化。

（2）电致发光显示的特征

① 图像显示质量高；

② 受温度变化的影响小；

③ 是目前唯一的全固体显示；

④ 有小功耗、薄型、质轻等特点。

11.1.2 电致发光的分类

电致发光又称"场致发光"，可以分为高场电致发光和低场电致发光。电致发光现象是指将电能直接转换为光能的一类发光现象，它包括注入式电致发光和本征型电致发光。

（1）注入式电致发光

注入式电致发光属于低场电致发光，它是指直接由装在晶体上的电极注入电子和空穴，当电子与空穴在晶体内再复合时，以光的形式释放出多余的能量。注入式电致发光的基本结构是结型发光二极管（LED）。

（2）本征型电致发光

本征型电致发光属于高场电致发光，主要是指荧光粉中的电子或由电极注入的电子在外加强电场的作用下在晶体内部加速，碰撞发光中心并使其激发或离化，电子在回到基态时辐射发光。

高场电致发光是一种体内发光效应。发光材料是一种半导体化合物，掺杂适当的杂质可引入发光中心或形成某种介电状态。当它与电极或其他介质接触时，其势垒处于反向，来自电极或界面态的电子进入发光材料的高场区，被加速并成为过热电子。它可以碰撞发光中心使之被激发或被离化，或者离化晶格等。再通过一系列的能量输运过程，电子从激发态回到基态而发光。

从发光材料的角度，可将电致发光分为无机电致发光和有机电致发光。无机电致发光材料一般为无机半导体材料。有机电致发光材料依据材料的分子量的不同，可以分为小分子和高分子两大类。小分子 OLED（有机发光二极管）材料以有机染料或颜料为发光材料，高分子 OLED 材料以共轭或非共轭高分子（聚合物）为发光材料，典型的高分子发光材料为 PPV（聚对苯乙炔）及其衍生物。

根据发光材料的形态，可将电致发光分为薄膜型电致发光和分散型电致发光。表 11.1 给出了不同类型电致发光的特点。

表 11.1　不同类型电致发光的特点

	基　板	透明电极	一绝缘层	发　光　层	二绝缘层	介电体层	面电极	是否实用化	应用情况
分散型交流电致发光	玻璃或柔性塑料板	ITO 膜	—	ZnS:Cu,Cl（蓝–绿） ZnS:Cu,Al（绿） ZnS:Cu,Cl,Mn（黄色）	—	有	Al	商品化阶段	液晶背光源
分散型直流电致发光	玻璃基板	ITO 膜	—	ZnS:Cu,Mn（黄） ZnS:Tm^{3+}（蓝） ZnS:Tb^{3+},Er^{3+}（绿）	—	—	Al	开发阶段	—
薄膜型交流电致发光	玻璃基板	ITO 膜	有	ZnS:Mn 薄膜	有	—	Al	商品化阶段	精细矩阵
薄膜型直流电致发光	玻璃基板	ITO 膜	—	ZnS:Mn 薄膜	—	—	Al	开发阶段	
有机电致发光	玻璃或柔性塑料板	ITO 膜	空穴输运层	有机薄膜（Alq$_3$）	电子输运层	—	Mg:Ag	商品化阶段	手机、显示器等

11.1.3　无机薄膜型电致发光

（1）器件结构及工作原理

① TFEL（薄膜型电致发光）器件的结构

如图 11.1 所示，TFEL 器件的结构主要包括 ITO（铟锡氧化物）电极、绝缘层、发光层和金属电极。

② TFEL 器件的工作原理

TFEL 器件的工作原理主要是碰撞激发。碰撞激发是指碰撞对象在碰撞过程中，其动能被转换为反应物质的内能的过程。这是一种能量传递的过程，可简单分为以下 4 个过程。

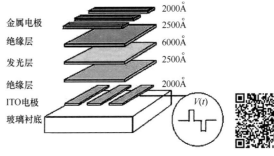

图 11.1 TFEL 器件的结构　　彩图 11.1

（a）在电场的作用下，发光层与绝缘层界面能级处束缚的电子隧穿至发光层；

（b）同时，发光层中的杂质和缺陷也电离一部分电子，这些电子在电场的作用下被加速；

（c）当其能量增大到足够大时，碰撞激发发光中心，从而实现发光；

（d）电子在穿过发光层后，被另一侧的界面俘获。

（2）器件驱动方式

薄膜型电致发光器件一般采用交流驱动。在交流驱动情况下，当外加电压反转时，上述 4 个过程重复进行，实现连续发光。

11.1.4　各种构成材料

（1）基板材料——一般采用玻璃

① 在可见光区域透明，热膨胀系数与积层材料一致；

② 能承受 EL 的退火温度（500～600℃）；

③ 碱金属离子含量尽量低，确保器件的长期可靠性。

（2）发光层材料

① 薄膜型 EL 发光层材料：选择的发光中心可以承受 10^5V/cm 左右的强电场。

母体：ZnS、CaS、SrS 等半导体材料。

发光中心：采用属于定域能级的元素，除 Mn 外，还有许多稀土元素。

红色：CaS:Eu，ZnS:Sm,F，附加彩色滤光器的 SrS:Ce。

绿色：ZnS:Tb,F。

蓝色：$CaGa_2S$:Ce 或附加彩色滤光器的 SrS:Ce。

图 11.2　电子束蒸发镀膜机　　彩图 11.2

② 分散型交流 EL 发光层材料：主要采用与薄膜型 EL 发光层材料相同的 ZnS，选择合适的发光中心。发光层的形成方法包括：（a）物理气相沉积（PVD），包括电子束蒸发（EB，如图 11.2 所示）和多源蒸发（MSD）及溅射镀膜等；（b）化学气相沉积（CVD），包括原子层外延（ALE）、有机金属气相沉积（MOCVD）、高温化学气相沉积法（HT-CVD）。

（3）电极材料

电极材料主要包括一些透明的电极材料，如 ITO、$CdSnO_3$ 和 ZnO 等。背电极一般用金属电极材料，如 Al 和 Ag 等。

电极材料的制备方法一般包括使用电子束（EB）蒸发、电阻加热蒸发、溅射镀膜等物理方法。同时，有时也使用一些化学方法，如喷涂法和 CVD（化学气相沉积）等方法。

目前，针对电极材料的制备，溅射镀膜法（特别是磁控溅射）用得最多。

（4）绝缘层材料

绝缘层材料的优点是：绝缘耐压（使绝缘破坏的电场强度）高、针孔等缺陷少、与发光层附着牢固。

① 非晶态氧化物或氮化物：Y_2O_3、Al_2O_3、Ta_2O_5、SiO_2 和 Si_3N_4。

② 铁电体：$BaTiO_3$、$PbTiO_3$。

溅射镀膜法是电致发光器件的主要成膜方式，除此之外，还包括电子束蒸发等真空镀膜法；难于真空蒸发的材料可采用溅射镀膜法；对均匀性要求高的材料可采用原子层外延法。

11.1.5　ELD 的用途

ELD 的用途主要体现在如下几个方面。（1）数字及符号显示（见图 11.3）。（2）图形显示。（3）彩色显示。① EL 积层型可将多色发光层简单地堆积；② EL 平面布置型可利用光刻工艺将三基色发光层在平面上布置；③ 白色 EL 与彩色滤光器积层型可使发光波长广泛分布于可见光范围内的白色发光层并与彩色滤光器相沉积；④ 二层基板型是积层型与平面布置型的组合。目前，EL 平面布置型在制作、结构、驱动电路等方面容易实现，并且对白色发光层与彩色滤光器沉积的研制更多。

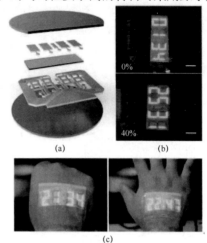

图 11.3　数字及符号显示示意图　　　彩图 11.3

（4）LCD（液晶显示器）背照光源。图 11.4 给出了 ELD 作为 LCD 背照光源的例子。

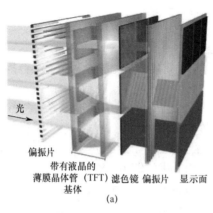

偏振片
带有液晶的
薄膜晶体管（TFT）滤色镜 偏振片 显示面
基体
(a)

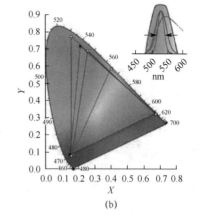

(b)

彩图 11.4

图 11.4　作为 LCD 背照光源的 ELD 结构示意图及其色坐标

11.1.6　TFEL 器件最新进展

夹层结构中的绝缘层被一系列的电子加速层所代替，就是我们所说的分层优化结构。在这种结构中，从电极处发射的电子在这些电子加速层中被多次加速，获得了足够高的能量，然后进入发光层，碰撞激发发光中心，从而实现发光。这种加速过程和发光过程的分离使我们能够独立地对各层进行分层优化，这无论是对电子能量、发光亮度，还是对发光效率的提高，都具有重要意义。

11.1.7 无机 TFEL 研究的一般方法

无机 TFEL 研究的一般方法包括以下几种。

（1）薄膜的制备

（2）器件性能的测量

一般来说，都需要对做成的器件的性能进行检测，这些性能可以通过激发光谱、发射光谱、吸收光谱、亮度–电压曲线、传导电流等反映出来，它们分别反映了器件不同方面的性能。

（3）结构和成分分析

11.2 有机电致发光

11.2.1 OLED 发展历程

1936 年，Destriau 将有机荧光化合物分散在聚合物中制成薄膜，得到了最早的电致发光器件。

20 世纪 50 年代，人们就开始了用有机材料制作电致发光器件的探索，A. Bernanose 等人在蒽单晶的两侧加上 400V 的直流电压观测到发光现象，单晶厚 10～20mm，所以驱动电压较高。

1963 年，M. Pope 等人也获得了蒽单晶的电致发光。

20 世纪 70 年代，宾夕法尼亚大学的 A.J. Heeger 探索了合成金属的电致发光。

1987 年，Kodak 公司的邓青云首次研制出具有实用价值的低驱动电压（小于 10V，其亮度大于 1000cd/m²）的 OLED 器件（Alq₃ 作为发光层）。

1990 年，Burroughes 及其合作者成功研制了第一个高分子 EL，即以聚对苯撑乙烯（Polyphenylene Vinylene，PPV）作为发光层的聚合物发光二极管（Polymer Light Emitting Diode，PLED），为有机电致发光显示器件实用化奠定了基础。

1997 年，单色有机电致发光显示器件首先在日本产品化。1999 年，日本先锋公司率先推出了为汽车音/视频通信设备而设计的多彩有机电致发光显示器面板，并开始量产，同年 9 月，使用了先锋公司多色有机电致发光显示器件的摩托罗拉手机大批量上市。

近年来，OEL 获得了突破性进展并引起了产业界的高度重视，在世界范围内，已有多家公司在开发 OEL，而且每个月都有新公司加入。我国公司有：京东方科技集团股份有限公司和维信诺科技有限公司，清华大学与彩虹集团有限公司已合作建立 1 条小试实验线，廊坊市锡丰化工有限公司、上海大学、吉林大学与有关公司合作开发的谈判也已完成。这一切都表明，OLED 技术正在逐步实用化，显示技术又将面临新的革命。

11.2.2 OLED 的分类

OLED 可分为两类：一类是以有机染料和颜料等为发光材料的小分子基 OLED，典型的小分子发光材料为 Alq₃（8-羟基喹啉铝）；另一类是以共轭高分子为发光材料的高分子基 OLED（简称 PLED），典型的高分子发光材料为 PPV。OLED 的器件结构如图 11.5 所示。表 11.2 给出了小分子基 OLED 和 PLED 的性能比较。

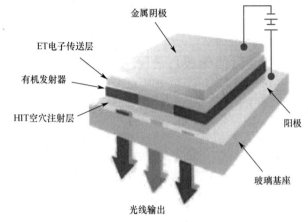

彩图 11.5

图 11.5　OLED 的器件结构

表 11.2　小分子基 OLED 和 PLED 的性能比较

项　　目	小分子基 OLED	PLED
主要发光材料	Alq、Beq₂、DPVBi、Amine、Balq、PVK、TAZ、Zn(ODZ)₂	PPV 及其衍生物、Fluorene Homopolymers（氟乙烯均聚物）、MEH-PPV（聚[2-甲氧基-5-(2'-乙基己氧基)-1,4-苯乙炔]）、PPP（聚苯撑）、Copolymers（共聚物）、Polythiophenes（聚噻吩）、Polyquinoxalines（聚喹喔啉）
制膜工艺	真空热蒸镀	旋转涂布法或喷墨打印
发光效率	可高于 15lm/W	可高于 20lm/W
优势	容易彩色化，工艺控制较容易且稳定，材料合成与纯化较为容易	设备成本较低，组件构造相对简单，耐热性较佳
劣势	设备成本较高，对于水分的耐受性不佳，蒸镀效率低易造成材料浪费，热稳定性与机械性质较差，驱动电压较高	材料合成、纯化及彩色化较困难，研发和产业化步伐相对较慢
适用领域	高单价、高附加值产品	低单价、量大的产品

11.2.3　小分子 OLED 的结构、发光原理与材料

（1）结构

根据化合物的分子结构，OLED 发光材料主要分为小分子有机化合物和高分子聚合物两大类，而小分子有机化合物包括纯有机化合物和金属配合物。

① 用于电致发光研究的有机小分子具有相对分子质量确定、化学修饰性强、选择范围广、荧光量子效率高和可以产生红/绿/蓝等各种颜色光的特点。大多数有机荧光染料在固态时存在浓度淬灭等问题，导致发射峰变宽、光谱红移、荧光量子效率下降，因此一般将它们以最低浓度的方式掺杂在具有某种载流子性质的主体中。用能量传递的原理将微量的有机荧光染料分散在主发光体的基质中，使客体分子因激发光能的传递而发光。常用的小分子发光材料有罗丹明类染料、香豆素染料、喹吖啶酮、红荧烯及双芪类化合物等。

② 金属配合物既具有有机物高荧光量子效率的优点，又具有无机物稳定性的特点，被认为是最有应用前景的一类发光材料。此类材料是稳定的五元环或六元环的内络盐结构，为电中性，配位数饱和。常用的有机配体为 8-羟基喹啉铝、10-羟基苯并喹啉类、希夫碱类、羟基苯并噻唑类、羟基黄酮类等。金属离子包括第 II 主族的 Be^{2+}、Zn^{2+} 和第 III 主族的 Al^{3+}、Ga^{3+}、In^{3+} 及稀土元素 Tb^{3+}、Eu^{3+}、Gd^{3+} 等，它们可以组成一大类配合物发光材料。这些金属配合物还包括多元金属配合物（配体不止一种）、多核金属配合物（金属离子一个以上）、内部存在桥键的配合物等。有机配合物的电致发光包括红、橙、黄、绿、青、蓝、紫等颜色。

在过去的几十年里，有机电致发光作为一种新的显示技术得到了长足的发展，已经研发出多种结构新颖、性能优越的有机小分子电致发光材料，为高分辨率彩色显示 OLED 器件实现产业化奠定了坚实基础。相比蓝、绿色发光材料，红色发光材料的研发依然是最薄弱的环节之一。红光是红、绿、蓝三基色中不可或缺的一种，研究焦点仍将集中于红色发光材料。

同时，有机小分子发光材料存在一些亟待解决的问题：①浓度淬灭效应的降低；②三重态激子湮灭的克服；③染料的无辐射失活过程的抑制；④主客体材料性能的匹配；⑤取代铱、铂等贵金属的高效磷光材料。

图 11.6～图 11.8 分别给出了单层、双层、三层和多层结构有机 EL 器件的示意图。其中双层结构器件又分为两种：电子传输层/发光层（兼空穴传输层）和空穴传输层/发光层（兼电子传输层）。多层结构是在三层结构 ITO/HTL（空穴传输层）/EML（发光层）/ ETL（电子传输层）/阴极的基础上加上阳极缓冲层、空穴注入层、阴极缓冲层等而得到的。RGB 和白色 EL 器件的结构如下。

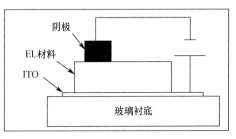

图 11.6　单层结构有机 EL 器件

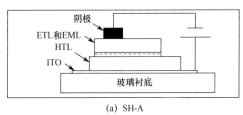

(a) SH-A

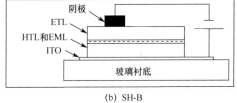

(b) SH-B

图 11.7　双层结构有机 EL 器件

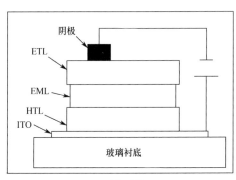

(a) 三层

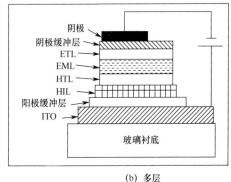

(b) 多层

图 11.8　三层和多层结构有机 EL 器件

器件 R：ITO/CuPc/NPB/Alq₃:DCJTB/Mg:Ag。

器件 G：ITO/CuPc/NPB/Alq₃:QA/Mg:Ag。

器件 B：ITO/CuPc/NPB/DPVBi:Perylene/Alq₃/Mg:Ag。

器件 W：ITO/CuPc/NPB/DPVBi:DCJTB/Alq₃/Mg:Ag。

（2）发光原理

OLED 的发光原理也是基于能带理论模型来进行解释的。而相对于晶体（固体）的能带模型来说，有机半导体的能带有如下改变：

无机半导体的价带顶↔有机半导体的 HOMO（最高占据分子轨道）能级；

无机半导体的导带底↔有机半导体的 LUMO（最低未占据分子轨道）能级。

有机半导体的带隙 E_g 是 HOMO 与 LUMO 之间的宽度；离化能 I_p 是真空能级与 HOMO 之间的能量差；电子亲和势 E_a 是真空能级与 LUMO 之间的能量差，如图 11.9 所示。

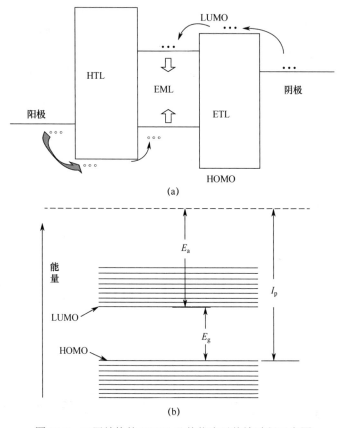

图 11.9　三层结构的 OLED 及其载流子传输过程示意图

不失一般性，以双层结构的 OLED 为例（如图 11.10 所示），对其发光机理的解释大致可分为如下 4 个过程。

① 载流子的注入：电子和空穴分别从阴极和阳极注入夹在电极间的有机功能薄膜层。

② 载流子的迁移：载流子分别从电子传输层和空穴传输层向发光层迁移。

③ 激子的形成和扩散：电子和空穴在发光层相遇，形成激子，激子复合并将能量传递给发光材料，使其从基态能级跃迁到激发态。

④ 发光：激发态能量通过辐射弛豫过程产生光子，并释放光能。

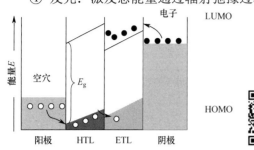

彩图 11.10

图 11.10　双层结构的 OLED 及其载流子
传输过程示意图

当器件加正向偏压时，电子和空穴分别从阴极和阳极注入有机材料，外场的作用使它们迁移至发光层。电子和空穴在发光层相遇后，因库仑作用而形成暂态激子，处于不稳定态。其中大部分发生复合，电子落入空穴，释放出能量。

发光材料原子的最外层电子吸收这些能量后将处于激发态，当激发态的电子跃迁回基态时会辐射光子，释放光能。

（3）小分子 OLED 材料

① 空穴传输材料

传输空穴的空穴传输材料应该具备以下条件：具有良好的空穴传输特性；具有较低的 I_p（离化能），易于由阳极注入空穴；激发能量高于发光层的激发能量；不能与发光层形成激基复合物；具有良好的成膜性和较高的玻璃化温度[①]，热稳定性好，可以用真空蒸发法形成致密的薄膜，不易结晶。

空穴传输材料主要是芳香胺类。目前最常用的小分子空穴传输材料有 TPD 和 α-NPD，如图 11.11 所示。

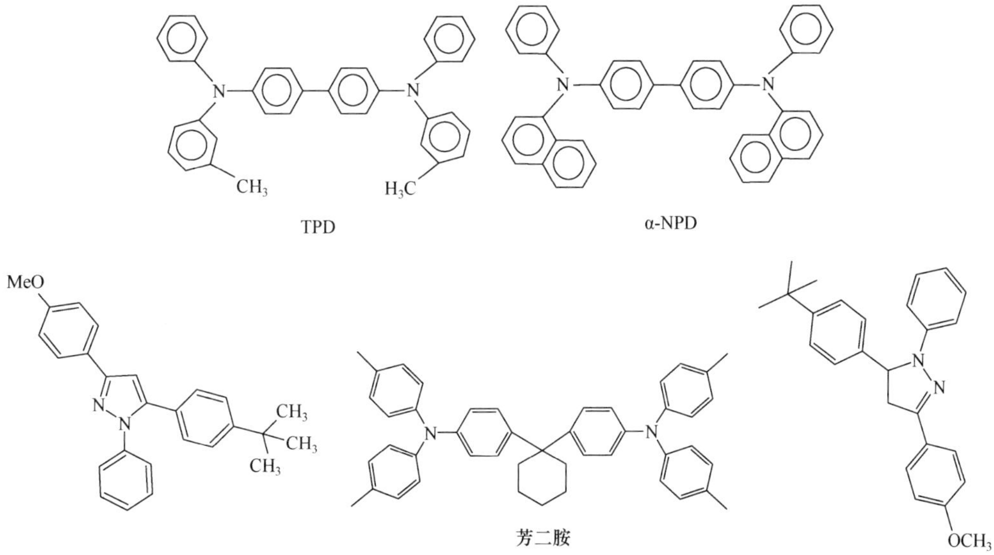

TPD　　　　　　　　　　　　　　α-NPD

芳二胺

图 11.11　吡唑啉类化合物

[①] 玻璃化温度是指高聚物由高弹态转变为玻璃态的温度，指无定型聚合物（包括结晶型聚合物中的非结晶部分）由玻璃态向高弹态或者由后者向前者的转变温度，是无定型聚合物大分子链段自由运动的最低温度，通常用 T_g 表示，其随测定方法和条件的不同而有一定的不同，是高聚物的一种重要的工艺指标。在此温度以上，高聚物表现出弹性；在此温度以下，高聚物表现出脆性，在用作塑料、橡胶、合成纤维等时必须加以考虑。如聚氯乙烯的玻璃化温度是 80℃，但是，它不是制品工作温度的上限，比如，橡胶的工作温度必须在玻璃化温度以上，否则就会失去高弹性。

② 电子传输材料

传输电子的电子传输材料应满足以下要求：具有良好的电子传输特性；具有较低的 E_a（电子亲和势），易于由阴极注入电子；激发能量高于发光层的激发能量；不能与发光层形成激基复合物；成膜性和化学稳定性良好，不易结晶。

目前最常使用的电子传输材料是 OXD-7 和许多有机金属螯合物（如 Alq₃），如图 11.12 所示。

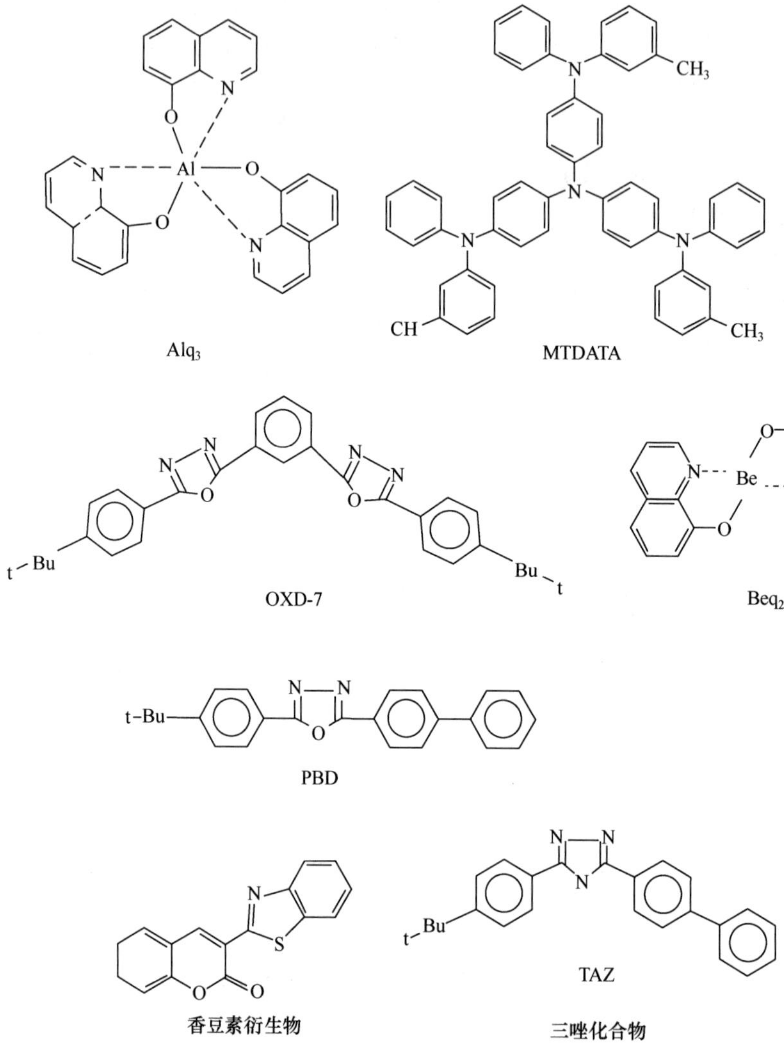

图 11.12 多种电子传输材料的分子结构式

③ 发光材料的分类

用于 OELD 的发光材料（如图 11.13 所示）首先要满足以下 5 点要求：具有高效率的固态荧光，无明显的浓度淬灭现象；具有良好的化学稳定性和热稳定性，不与电极和载流子传输材料发生反应；易形成致密的非晶态薄膜且不易结晶；具有适当的发光波长；具有一定的载流子传输能力。

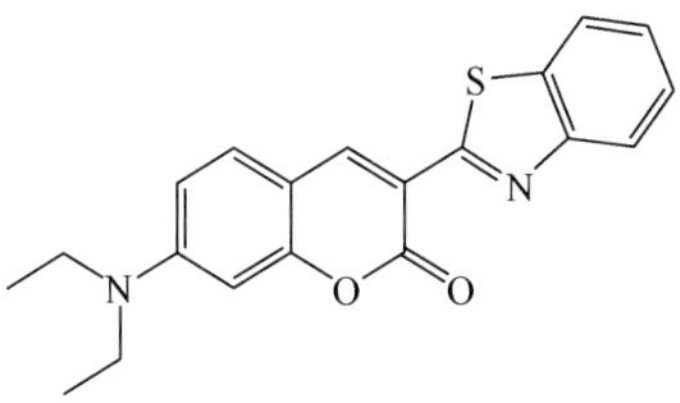
Coumarin6

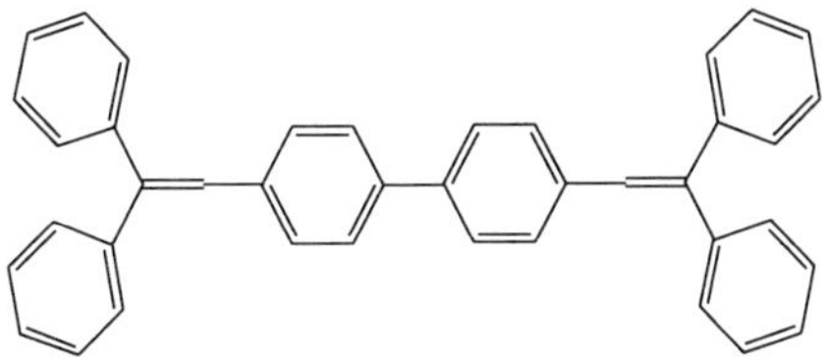
DPVBi

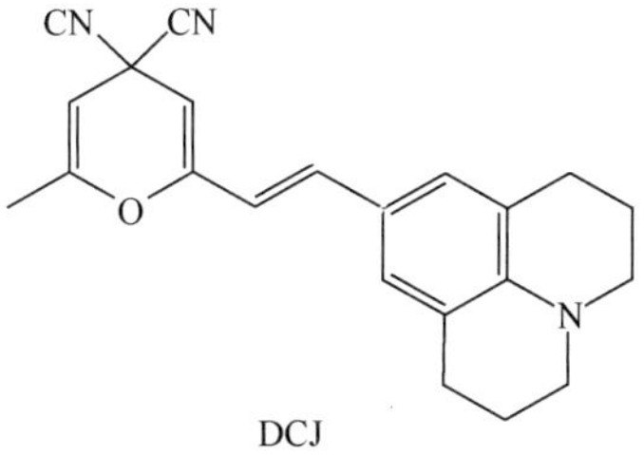
DCJ

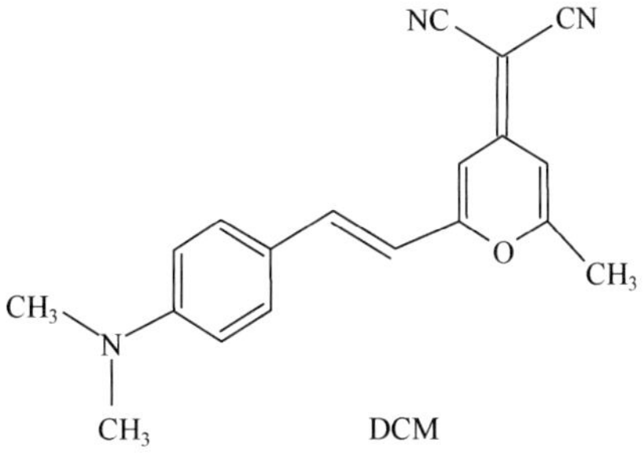
DCM

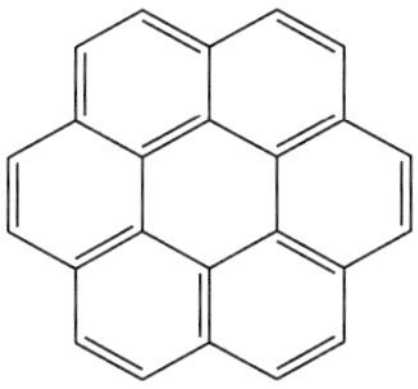
晕苯（Coronene）

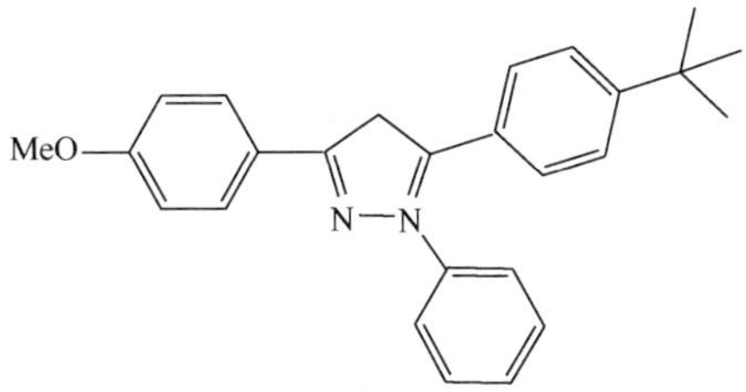
Pyrazoline

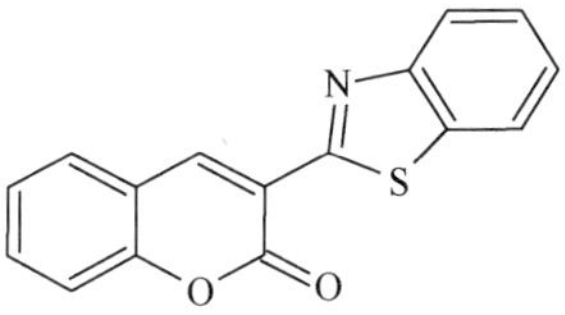
香豆素衍生物

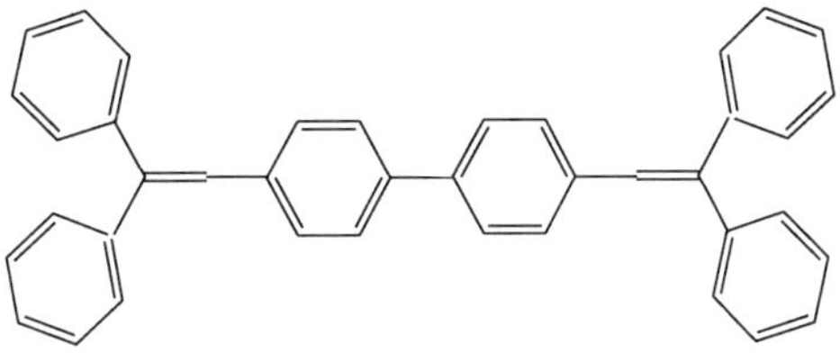
DPVBi

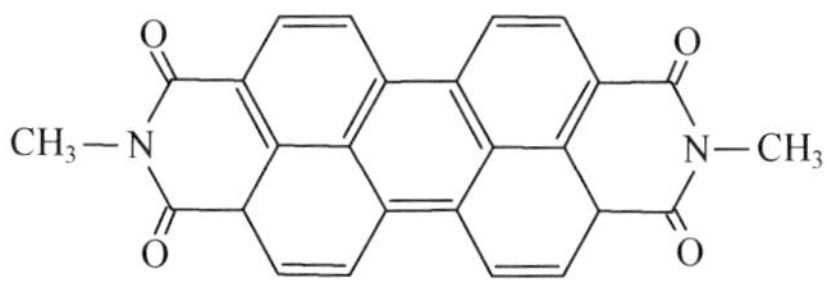
Perylene

图 11.13　多种 OLED 发光材料的分子结构式

按发光材料的分子结构特性，可以进行如下分类。

(A)有机小分子荧光染料 EL 材料，如 Quinacridone、Perylene 和 Rubrene 等，如图 11.14 所示。

另外，还有一些其他有机小分子荧光染料，如偶氮染料、吲哚染料、苯并噻吩染料等。

（B）配体微扰金属离子发光的配合物发光材料。

（a）金属离子微扰配体发光的配合物发光材料。具有优良的载流子传输特性和成膜性能，是目前最常用的 OEL 材料之一，如图 11.15 所示。

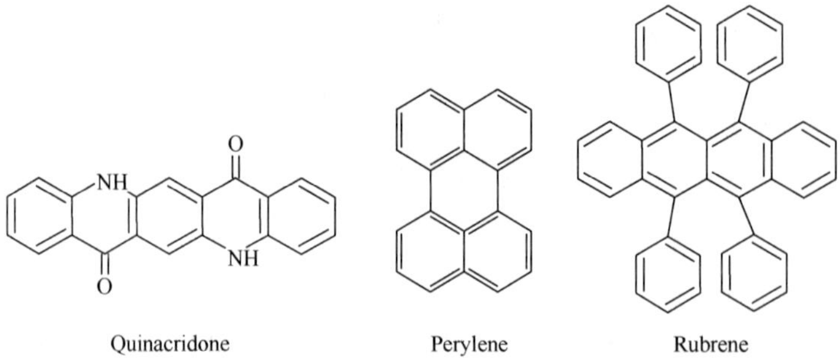

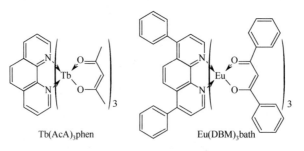

Quinacridone   Perylene   Rubrene

图 11.14　几种有机小分子荧光染料 EL 材料的分子结构式

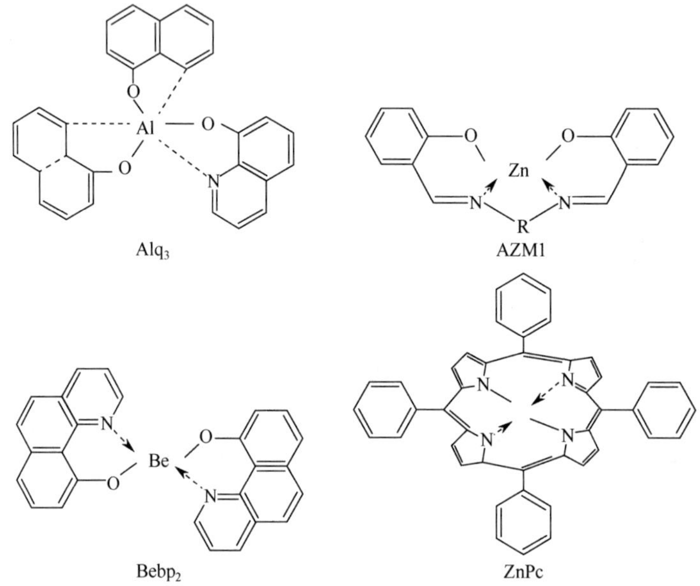

Alq₃　　　　　　AZM1

Bebp₂　　　　　　ZnPc

图 11.15　几种配合物发光材料的分子结构式（Alq₃ 是甲亚胺类络合物；
AZM1、Bebq₂、ZnPc 是卟啉锌络合物）

（b）如不作特别说明，一般情况下，配体微扰金属离子发光的配合物发光材料特指稀土金属螯合物，如图 11.16 所示。

Tb(AcA)₃phen　　　　Eu(DBM)₃bath

图 11.16　两种金属配合物发光材料

④ 缓冲层材料

缓冲层材料是为了增强金属及其氧化物电极与有机材料的附着强度而引入的。

阳极处：CuPc。

阴极处：LiF 或 MgF_2。

⑤ 电极材料

为了有效注入载流子，对电极材料的要求是：阳极逸出功尽可能大（提供空穴，一般采用 ITO）；阴极逸出功尽可能小（提供电子）；化学稳定性好。

阳极：ITO、高功函数金属、导电聚合物。

阴极：Mg:Ag、LiAl、LiF/Al。

11.2.4　PELD 的结构、发光原理及材料

（1）PELD（聚合物电致发光器件）的结构

通常采用单层薄膜夹心式器件结构，如 ITO/PPV/Al 等，而双层或多层结构增加了载流子传输层，如图 11.17 所示。通常，其中的某一功能层还可能是几种聚合物通过共混组成的。其基板可以是刚性的玻璃，也可以是聚碳酸酯（Polycarbonate，PC）等柔性衬底。

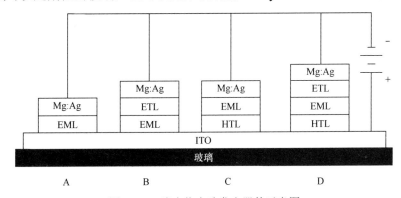

图 11.17　聚合物电致发光器件示意图

（2）PELD 的发光原理

极化子在外加电场的作用下，在链内传递、跳跃、复合成为双极子，光辐射失活而发光。聚合物 ELD 的发光过程与小分子 OELD 相似，属于注入式发光。共轭链中的 π 分子轨道，一半是成键 π 分子轨道，另一半是反键 π 分子轨道，这些轨道按能量高低依次排列。电子率先填充于能量较低的成键分子轨道，而能量较高的反键分子轨道一般是空的。

如图 11.18 所示，在外加电场的作用下，阴极电子被注入最低未占据分子轨道（LUMO）中形成负极化子，阳极注入空穴到最高占据分子轨道（HOMO）形成正极化子。正、负极化子在共轭聚合物链段上反方向迁移，最后正、负极化子复合形成激子，激子通过辐射衰减而发光。

（3）PELD 的材料

① 用于 ELD 的聚合物材料

用于 ELD 的聚合物材料要满足以下要求：具有高效率的固态荧光；具有良好的化学稳定性和热稳定性，加工性能优良；易形成致密的非晶态薄膜且不易结晶；具有一定的发光

波长；具有一定的载流子传输特性。

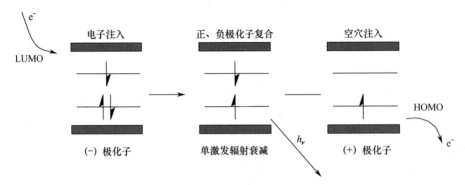

图 11.18 聚合物电致发光过程

按材料的分子结构特性，PELD 材料可分为三类。

（a）主链共轭高分子材料

主链共轭高分子材料具有长的共轭链，载流子传输性能优良，其包括 PPV 及其衍生物、聚对苯撑（PPP）等，如图 11.19 所示。

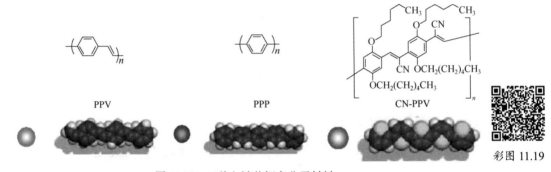

彩图 11.19

图 11.19 三种主链共轭高分子材料

（b）非主链共轭高分子材料

非主链共轭高分子材料的共轭度小，电子在侧链的挂接发光片段内移动。

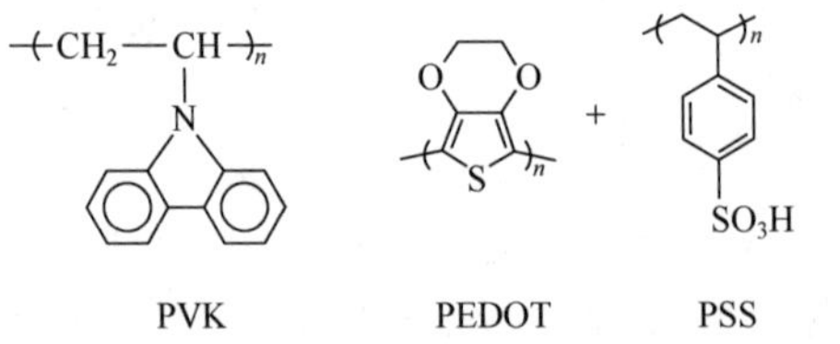

PVK   PEDOT   PSS

图 11.20 三种非主链共轭高分子材料（PEDOT:PSS 是聚噻吩衍生物）

（c）掺杂高分子材料

掺杂高分子材料包括两种方式：多种聚合物共混、将小分子材料分散在聚合物基质中。

② 聚合物空穴传输材料

聚合物空穴传输材料包括 PPV、聚乙烯基咔唑（PVK）、聚硅烷等，如图 11.21 所示。

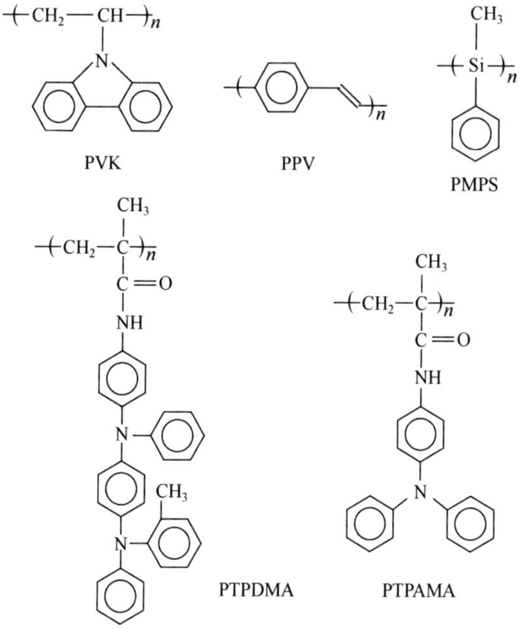

图 11.21　几种典型的聚合物空穴传输材料

③ 聚合物电子传输材料

聚合物电子传输材料含有三唑结构单元，如 TAZ 的聚合物（PFTAZ）、聚喹啉（PPQ），如图 11.22 所示。

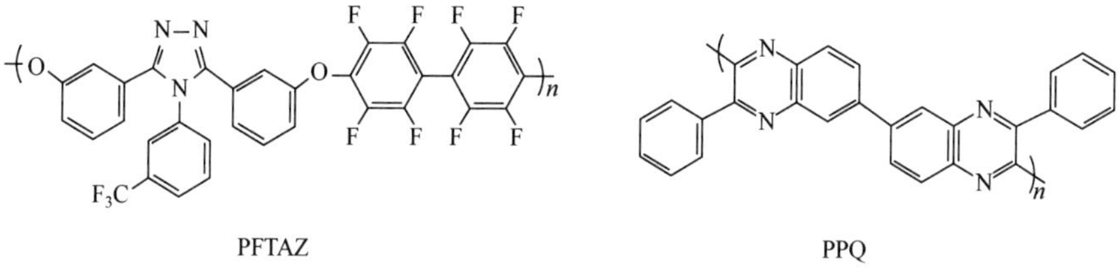

图 11.22　PFTAZ 与 PPQ 的分子结构式

④ 电极材料

ITO、聚吡咯、聚苯胺等导电聚合物可用作聚合物 ELD 的阳极，阴极材料则尽量选用功函数较低的碱金属或碱土金属合金（如 Mg、Al、Ca 等活泼金属）。

11.2.5　OLED 的一般研究方法

OLED 的一般研究方法首先是器件制备，然后是对器件性能的表征。例如，ITO 玻璃衬底经清洗及等离子体处理后放入真空室内，器件的各层都是在真空下采用连续蒸发的方法制备的。有掺杂剂时采用共蒸发的方法，Mg:Ag 合金电极用双源蒸发制得，最后经密封制成器件。

器件的亮度、色度及光谱通过 PR650 光谱扫描色度计测量，亮度–电压和亮度–电流密度特性由 Keithley 源表（2400 Source Meter）及相关线路测量。

（1）有机电致发光器件的制备

有机电致发光器件的制备过程为：①基片的清洗；②有机功能薄膜的制备和电极的准备；③封装。其制备流程如图 11.23 所示。其中，基片的清洗过程为：玻璃（ITO）→稀 HCl（掩模）→条状 ITO 电极→水洗除去 HCl→丙酮超声除去有机杂质→等离子体清洗→干净的 ITO 条基片。

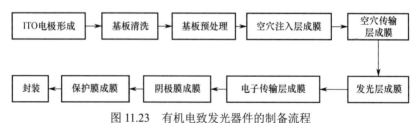

图 11.23　有机电致发光器件的制备流程

（2）有机功能薄膜和电极的制备

① 有机小分子 ELD 的制作

一般采用真空镀膜的方法：在 10^{-4}Pa 左右的真空室里依次蒸镀缓冲层、HTL、EML 和 ETL，然后蒸镀电极。有机层厚度控制在 15～50nm，蒸发速率为 0.1～1nm/s。对于发射不同颜色的材料，可通过掩模版逐一制备。如图 11.24 所示。

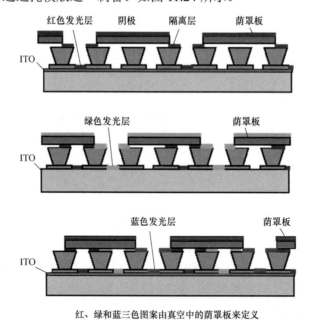

红、绿和蓝三色图案由真空中的荫罩板来定义

图 11.24　三基色的掩模版制备方法

彩图 11.24

② 自组装膜制备

自组装膜的制备主要包括静电自组装、氢键自组装、共价自组装和电荷转移等几种方式。

（3）聚合物 LED 的制备

旋涂法：将材料溶解在有机溶剂中，滴加在基板上，通过甩胶制备有源层，然后通过蒸镀的方法制备金属电极。该方法的特点是工艺简单、膜层均匀无针孔、易于实现大面积器件的制备。

喷涂（int-jet）：喷墨方式制作三基色象元，该方法易于实现彩色和全色显示，制备工艺简单。

除此之外，还有浸取法、印刷法等。

11.3　LB 膜技术

LB（Langmuir-Blodgett，朗缪尔-布罗杰特）膜是一种超薄有序膜，LB 膜技术是可以在分子水平上精确控制薄膜厚度的制膜技术。图 11.25 所示为 LB 成膜技术原理图。此外，图 11.26 给出了各类自组装膜的原理图，包括静电自组装、氢键自组装、共价自组装、电荷转移等。

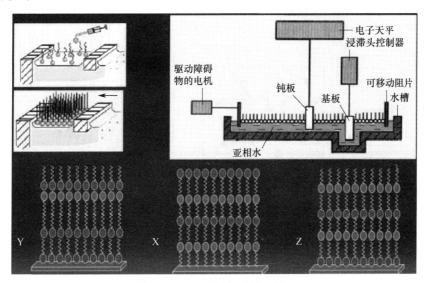

彩图 11.25

图 11.25　LB 成膜技术原理图

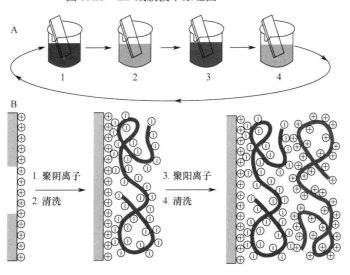

静电自组装膜

图 11.26　各类自组装膜的原理图

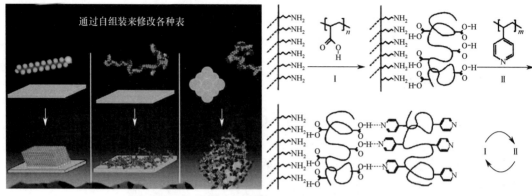

氢键自组装膜，以及通过电荷转移、主-客体等相互作用的自组装膜

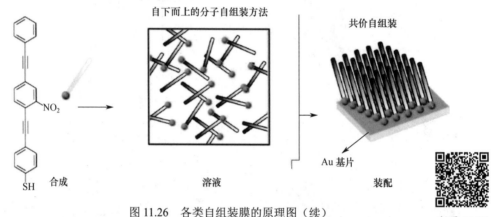

图 11.26　各类自组装膜的原理图（续）

彩图 11.26

11.3.1　LB 膜的历史

　　单分子膜的研究开始于 18 世纪，B.Franklin 将一匙油滴在半英亩的池塘水面上铺展开。1890 年 L.Rayleigh 第一次提出了单分子膜概念。20 世纪二三十年代，美国科学家 I. Langmuir 系统地研究了单分子膜的性质并建立了完整的单分子膜理论。I. Langmuir 及其学生 K.Blodgett 一起建立了一种单分子膜的制备技术，并成功地将单分子膜转移并沉积到固体底物之上。20 世纪 60 年代，德国科学家 H.Kuhn 首先意识到运用 LB 膜技术可实现分子功能的组装并构成了分子的有序系统。

11.3.2　LB 膜技术的优点

　　① 膜厚为分子级水平（纳米数量级），具有特殊的物理化学性质。

　　② 可以制备单分子膜，也可以逐层累积，形成多层 LB 膜或超晶格结构，组装方式可任意选择。

　　③ 可以任意选择不同的高分子材料，累积不同的分子层，使之具有多种功能。

　　④ 成膜可在常温常压之下进行，不受时间的限制，所需能量小，基本不破坏成膜材料的高分子结构。

⑤ LB 膜技术在控制膜层厚度及均匀性方面远比常规制膜技术优越。

⑥ 可以有效地利用 LB 膜分子自身的组织能力，形成新的化合物。

⑦ LB 膜结构容易测定，易于获得分子水平上的结构与性能之间的关系。

主要优点：简单易行，结构稳定，不需要特殊贵重的仪器。

11.3.3　LB 膜技术的缺点

① 由于 LB 膜沉积在基片上时的附着力是依靠分子间作用力的，属于物理键力，因此膜的机械性能较差。

② 要获得排列整齐且有序的 LB 膜，必须使材料含有两性基团，这在一定程度上给 LB 成膜材料的设计带来困难。

③ 制膜过程中需要使用氯仿等有毒的有机溶剂，这对人体健康和环境具有很大的危害。

④ 制膜设备昂贵，制膜技术要求很高，自组装单分子膜通过表面活性剂的头基和基底之间产生化学吸附，在界面上自发形成有序的单分子层，是一种新型的有机成膜技术。

11.4　器件的封装

器件的有机材料和金属电极遇到水蒸气与氧气会发生氧化、晶化等物理化学变化，从而失效，因此必须封装。封装方法有用环氧树脂对器件封装、添加分子筛吸湿等。

要提高 OLED 器件的性能，除要提高衬底材料的表面光洁度、防止由于表面不平坦而使器件的发光层受到损坏、防止 ITO 薄膜与衬底脱落外，更重要的是，要防止水蒸气和氧气通过衬底与盖板及封装材料渗透进入器件内部，从而导致器件失效。所以，要延长器件寿命，研究对水蒸气和氧气具有良好的阻隔性能的柔性封装材料与封装技术是非常重要的。

目前常用的封装技术是玻璃衬底的玻璃或金属盖板封装技术、单层或多层薄膜封装技术、以有机物和无机物交替的 Barix 薄膜封装技术。要实现柔性显示，就要选择适当的柔性封装方法。

（1）以玻璃为基底，玻璃或金属为盖板的封装技术

此技术用环氧树脂胶作为粘接剂将基板和盖板粘接起来，这个过程必须是在充满惰性气体或在真空环境下进行的，以此来隔离外界有害气体的影响。为了去除残留在器件内部空间的水蒸气和氧气，通常在器件内部加入干燥剂，不仅要在封装玻璃上蒸镀 CaO 和 BaO 干燥剂薄膜，并且要在封装玻璃片上粘贴 CaO 和 BaO 干燥剂，使器件结构变得更复杂。这种封装方法是以金属或玻璃为盖板的，所以很难实现柔性封装。使用环氧树脂粘接剂对盖板和基板进行粘接，但是环氧树脂对水蒸气和氧气的阻隔性能较差，降低了封装效果，环氧树脂粘接剂在固化后形成的固化膜的柔性较差、脆性高，从而会影响柔性器件的性能和使用寿命。这种封装方法的基本结构如图 11.27 所示。

（2）单层薄膜封装技术

密封胶对水蒸气和氧气的阻隔性能较差，当前采用的薄膜封装技术则克服了这一缺点，较好地改善了封装效果。单层薄膜封装技术用薄膜作为阻挡层封装 OLED 器件，采用柔性衬底后，运用薄膜封装技术可实现柔性显示。在单层薄膜中，对水蒸气和氧气的阻隔性能较好的有 SiO_2 和 SiN_x 薄膜，可以使水蒸气和氧气的渗透率降低 2～3 个数量级，并且能够

提高衬底表面的光洁度。单层薄膜封装的基本结构如图 11.28 所示。

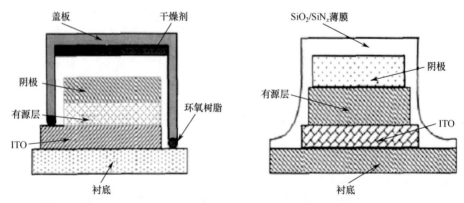

图 11.27　环氧树脂封装的基本结构　　　　图 11.28　单层薄膜封装的基本结构

（3）多层薄膜封装技术

单层薄膜封装技术可以在一定程度上阻挡水蒸气和氧气渗透进入器件内部，但是它的阻隔性能还不够理想，单层薄膜封装的器件寿命也只能维持在数百小时，所以人们把目标转向了具有更好阻隔性能的多层薄膜封装技术上。

如图 11.29 所示，多层薄膜封装器件的基本结构与单层薄膜封装器件基本相同。利用薄膜技术进行器件的封装易于实现柔性显示，虽然多层薄膜对水蒸气和氧气的阻隔性能远高于单层薄膜，但是薄膜封装器件的寿命仍然不能满足商业化的需求。

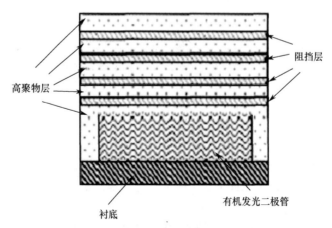

图 11.29　Barix 薄膜封装基本结构示意图

（4）有机物和无机物交替的 Barix 薄膜封装技术

Vitex Systems 公司开发了一种独特的薄膜隔离层，它对水蒸气和氧气的渗透性相当于一张玻璃的效果，该保护层称为 Barix。Barix 薄膜封装技术就是在基板和 OLED 器件上采用多层薄膜包覆密封，将有机高密度介电层与无机聚合物在真空中交替叠加，总厚度仅为 3μm 左右，Barix 薄膜封装基本结构示意图如图 11.29 所示。盖封装层直接加在 OLED 工作层上，无须使用其他封装材料和机械封装原件，可减小器件的体积和质量，并且能很好地减少水蒸气和氧气的渗透。Barix 薄膜封装技术的封装性能良好，可以用于柔性显示。

上述 4 种常见的柔性有机发光二极管（Flexible OLED，FOLED）封装技术虽然能在一定程度上满足器件的封装要求，但是用这些封装方法制备的 FOLED 器件对水蒸气和氧气的阻隔性能远不及刚性显示器件，在耐受温度、热稳定性和机械强度方面都存在多种缺陷，会影响 FOLED 器件的使用寿命。

（5）新型柔性封装技术

此方法是以柔性和透明的云母单晶薄片为基板，以低熔点的铟或铟合金对盖板和基板进行封接的。

云母是一种晶体结构的天然矿物，容易剥离成很薄的薄片，并且剥离面较光滑。选择云母作为衬底的原因是：云母具有较高的透光率，耐受温度高，有较高的抗电性能，化学稳定性好，机械强度高，收缩率小。云母对水蒸气和氧气的阻隔性能可以与玻璃相媲美，表面平整度可以达到分子级，并且云母的柔韧性较强，可以用于实现柔性显示。云母的性能参数如表 11.3 所示。

表 11.3　云母的性能参数

性 能 参 数	数 　 值
吸收度	0.05%～10%
安全运行温度/℃	700～900
热膨胀系数	8～13
断裂模数/($\times 10^8 \text{N/m}^2$)	4
耐压强度/($\times 10^8 \text{N/m}^2$)	3.34

云母的最小厚度能达到 2×10^{-4}cm，云母箔的厚度可以达到 8×10^{-5}cm，并且能够保持较好的柔韧性，满足柔性显示器件的制作要求。

铟及铟合金对水蒸气和氧气的渗透率很低，熔点低，可塑性好，并且铟封接技术长期用于高真空器件的低温封接过程中，在膨胀系数相差很大的两种材料之间能够实现非匹配封接，封接后铟层产生的应力小，比传统的粘接剂所产生的应力至少小 1 个数量级，可以忽略不计，并且铟封接不会污染和损坏器件。铟及铟合金有一定的柔韧性，也可作为柔性封装材料。

在 FOLED 器件的封装过程中，基板和盖板的材料都采用对可见光透明的天然白云母或人造云母，其厚度为 0.5～50μm，并且是没有缺陷的单晶云母薄片。ITO 透明电极兼有有机发光功能层的阴极层，为了避免透明电极引线发生短路，在封接层与电极之间设置一个绝缘层。为了保证铟封接的可靠性，在封接层与盖板、基板和绝缘层之间设置一个过渡层，过渡层所选用的材料是易于与铟或铟合金封接层产生浸润的金属，包括 Au、Ag 或 Pt。在盖板和基板的外侧分别粘接一层透明的聚合物作为盖板和基板的增强层或保护层，使器件具有更好的柔韧性和更高的机械强度，从而提高器件的可靠性。

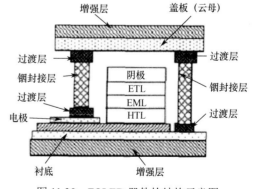

图 11.30　FOLED 器件的结构示意图

结合云母、铟、铟合金各自的优点及制作柔性有机电致发光器件的要求，在云母衬底上实现铟封接技术来制作 FOLED 是非常有前景的，FOLED 器件的结构示意图如图 11.30 所示。

11.5　有机电致发光器件特性

11.5.1　发射光谱

（1）发射光谱

器件的发射光谱与基质和掺杂有关，图 11.31 给出了一组 R、G、B 有机电致发光器件的发射光谱。

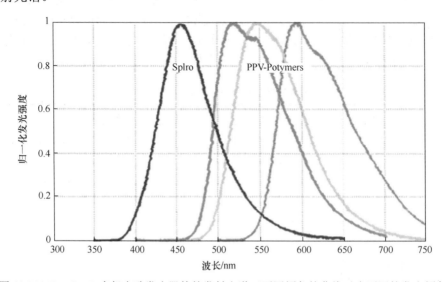

彩图 11.31

图 11.31　R、G、B 有机电致发光器件的发射光谱（不同颜色的曲线对应不同的发光颜色）

有机电致发光（OEL）器件的发射材料特性如表 11.4 所示。

表 11.4　有机电致发光器件的发射材料特性

发射材料特性	OEL 颜色		
	B	**G**	**R**
杂质	Perylene（苝）	Coumarin6（香豆素 6）	DCJT（2-[2-甲基-6-[2-(2,3,6,7-四氢-1,1,7,7-四甲基-1H,5H-苯并[ij]喹嗪-9-基)乙烯基]-4H-吡喃-4-亚基]丙二腈）
发光亮度/（cd/m²）	355	1980	770
发光效率/（lm/W）	0.56	3.9	1.3
驱动电压/V	10	8	9
量子效率	0.012	0.03	0.025

（2）发光亮度

有机电致发光器件的发光亮度 B 与驱动电压 V、电流密度 J、掺杂有关。

① B-V 特性呈现出很好的开关特性。

② B 随电流密度 J 的增大而增大，如图 11.32 所示。

③ 对同一基质的 OEL 材料，B 与掺杂种类和浓度有关。

（3）发光效率

有机电致发光器件的发光效率比无机
电致发光器件的发光效率高。

（4）响应速度快

有机电致发光器件的响应速度快，总响
应时间小于 1μs。

（5）寿命

有机电致发光器件的寿命与初始亮度 B_0
和掺杂有关。

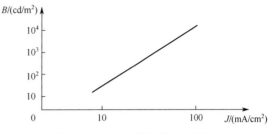

图 11.32　OEL 器件的 B-J 曲线

11.5.2　全色显示的方法

获得全色 OLED 显示器的方法有三种，如图 11.33 所示。

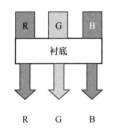
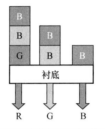

（a）采用红、绿、蓝三种电致发光材料　（b）采用蓝色电致发光材料及颜色转换材料

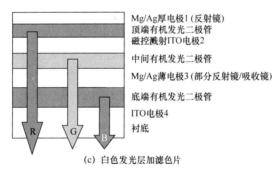

（c）白色发光层加滤色片

彩图 11.33

图 11.33　三种全色显示方法的原理图

（1）发光层加滤色片。这是获得全色显示最简单的方法之一，它是在研发 LCD 和 CCD
（电荷耦合器件）时形成的一种成熟的滤色片技术。

（2）采用红、绿、蓝三种电致发光材料，因此发光层为三层结构。

（3）采用蓝色电致发光材料及光致发光的颜色转换材料，可获得全色显示。

除蓝色光外，由蓝色光通过激发光致发光材料可分别获得绿色光和红色光。这种方法
的优点是效率高，可不再使用滤色片。滤色片效率低，大致要浪费三分之二的发射光。

11.5.3　影响器件失效与寿命的因素

（1）器件固有的内在因素

① 载流子的注入不平衡。

② 载流子的传输不平衡。

③ 传输层材料与发光材料及电极能级不匹配。

④ 材料的热稳定性和成膜性的影响。

（2）外界环境造成的外在因素

① 材料的纯度。

② 电极/有机材料层界面特性及电极的稳定性。

11.5.4 OLED 的发展现状、应用前景和展望

（1）OLED 的发展现状及存在的主要问题

①发展现状

经过由美国的 Kodak、Uniax、Dupond、IBM、Dow 公司，日本的 Pioneer、SANYO、Seiko Epson、Koson，荷兰的 PHILIPS，德国的 Hoechst AG 等公司参与研发，OLED 的亮度、寿命、效率都有了全面的提高，器件的结构样式变多，实现了红、绿、蓝全色发光。

② 存在的主要问题

OLED 的发光机制存在一些细节问题：载流子的注入及传输过程仍未彻底弄清楚；器件的效率有了大幅度的提高，绝对值较低；器件的寿命距实际应用还有一定差距；红色和蓝色器件的效率还较低，且各基色（尤其是红色）的色纯度还不高；柔性器件的封装始终未能解决；OLED 器件属于电流型器件，为保持一定的亮度要增大驱动电压，给显示器的制作和应用带来了一定困难。

（2）应用前景与展望

从取得突破性进展到现在，仅仅经历十几年时间，各项性能指标都达到了商业化要求，这是一种奇迹。由于其具有特殊的性能和优势，因此备受人们的青睐，随着各项技术的进一步完善，有机电致发光显示器可能替代 CRT、LCD 等显示器，成为"第三代"平板显示器。

11.6 有机电致发光基础

由于有机半导体具有特殊性，因此在有机电致发光的研究中考察的是电子在最高占据分子轨道（HOMO）和最低未占据分子轨道（LUMO）之间的跃迁特性，二者分别类似于无机半导体材料中的价带顶部和导带底部。

但由于有机半导体多为单极性材料，即其中的载流子传输是单种载流子，如空穴传输能力强的材料，其电子的传输能力则较差，因此在制作有机电致发光器件时，这是一个必须要考虑的问题。

在当前的有机电致发光器件中，所使用的有大分子材料，也有小分子材料，分别简称为 PLED 和 OLED。

从发光机理上看，辐射的可以是荧光，也可以是磷光，但二者的跃迁轨道不同，具有本质上的区别。正是磷光发射使得有机电致发光材料的发光效率得到了质的提高。

11.6.1　激发态的多重态（多线态）

分子或原子的多重态是指在强度适当的磁场影响下，该化合物在原子吸收和发射光谱中出现的谱线数目。谱线数为（$2S+1$），S 为体系内电子自旋量子数的代数和，一个电子的自旋量子数可以是+1/2 或−1/2。

泡利不相容原理指出，同一轨道中的两个电子必须是自旋配对的。当在分子轨道上的所有电子都配对时，$2S+1=1$，该状态称为单重态，用 S 表示。

分子中一个电子激发到能级较高的轨道上去，激发电子仍保持其自旋方向不变，S 为 0，体系处于单重态。自旋发生变化，$S=1$ 时体系处于三重态，用 T 表示。

激发态的电子组态和多重态决定了它的化学与物理性能。

11.6.2　激发态的能量

激发态的能量是决定它的化学和物理性能的另一个重要因素。同一电子组态的激发态，单重激发态的能量比三重激发态的能量要高，能量差值取决于涉及轨道的重叠程度。在有机光化学中，分子吸收光子后产生的电子激发态多为单线态，且一个分子的各种激发态的能量常用状态能级图来表示，如图 11.34 所示。

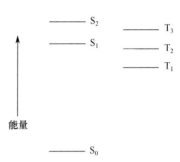

图 11.34　状态能级图

11.6.3　辐射跃迁

分子由激发态回到基态或由高激发态到低激发态，同时发射一个光子的过程称为辐射跃迁，在此过程中会产生荧光或磷光。

荧光（Fluorescence）：由多重度相同的状态间发生辐射跃迁产生的光，如 $S_1 \rightarrow S_0$ 的跃迁。

磷光（Phosphorescence）：不同多重度的状态间辐射跃迁的结果，如 $T_1 \rightarrow S_0$，而 $T_n \rightarrow S_0$ 则较少。由于该过程是自旋禁阻的，因此与荧光相比其速度常数小得多。

11.6.4　无辐射跃迁

激发态分子回到基态（或高激发态到低激发态）但不发射光子的过程称为无辐射跃迁。

无辐射跃迁发生在不同电子态的等能的振动-转动能之间，跃迁过程中分子的电子激发能变为较低的电子态振动能，体系的总能量不变且不发射光子。无辐射跃迁包括内部能量转换和系间窜越。下面介绍几个相关概念。

（1）能量传递（ET）

一个激发态分子（给体 D^*）和一个基态分子（受体 A）相互作用，结果是给体回到基态，而受体处于激发态。该过程可以表示为 $D^*+A \rightarrow D+A^*$，该过程中也要求电子自旋守恒，因此只有下述两种能量传递具有普遍性。

① 单重态-单重态能量传递：$D^*（S_1）+A（S_0）\rightarrow D（S_0）+A^*（S_1）$。

② 三重态-单重态能量传递：$D^*（T_1）+A（S_0）\rightarrow D（S_0）+A^*（T_1）$。

能量传递机制分为两种：共振机制和电子交换机制，前者适用于单重态–单重态能量传递，后者两种传递都适用。

（2）电子转移（Electron Transfer，ELT）

激发态分子可以作为电子给体将一个电子给予一个基态分子，或者作为受体从一个基态分子得到一个电子，从而生成离子自由基对

$$D^* + A \rightarrow D^+ + A^- \qquad A^* + D \rightarrow A^- + D^+$$

激发态分子是很好的电子给体和受体。图 11.35 所示为分子吸收和发射过程的 Jablonski（雅布隆斯基）态图解。

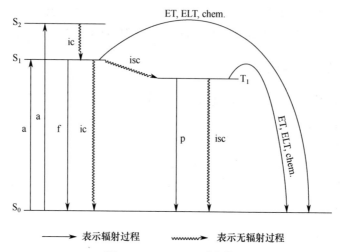

图 11.35 Jablonski 态图解

a—吸收；f—荧光；p—磷光；ic—内转换；isc—系间窜越；
ET—能量传递；ELT—电子转移；chem. —化学反应

（3）内部能量转换（Internal Conversion，IC）

内部能量转换是指当两个电子激发态之间的能量相差较小以致其振动能级有重叠时，受激分子常由高电子能级以无辐射方式转移至低电子能级的过程。

（4）系间窜越（Intersystem Crossing，ISC）

系间窜越是指处于激发态分子的电子发生自旋反转而使分子的多重性发生变化的非辐射跃迁的过程。

11.6.5 吸收和辐射之间的相关性

分子激发态的辐射跃迁是通过释放光子而从高能态失活到低能态的过程，是光吸收的逆过程。辐射跃迁与光吸收之间有着密切的关系。吸收和辐射跃迁都会导致分子轨道电子云节面[①]的改变。

---

① 节面（Nodal Plane）就是波函数相位正负号发生改变的地方。最简单的节面就是 2p 轨道中间那个面，它的一侧值为正，另一侧值为负，面上的波函数值为 0。原子轨道形成分子轨道时，重叠程度越大，成键作用就越强，形成的分子轨道能量就越低。节面的波函数值为 0，它的平方（电子密度）也是 0。节面附近的电子密度低，也就是轨道的重叠程度低，成键作用弱，反键作用强。因此节面越多，分子轨道的能量就越高。

由于分子中电子的运动具有波动性，分子中电子运动轨道的能级是与其运动轨道的节面数相关的，其中，吸收光子的过程使分子的能量增大，导致相应分子轨道的节面数增大，辐射过程使分子的能量降低，导致分子轨道的节面数减小。

原子轨道形成分子轨道时，重叠程度越大，成键作用就越强，形成的分子轨道能量就越低。节面的波函数值是 0，它的平方（也就是电子密度）也是 0。节面附近的电子密度低，也就是轨道的重叠程度低，成键作用弱，反键作用强。因此节面数越大，分子轨道的能量就越高，如图 11.36 所示。

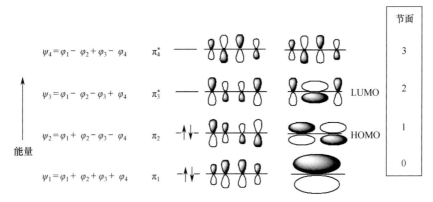

图 11.36　1,3-丁二烯的 π 分子轨道图（分子轨道的节面数由 $\psi_1 - \psi_1$

按 0, 1, 2, 3, …的顺序依次增大，节面数越大，能量越高）

11.6.6　跃迁选择规则

跃迁是否容易发生主要与跃迁前后电子的自旋是否改变、跃迁涉及的分子轨道的对称性及它们的重叠情况等因素有关。化合物的摩尔消光吸收大体是从基态到激发态的跃迁容易与否的量度（其大的典型值为 $10^4 \sim 10^5 \text{m}^2/\text{mol}$，小的典型值为 $10^{-3} \sim 10^{-2} \text{m}^2/\text{mol}$）。辐射跃迁遵从相同的选择规则，即电子自旋不发生改变、跃迁涉及的分子轨道的对称性发生改变并有较大的空间重叠时辐射跃迁容易发生。

11.6.7　吸收和辐射跃迁引起分子偶极矩的改变

从物理角度来说，跃迁矩（跃迁前后分子偶极矩的改变）是吸收光子的跃迁是否容易发生的量度，跃迁矩越大，跃迁越容易发生。辐射跃迁是指电子从一个高能分子轨道回到低能分子轨道，因此分子中电子的排布发生改变同样会导致分子的偶极矩发生改变。

摩尔吸光系数（Molar Absorption Coefficient，用 ε 表示）也称摩尔消光系数（Molar Extinction Coefficient），是指浓度为 1mol/L 时的吸光系数。摩尔吸光系数的物理意义是当吸光物质的浓度为 1mol/L 且液层厚度为 1cm 时，某溶液对特定波长光的吸光度。当浓度用 g/L 表示时，摩尔吸光系数在数值上等于吸光系数（α）与物质的分子量（M）之积，即 $\varepsilon = \alpha M$。辐射跃迁与光子的吸收都遵从 Franck-Condon（夫兰克–康登）原理，与分子的光吸收过程一样，辐射跃迁也是垂直跃迁，即在跃迁时分子的几何构型不发生变化，但此时因辐射跃迁将产生一个"伸张"了的基态分子。

无辐射跃迁的过程：通常，高振动激发态分子在能量的衰减过程中，首先通过振动弛豫并向环境散失一部分热能而到达激发态的零振动能级，然后通过无辐射跃迁失活而到达能量更低的状态。

无辐射跃迁通常包括两个步骤：首先是在等能点上的跃迁，从激发态的零振动能级跃迁到低能状态（激发态或基态）的高振动能级；然后经过振动弛豫失去过量的振动能到达零振动能级。

11.6.8　夫兰克–康登原理

1925 年，夫兰克（James Franck）首先提出这一原理的基本思想；1928 年，康登（Edward Condon）用量子力学进行了说明。他们认为：电子跃迁的过程是一个非常迅速的过程，跃迁后电子态虽有改变，但核的运动在这样短的时间内来不及跟上，故核间距和振动速度保持原状。

由于电子和原子核质量存在显著差别，因此电子的运动速度比原子核快得多，以致电子在跃迁过程中原子核间距离基本保持不变。这表示在两个不同电子态的势能曲线之间，要用垂线来表示电子跃迁过程。这一原理就称为夫兰克–康登原理（Franck-Condon Principle），它成功地解释了零谱带系的强度分布。

11.6.9　影响无辐射跃迁的因素

① Franck-Condon 积分。S_1 态与 T_1 态或 S_0 态的核构型越相近，即 Franck-Condon 重叠积分越大，跃迁越容易发生。

② 能态密度。在始态或终态能量上，每单位能量间隔中的振动能级数称为能态密度。对激发态分子来说，能态密度越大，则始态的零振动能级与终态的某一振动能级处于简并态的概率越大，越有利于无辐射跃迁。

③ 能隙。能隙是两个不同电子态的能差，能隙越小，两个不同电子态越容易发生共振，从而越容易实现无辐射跃迁。

④ 无辐射跃迁的选律（跃迁选择定律）与辐射跃迁相反。无辐射跃迁没有光子的吸收和发射，不要求电子云节面数发生变化，即始态与终态的分子轨道对称性不发生改变的无辐射跃迁是允许的。

11.6.10　激发态能量转移

（1）激发态能量转移概述

能量转移是指能量从已经激发的粒子向未激发的粒子转移，或者在激发的粒子间转移的过程，这里的粒子可以是原子、离子、基团或分子。能量转移过程广泛存在于天然和人工合成体系中。分子激发能转移过程一般发生的距离范围为 1～100Å，时间从飞秒（10^{-15}s）到毫秒。研究能量转移的目的在于：理解决定能量转移速率和效率的因素，并在此基础上实现对能量转移的控制和利用。

（2）能量转移的分类

能量转移可发生在分子间或分子内。对分子间的能量转移来说，它既可以发生在不同的分子间，也可以发生在相同的分子间。分子内的能量转移则是指同一分子中的两个或几个发色团间的能量转移。

能量转移可以分为两大类：辐射能量转移和无辐射能量转移。

① 辐射能量转移的特点

辐射能量转移是一个两步过程：

$$D^* = D + h\nu \qquad\qquad h\nu + A = A^*$$

辐射能量转移不涉及给体与受体间的直接相互作用，这种转移在稀溶液中可占主导地位。

转移的概率与激发态给体 D^* 发射的量子产率、受体 A 的浓度和吸收系数、D^* 的发射光谱与 A 的吸收光谱的重叠程度有关。

对于通过辐射机理发生的能量转移，给体的发射寿命不改变，而且与介质的黏度无关。

② 无辐射能量转移的特点

无辐射能量转移是一个一步过程：

$$D^* + A = D + A^*$$

无辐射能量转移必须遵循体系总能量守恒定律，这要求 $D^* \to D$ 和 $A \to A^*$ 的能量相同。自旋守恒与否是能量转移速率的重要决定因素。

无辐射能量转移过程是受不同机理支配的，这些机理包括：库仑转移机理、交换转移和通过键的超交换转移机理、激子转移机理。

（3）能量转移机理

库仑转移机理——Förster 理论（5～10nm，长距离转移）。

交换转移机理——Dexter 理论（0.5～1nm，短距离转移）。

Förster 理论和 Dexter 理论都是在假定给体与受体之间相互作用极弱的条件下，用时间相关的微扰理论导出的。但交换相互作用是在考虑了电子的不可区分性及电子作为一种费米子波函数具有反对称性的情况下产生的，因此它不像库仑作用那样可由经典力学理论导出，而必须在量子力学理论的框架中才能产生。库仑转移与交换转移的比较如表 11.5 所示。

表 11.5　库仑转移与交换转移的比较

库 仑 转 移	交 换 转 移
Förster 理论	Dexter 理论
诱导偶极机理	碰撞机理
通过电磁场实现	通过电子云重叠实现
通过空间转移	通过碰撞转移
非接触型	接触型
有经典类比	纯量子力学结果
长距离转移（50～100Å）	短转移距离（5～10Å）
转移速率 $k' \propto R_{DA}^{-6}$	转移速率 $k' \propto e^{-R_{DA}}$
与实验量 ϕ_D（D 的量子产率）有关	与实验量无关
与 $D^* \to D$ 和 $A \to A^*$ 的辐射振子强度有关	与辐射振子强度无关
与光谱重叠积分 J 有关	与光谱重叠积分 J 有关
$J = \int_0^\infty \dfrac{\overline{F_D(\nu)}\varepsilon_A(A)}{\nu^4}$	$J' = \int \overline{F_D(\nu)}\,\overline{\varepsilon_A(\nu)}\mathrm{d}\overline{\nu}$
表达式	表达式
$V_{ET} = \left\langle \varphi_{D^*}(1)\varphi_A(2) \left\| V \right\| \varphi_D(1)\varphi_{A^*}(2) \right\rangle$	$V_{ET} = \left\langle \varphi_{D^*}(1)\varphi_A(2) \left\| V \right\| \varphi_D(2)\varphi_{A^*}(1) \right\rangle$

（4）激子转移机理

如果给体与受体的相互作用大于单独分子内电子运动和核运动间的相互作用，则称为强相互作用（或强耦合）。这时给体与受体中的振动子跃迁实际上是互相共振的，因此激发能转移速率比核振动快，而且核平衡位置在激发能转移时无实质性变化。这时的激发是离域的，即在整个体系上分布，相当于用电子激发态定态地来描述体系，这被定义为"激子态"，这种强相互作用引起的激发能转移也叫作"激子转移"。

（5）各能量转移机理的适用范围

实际问题研究中往往遇到多种机理存在于同一体系中。影响转移机理最重要也最直观的一个因素是给体与受体之间的距离。一般来说，长距离转移属于库仑机理，接下来按距离由长至短，能量转移的机理依次是通过键的超交换机理、交换机理和激子机理。但这种距离界限并不是很明确的，所以确定一个体系中的能量转移的机理不是一件简单的事情，由单一因素来确定机理的做法往往是不可靠的。

11.6.11　光致电子转移概念

光致电子转移（PET）是指电子给体或电子受体首先受光激发，激发态的电子给体与电子受体之间或者电子给体与激发态的电子受体之间的电子转移反应。

与基态相比，激发态既是较好的电子给体，也是较好的电子受体，因此光致电子转移反应是光化学中较普遍的一类反应，同时电子转移可以作为使激发态淬灭的一种重要途径。光致电子转移反应包括初级电子转移反应和它的次级反应，前者指电子在激发态与基态分子之间通过转移形成电荷转移复合物的过程，后者指电子返回基态、系间窜越、离子对的分离或复合等过程。

（1）激发态的淬灭和分子敏化

在激发态分子和基态分子相互作用的过程中，处于激发态的能量给体 D^* 回到基态，同时把能量转移到受体（基态）A 上，使 A 从基态提升到某个激发态。其中，由于发生了能量转移，因此 D^* 的发光过程减弱或完全停止，称为淬灭；A 接收 D^* 所给的能量后从基态提升到某个激发态，具有发射或激发态分子所应有的其他特性，这个过程称为敏化。

淬灭和敏化是同一过程的两个方面：就能量给体而言称为淬灭，以丧失部分或全部激发态的性质为标志；对能量受体而言称为敏化，它将表现出激发态的特征。

（2）分子间电荷转移的途径

在溶液中，独立存在的电子给体和电子受体存在相互作用，因溶剂的参与可形成下列各种状态：相遇复合物（Encounter Complex）、碰撞复合物（Collision Complex）、激基复合物（Exciplex）、接触离子对（Contact Ion Pair，CIP）、溶剂分隔离子对（Solvent-Separated Ion Pair，SSIP）和自由离子（Free Ions）等。

（3）相遇复合物中的电荷转移

相遇复合物是由激发态分子和基态分子相互作用生成的复合物，在溶剂笼中二者相距约 0.7mm。激发态分子在衰变前与基态分子相遇并形成相遇复合物后，接着便发生碰撞、分离、再碰撞……这其中，分子在形成相遇复合物期间可以完成激发态分子向基态分子的电荷转移过程，并有可能进而生成溶剂分隔的离子对。

（4）碰撞复合物中的电荷转移

激发态分子向基态受体间的电荷转移，如发生在碰撞复合物阶段，将立即形成紧邻离子对，也有可能生成溶剂分隔的离子对，并依溶剂极性的不同而相互转化。

（5）激基复合物中的电荷转移

形成激基复合物是一条重要的电荷转移途径。由于激基复合物的两部分都带有微量的电荷，因此具有较大的偶极矩，其中容易形成的夹心结构的有机平面分子较容易形成激基复合物。

（6）光致电子转移

图 11.37 给出了光致电子转移的示意图，其中，FIS 为自由离子状态（Free Ions State）。

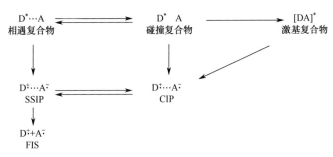

图 11.37　光致电子转移的示意图

电子转移示意图如图 11.38 所示，其中，RET 为反向电子转移。

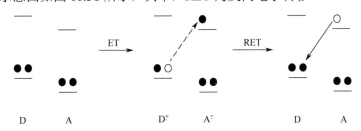

图 11.38　电子转移示意图，用分子轨道表示的一般电子转移过程，其中 D 为给体（donor），A 为受体（acceptor）

给体为激发态的光致电子转移示意图如图 11.39 所示。其中，EX 代表激发，RET 代表反向电子转移，PET 代表光致电子转移。

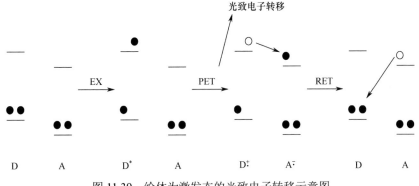

图 11.39　给体为激发态的光致电子转移示意图

另外，如果受体为激发态，这样的光致电子转移示意图如图 11.40 所示。

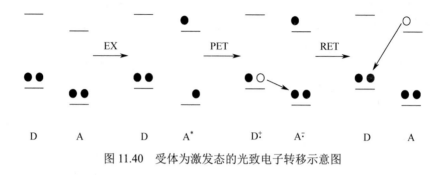

图 11.40 受体为激发态的光致电子转移示意图

11.7 量子点发光

11.7.1 量子点的概念

量子点（Quantum Dot）是把激子在三个空间方向上束缚住的半导体纳米结构，有时被称为"人造原子"、"超晶格"、"超原子"和"量子点原子"，是 20 世纪 90 年代提出的一个概念。这种约束可以归结于静电势（由外部的电极、掺杂、应变、杂质产生）、两种不同半导体材料的界面（如在自组量子点中）、半导体的表面（如半导体纳米晶体），或者以上三者的结合。量子点具有分离的量子化的能谱，所对应的波函数在空间上位于量子点中，但延伸于多个晶格周期中。一个量子点具有少量的整数个（1～100 个）电子、空穴或电子–空穴对，即其所带的电量是元电荷的整数倍。

量子点是一种重要的低维半导体材料，其三个维度上的尺寸都不大于其对应的半导体材料的激子玻尔半径的两倍。量子点一般为球形或类球形，其直径常为 2～20nm。常见的量子点由IV族、II-VI族、IV-VI族或III-V族元素组成，具体的例子有硅量子点、锗量子点、硫化镉量子点、硒化镉量子点、碲化镉量子点、硒化锌量子点、硫化铅量子点、硒化铅量子点、磷化铟量子点和砷化铟量子点等。

量子点是一种纳米级别的半导体，通过对这种纳米半导体材料施加一定的电场或光压，它们便会发出特定频率的光，而发出的光的频率会随着这种半导体尺寸的改变而变化，因而通过调节这种纳米半导体的尺寸就可以控制其发出光的颜色（如图 11.41 所示）。由于这种纳米半导体拥有限制电子和电子–空穴对（Electron-Hole Pairs）的特性，这一特性类似于自然界中的原子或分子，因此被称为量子点。

小的量子点，如胶体半导体纳米晶，可以小到 2～10nm，这相当于 10～50 个原子直径的尺寸，在一个量子点体积中可以包含 100～100 000 个这样的原子。自组装量子点的典型尺寸为 10～50nm，通过光刻成型的门电极或刻蚀半导体异质结中的二维电子气形成的量子点横向尺寸可以超过 100nm。将 10nm 尺寸的三百万个量子点首尾相接排列起来可以达到人类拇指的宽度。

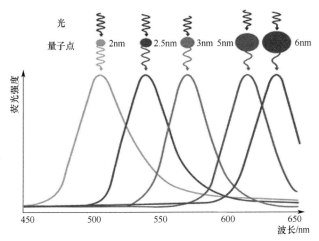

彩图 11.41

图 11.41　量子点的发光颜色随着半导体尺寸的增大而红移

11.7.2　制备方法

量子点的制造方法可以大致分为三类：化学溶液生长法、外延生长法和电场约束法。这三类制造方法分别对应三种不同种类的量子点。

（1）化学溶液生长法

1993 年，麻省理工学院 Bawendi 教授领导的科研小组第一次在有机溶液中合成了大小均一的量子点[1]。他们将三种氧族元素（硫、硒、碲）溶解在三正辛基氧膦中，而后在 200～300℃的有机溶液中与二甲基镉反应，生成相应的量子点材料（如硫化镉、硒化镉和碲化镉）。之后人们在此种方法的基础上发明出了许多合成胶状量子点的方法，大部分半导体材料都可以用化学溶液生长的方法合成相应的量子点。

胶状量子点具有制作成本低、产率大、发光效率高（尤其是在可见光和紫外光波段）等优点；但缺点是电导率极低。由于在生产过程中在量子点表面产生有机配体，会抵消量子点之间的范德瓦耳斯力，因此可以维持其在溶液中的稳定性。但这层有机配体极大程度地阻碍了电荷在量子点之间的传输，这大大降低了纳米微晶在太阳电池和其他器件上的应用。科学家曾尝试用各种方法提高电荷在这种材料中的传导率，有代表性的是 2003 年芝加哥大学的 Guyot-Sionnest 教授用较短链的氨基物取代原有的长链有机配体，将量子点间距缩小，并用电化学的方法将大量电子注入量子点内，将电导率提高到了 0.01S/cm[2]。

（2）外延生长法

外延生长法是指在一种衬底材料上生长出新的结晶，如果结晶足够小，就会形成量子点。根据生长机理的不同，该方法又可以细分成化学气相沉积法和分子束外延法。

用这种方法生长出的量子点长在另一种半导体上，很容易与传统半导体器件结合。另外由于没有有机配体，外延量子点的电荷传输效率比胶体量子点高，并且能级也比胶体量子点更容易调控；同时，其表面的缺陷少。然而，由于化学气相沉积和分子束外延都需要高真空或超高真空，因此相比于胶体量子点，外延量子点的成本较高。

（3）电场约束法

电场约束法是指完全利用调控金属电极的电势使半导体内的能级发生扭曲，形成对载流子的约束。由于量子点所需尺寸在纳米级别，因此金属电极需要用电子束曝光的方法制作，成本最高，产率也最低。但用这种方法制作出的量子点，可以简单通过门电压控制其能级、载流子的数量和自旋等。由于具有极高的可控性，因此这种量子点最适用于量子计算[3]。

11.7.3　类型划分

量子点按其几何形状，可分为箱形量子点、球形量子点、四面体量子点、柱形量子点、立方量子点、盘形量子点和外场（电场和磁场）诱导量子点；按其电子与空穴的量子封闭作用，量子点可分为 1 型量子点和 2 型量子点；按其材料组成，量子点又可分为元素半导体量子点、化合物半导体量子点和异质结量子点。此外，原子及分子团簇、超微粒子和多孔硅等也都属于量子点范畴。量子点的荧光寿命可达数十纳秒（20～50ns），可得到无背景干扰的荧光信号。

11.7.4　主要性质

（1）量子点的发射光谱可以通过改变量子点的尺寸来控制

如图 11.42 所示，通过改变量子点的尺寸和它的化学组成可以使其发射光谱覆盖整个可见光区。以 CdTe 量子点为例，当它的粒径从 2.5nm 生长到 4.0nm 时，它的发射波长从 510nm 红移到 660nm，而硅量子点等其他量子点的发光可以到近红外区。

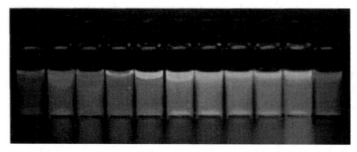

彩图 11.42

图 11.42　不同尺寸的量子点在同一光照射下的发光颜色

（2）量子点具有很好的光稳定性

量子点的荧光强度比常用的有机荧光材料"罗丹明 6G"高 20 倍，它的稳定性更是"罗丹明 6G"的 100 倍以上。因此，量子点可以对标记的物体进行长时间的观察，这也为研究细胞中生物分子之间的长期相互作用提供了有力的工具。一般来讲，共价键型的量子点（如硅量子点）比离子键型的量子点具有更好的光稳定性。

（3）量子点具有宽的激发谱和窄的发射谱

使用同一激发光源可实现对不同粒径的量子点进行同步检测，因而可用于多色标记，在极大程度上促进了其在荧光标记中的应用。而传统的有机荧光染料的激发波长范围较窄，不同荧光染料通常需要多种波长的激发光来激发，这给实际的研究工作带来了很多不便。此外，量子点具有窄而对称的荧光发射峰，且无拖尾，多色量子点同时使用时不容易出现光谱交叠。

（4）量子点具有较大的斯托克斯位移

量子点不同于有机染料的另一光学性质就是其具有较大的斯托克斯位移，这样可以避免发射光谱与激发光谱的重叠，有利于荧光光谱信号的检测。

（5）生物相容性好

量子点经过各种化学修饰之后，可以进行特异性连接，其细胞毒性低，对生物体的危害小，可进行生物活体标记和检测。在各种量子点中，硅量子点具有最佳的生物相容性。对于含镉或铅的量子点，有必要对其表面进行包裹处理后再开展生物应用。

（6）量子点的荧光寿命长

有机荧光染料的荧光寿命一般仅为几纳秒（这与很多生物样本的自发荧光衰减的时间相当），而具有直接带隙的量子点的荧光寿命可达数十纳秒（20～50ns），具有准直接带隙的量子点（如硅量子点）的荧光寿命则可超过 100μs。在光激发情况下大多数的自发荧光已经衰变，而量子点的荧光仍然存在，此时即可得到无背景干扰的荧光信号。

总而言之，量子点具有激发光谱宽且连续分布、其发射光谱窄且对称、颜色可调、光化学稳定性高、荧光寿命长等优越的荧光特性，是一种理想的荧光探针。

11.7.5　物理效应

量子点独特的性质基于它自身的量子效应，当颗粒尺寸进入纳米量级时，尺寸限域将引起尺寸效应、量子限域效应、宏观量子隧道效应和表面效应，从而派生出纳米体系与常观体系和微观体系不同的低维物性，展现出许多不同于宏观体材料的物理化学性质，在非线性光学、磁介质、催化、医药及功能材料等方面具有极为广阔的应用前景，同时将对生命科学和信息技术的持续发展及物质领域的基础研究产生深刻的影响。

（1）量子尺寸效应

通过控制量子点的形状、结构和尺寸，可以方便地调节其能隙宽度、激子束缚能的大小及激子的能量蓝移等电子状态。随着量子点尺寸的逐渐减小，量子点的吸收光谱出现蓝移现象。尺寸越小，光谱蓝移现象越显著，这就是众所周知的量子尺寸效应。

（2）表面效应

表面效应是指随着量子点粒径的减小，大部分原子位于量子点的表面，量子点的比表面积随粒径的减小而增大。由于纳米颗粒大的比表面积，表面相原子数的增多导致了表面原子的配位不足、不饱和键与悬键增多，使这些表面原子具有高的活性，极不稳定，很容易与其他原子结合，这种表面效应将引起纳米粒子大的表面能和高的活性。表面原子的活性不但会引起纳米粒子表面原子输运和结构的变化，也会引起表面电子自旋构象和电子能谱的变化。表面缺陷会导致陷阱电子或空穴，它们反过来会影响量子点的发光性质，引起非线性光学效应。金属体材料通过光反射而呈现出各种特征颜色，由于表面效应和尺寸效应使纳米金属颗粒的光反射系数显著下降（通常低于 1%），因此纳米金属颗粒一般呈黑色，粒径越小，颜色越深，即纳米颗粒的光吸收能力越强，呈现出宽频带强吸收谱。

（3）介电限域效应

由于量子点与电子的 De Broglie（德布罗意）波长、相干波长及激子玻尔半径可比拟，因此电子被局限在纳米空间，电子输运受到限制，电子平均自由程很短，电子的局域性和相干性增强，将引起量子限域效应。对于量子点，当粒径与 Wannier（瓦尼尔）激子玻尔半径相当或更小时，将处于强限域区，易形成激子，产生激子吸收带。随着粒径的减小，激子带的吸收系数会增大，出现激子强吸收。由于存在量子限域效应，激子的最低能量会向高能方向移动（即蓝移）。相关报道表明，日本 NEC 公司已成功地制备了量子点阵列，在基底上沉积纳米岛状量子点阵列。当用激光照射量子点使之激励时，量子点发出蓝光，表明量子点确实具有关闭电子功能的量子限域效应。当量子点的粒径大于 Wannier激子玻尔半径时，处于弱限域区，此时不能形成激子，其光谱是由带间跃迁的一系列线谱组成的。

（4）量子隧道效应

传统的功能材料和器件，其物理尺寸远大于电子自由程，所观测的是群电子输运行为，具有统计平均结果，所描述的性质主要是宏观物理量。当微电子器件进一步细微化时，必须要考虑量子隧道效应。70nm 曾经被认为是微电子技术发展的极限，原因是电子在纳米尺度空间中将有明显的波动性，其量子效应将起主要功能。电子在纳米尺度空间中运动时，物理线度与电子自由程相当，载流子的输运过程将有明显的电子波动性，出现量子隧道效应，电子的能级是分立的。要实现量子效应，对于利用电子的量子效应制造的量子器件，要求在几微米到几十微米的微小区域内形成纳米导电区域。电子被"锁"在纳米导电区域，电子在纳米空间中显现出的波动性产生了量子限域效应。纳米导电区域之间形成薄薄的量子势垒，当电压很低时，电子被限制在纳米尺度范围运动，升高电压可以使电子越过量子势垒形成费米电子海，使体系导电。电子从一个量子阱穿越量子势垒进入另一个量子阱就出现了量子隧道效应，这种从绝缘到导电的临界效应是纳米有序阵列体系的特点。

（5）库仑阻塞效应

当一个量子点与其所有相关电极的电容之和足够小时，只要有一个电子进入量子点，系统增大的静电能就会远大于电子热运动能力，该静电能将阻止随后的第二个电子进入同一量子点，这就是库仑阻塞效应。

11.7.6　应用前景

（1）生命科学

很多现代发光材料和器件都由半导体量子结构所构成的，材料形成的量子点尺寸都与过去常用的染料分子的尺寸接近，因而像荧光染料一样对生物医学研究有很大的用途。从生物体系的发光标记物的差别上讲，量子点由于量子力学的奇妙规则而具有显著的尺寸效应，基本上高于特定域值的光都可吸收，而一个染料分子只有在吸收合适能量的光子后才能从基态升到较高的激发态，且所用的光必须是特定的波长或颜色，这明显与半导体体相材料不同，而量子点要吸收所有高于其带隙能量的光子，但所发射的光波长（即颜色）又非常具有尺寸依赖性。所以，单一种类的纳米半导体材料能够按尺寸变化产生一个发光波长不同的、颜色分明的标记物家族，这是染料分子根本无法实现的。

与传统的染料分子相比，量子点确实具有多种优势。无机微晶能够承受多次的激发和光发射，而有机分子却会分解。持久的稳定性可以让研究人员有更长时间来观测细胞和组织，并毫无困难地进行界面修饰连接。量子点最大的好处是有丰富的颜色，生物体系的复杂性经常需要同时观察几种组分，如果用染料分子染色，则需要不同波长的光来激发，而量子点则不存在这个问题,使用不同大小（不同色彩）的纳米晶体来标记不同的生物分子,使用单一光源就可以使不同的颗粒被即时监控。量子点特殊的光学性质使得它在生物化学、分子生物学、细胞生物学、基因组学、蛋白质组学、药物筛选、生物大分子相互作用等研究中有极为广阔的应用前景。

（2）量子点半导体器件

半导体量子点的生长和性质成为当今研究的热点,最为常用的制备量子点的方法是自组织生长方式。量子点中低的态密度和能级的尖锐化导致量子点结构对其中的载流子产生三维量子限制效应,从而使其电学性能和光学性能发生变化,而且量子点在正入射情况下能发生明显的带内跃迁。这些性质使得半导体量子点在单电子器件、存储器及各种光电器件等方面具有极为广阔的应用前景。

基于库仑阻塞效应和量子尺寸效应制成的半导体单电子器件由于具有小尺寸、低功耗等优点而日益受到人们的关注。"半导体量子点材料及量子点激光器"是半导体技术领域中的一个前沿性课题,这项工作获得了突破性进展,于 2000 年 4 月 19 日通过中国科学院科技成果鉴定。半导体低维结构材料是一种人工改性的新型半导体低维材料,其量子尺寸效应、量子隧道效应、库仑阻塞效应、非线性光学效应等是新一代固态量子器件的基础,在未来的纳米电子学、光电子学和新一代超大规模集成电路等方面占据极其重要的地位。采用应变自组装方法直接生长量子点材料,可将量子点的横向尺寸缩小到几十纳米之内,接近纵向尺寸,并可获得无损伤、无位错的量子点,现已成为量子点材料制备的重要手段之一,但其不足之处是量子点的均匀性不易控制。以量子点结构为有源区的量子点激光器在理论上具有更低的阈值电流密度、更高的光增益、更高的特征温度和更宽的调制带宽等,将会使半导体激光器的性能有大的飞跃,对未来半导体激光器市场发展方向的影响巨大。近些年,欧洲、美国、日本等国家和地区都开展了应变自组装量子点材料和量子点激光器的研究,取得了很大进展。

除采用量子点材料研制边发射、面发射激光器外,量子点在其他光电子器件上也得到了广泛的应用。

（3）量子点显示器

量子点发光包括量子点电致发光与量子点光致发光。所谓量子点电致发光,就是量子点材料在电场驱动下发出不同颜色的光,基于此可以制备量子点发光二极管（QLED）。QLED的显示原理与 OLED 类似,然而受限于量子点材料的特性,QLED 只能通过喷墨打印等湿法工艺来制备,目前在设备、工艺等方面的瓶颈尚未突破,因而 QLED 离真正产业化尚需时日。

目前商业化的量子点显示器基于光致发光原理,属于量子点背光源技术（Quantum Dots-Backlight Unit,QD-BLU）与液晶显示技术相结合的产物,即量子点背光液晶显示器（QD-LCD）,如图 11.43 所示。

早在 20 世纪 80 年代初,科学家就发现了量子点材料并开始研究其应用。1981 年,苏联科学家 Efros

图 11.43 量子点背光液晶显示器（QD-LCD） 彩图 11.43

和 Ekimov 发现了半导体纳米晶的量子尺寸效应。1983 年，美国贝尔实验室的 Brus 首次报道了 CdS 纳米晶具有尺寸效应等相关的性质，拉开了量子点研究的序幕，尽管"量子点"这一名称是数年后由耶鲁大学物理学家马克里德正式赋予的。在以后的数年中，研究者将精力集中于如何制备大小均一的量子点、如何提高量子点的量子效率和稳定性，以及无镉多元量子点材料的研究，这些研究为量子点的商业化应用奠定了基础。时至今日，应用于发光的量子点材料家族逐渐壮大，已经涵盖了硒化镉、磷化铟、钙钛矿等几大体系。

自量子点材料被发现后，人们就开始思考其应用价值，科学家探索了量子点材料在 LED、太阳能电池及生命科学方面的应用。2009 年，美国尼克思照明（Nixon LED）公司的夏洛特将量子点的涂料涂在蓝光 LED 上，在实验室中制成了世界上第一个量子点 LED，正式开启了量子点的商业化应用探索。然而量子点照明的商业化并不顺利，价格昂贵、寿命短、产业链不成熟，使得其商业化停滞不前。

量子点显示的产业化探索始于 21 世纪初，由此诞生了 QD-Vision（2016 年被三星收购）、Nanosys 和 Nanoco 三大量子点巨头。三家公司的发展各具特色：Nanoco 从成立之初就致力于无镉量子点的开发及应用；QD-Vision 于 2013 年率先实现了量子点电视，采用的是量子点管技术；与 QD-Vision 师出同门的 Nanosys 专利布局深远，是量子点膜的发明者。在量子点背光技术中，先后出现了三种产品形态：On-chip、On-edge 和 On-surface。On-chip 是将量子点油墨涂敷在蓝光芯片上直接做成白光量子点光源，其好处是量子点粉体用量最少，但其弊端也非常明显，蓝光芯片工作时产生的热量会使量子点的寿命大幅缩短，无法实现商业化应用。On-edge 方式即为量子点管技术，将量子点粉体封装在玻璃管中，装配在模组导光板入光侧面。这种方式克服了量子点直接与高温 LED 接触的缺点，寿命大大延长，早期的量子点电视多采用这种方式。然而，这种方式并不适合大规模推广，原因在于量子点管比较脆、很容易破损，且安装在导光板入光侧面需要额外的空间，必须重新进行产品设计，因而终端用户的阻力很大。Nanosys 与 3M 公司联合开发，将量子点材料包覆在两层 PET 膜之间从而得到量子点膜（如图 11.44 所示），装配时放在导光板或扩散板上，即所谓的 On-surface。量子点膜在空间上远离 LED，且与当前模组制造工艺的兼容度高，因此受到下游厂家的青睐。

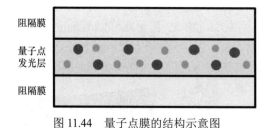

阻隔膜

量子点
发光层

阻隔膜

彩图 11.44

图 11.44   量子点膜的结构示意图

（4）量子点膜与 LCD 的结合

量子点膜在问世之初并未受到产业界的青睐。第一，当时其价格昂贵，每平方米的价格高达 100 多美金，终端厂商无法接受。第二，产品的性能及信赖性有待提高。第三，产业链不成熟，终端厂商对量子点膜产品及如何应用不了解。随着量子点合成及涂布工艺的改善，特别是国内厂商开始涉足量子点膜生产，产品的外观、性能、信赖性及价格逐步跨过下游厂商的门槛，量子点膜逐渐成为量子点显示厂商的首选和主流产品。

当前量子点膜都采用三明治结构：两层水氧阻隔膜中间夹着量子点层。量子点层含有红色量子点和绿色量子点，蓝光激发可产生红光和绿光，可与 LED 自身蓝光复合形成白光。量子点材料的发光半峰宽比较窄（通常为 30nm 左右），这意味着与荧光粉 LED 背光相比，量子点背光的红色和绿色更纯正。依据色度学原理不难理解，RGB 三基色光谱的半峰宽越窄，三基色的纯度越高，其显示的色域也越宽。一般采用 YAG 荧光粉的 LCD，色域值只有 70%（美国国家电视标准委员会 NTSC 标准），而采用量子点膜的 LCD，色域值可以达到 110%（NTSC 标准），高于目前 OLED 电视的色域值。因此，无论是与 OLED 显示器竞争，还是液晶显示行业内部的竞争，都有必要采用量子点技术提高色域、改善显示效果。

量子点膜可以应用于 TV、商业显示器、电子黑板、笔记本电脑、PAD（平板电脑）、车载显示及手机等领域。以量子点液晶 TV 为例，其背光结构分为直下式和侧入式。中高端 TV 通常采用侧入式背光结构，引入量子点膜技术后，其一般结构为"反射片/导光板/量子点膜/BEF/DBEF/上扩散片/液晶 cell"。由于要采用蓝光激发，因此原来的白光 LED 灯条需要更换成蓝光 LED 灯条，一般推荐主波长在 445～450nm 范围内的蓝光 LED 灯条。量子点液晶显示器的产业链与传统的液晶显示器基本相同，其模组生产工艺也和传统液晶显示器基本一致，主要区别是在模组结构上增加一片量子点膜。采用量子点膜对传统 LCD 进行性能升级相对比较简单，成本增加得也比较少，显示器色域值可以达到 110%甚至更高，从而以较低的成本实现了显示性能的大幅提升。

目前业界领头羊三星把量子点技术作为战略性发展方向，近日三星显示为 8.5 代线 QD-OLED 生产打造实验线，这也是为打破大尺寸事业 LCD 技术的限制、为次世代显示技术做准备。

我国政府也非常重视新材料产业的发展，近年来，工信部、发改委、科技部等多部委相继发布了新材料产业、战略性新兴产业发展规划及科技发展规划。《"十四五"国家战略性新兴产业发展规划》对新材料产业的定位是：瞄准整体达到国际先进水平的目标，新材料产业系统建设创新体系，推行大规模绿色制造使用和循环利用，保障国民经济、国家安全、社会可持续发展的基本需求，实现由材料大国向材料强国的重大转变。

国内量子点阵营 TCL 也是在其高端到中端 X 系列和 C 系列都在延续量子点配置，而 TCL 华星光电技术有限公司（简称"华星光电"）和华中科技大学武汉光电工业技术研究院（简称"工研院"）也积极地布局投资光致发光的 QLED 技术。海信虽在海外项目中开始导入 OLED 机种，但在国内项目中高端系列依然坚持着量子点。

风行、乐视、微鲸、康佳线上品牌均在采用量子点技术。量子点技术从一开始的高端旗舰机种延伸至中低端全线系列并趋向于标配化，也得益于国内量子点上游的蓬勃发展。

思 考 题 11

1. 无机电致发光器件的机理是什么？
2. 小分子电致发光和聚合物电致发光器件的机理各是什么？
3. LED 结构和发光的基本原理、特性是什么？

4．对 OLED 器件中各种材料的基本要求是什么？

5．电致发光与光致发光的根本区别是什么？

6．如何提高 OLED 的发光效率？有哪些途径和方法？

7．激发态能量转移有哪些方式？各有什么特点？

8．分子间电荷转移有哪些途径？

9．量子点的概念是什么？量子点有哪些物理化学性质？

参 考 文 献

[1] Murray C B, Norris D J, Bawendi M G. Synthesis and characterization of nearly monodisperse CdE (E = sulfur, selenium, tellurium) semiconductor nanocrystallites[J]. J. Am. Chem. Soc.,1993, 115: 8706-8715.

[2] DONG Y, WANG C J, Phihippe G S. n-type conducting CdSe nanocrystal solids[J]. Science,2003, 300: 1277-1280.

[3] Enrico Prati, Marco De Michielis, Matteo Belli1, et al. Few electron limit of n-type metal oxide semiconductor single electron transistors[J]. Nanotechnology, 2012, 23 (21): 215204.

第 12 章　激光器发光原理

12.1　本章概述

（1）激光的理论基础是爱因斯坦的受激辐射理论。

（2）第一台激光器是 1960 年梅曼发明的红宝石激光器。

（3）激光的特性是单色性好、方向性好和亮度高（或说激光具有很高的量子简并度）。

（4）激光的应用：①工业加工；②军事上；③医学上；④存储信息；⑤光通信；⑥核聚变。

12.2　激光的发展与现状

（1）什么是激光？

其英文名称 LASER 是"Light Amplification by Stimulated Emission of Radiation"的单词首字母的缩写。可见，"激光"就是"受激辐射光放大"的意思。早期也被称为"死光"，如我国第一部科幻电影故事片《珊瑚岛上的死光》（1980 年）中就是这么称呼的。另外，"镭射"的叫法是 LASER 的音译。

（2）激光器发光的理论基础[1]

光与物质之间的共振相互作用是激光器发光的物理基础。1900 年，普郎克提出量子化假说，成功地解释了黑体辐射的实验规律。1913 年，玻尔又利用量子化假说，成功地解释了氢原子光谱的实验规律。在此基础上，爱因斯坦于 1917 年首次提出了原子或分子可以在光的激励下产生光子的受激发射或吸收。

受激辐射的概念提出 40 多年后，这个概念在激光技术中得到了广泛的应用。图 12.1 给出了与激光相关的科学家及其成就。

（3）激光器的发明过程

梅曼是美国休斯（Hughes）研究实验室（在加州南部）量子电子部的年轻的负责人。1960 年，梅曼才 33 岁，他曾于 1955 年在斯坦福大学获博士学位，研究的正是微波波谱学。在休斯实验室梅曼做微波激射器的研究工作，并研发了红宝石微波激射器，不过需要液氮冷却，后来改用干冰冷却。梅曼能在红宝石微波激射器上首先做出突破并非偶然，因为他已有多年用红宝石进行微波激射器设计的经验，预感到红宝石作为激光器具有可能性，这种材料具有相当多的优点，例如，能级结构比较简单、机械强度比较高、体积小巧、无须低温冷却等。但是，当时他从文献上知道红宝石的量子效率很低，例如，外德尔（I. Weider）在 1959 年曾报道过，量子效率也许仅为 1%，如果真是这样，那就没有用处了。梅曼寻找其他材料，但都不理想，于是他想根据红宝石的特性寻找类似的材料来代替它。为此他测量了红宝石的荧光效率，没有想到荧光效率竟是 75%，接近于 1。梅曼喜出望外，决定用红宝石作为激光元件。

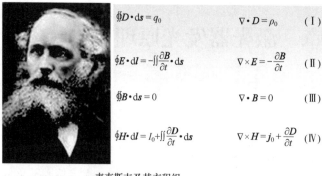

$$\oint D \cdot ds = q_0 \qquad\qquad \nabla \cdot D = \rho_0 \qquad (\mathrm{I})$$

$$\oint E \cdot dl = -\iint \frac{\partial B}{\partial t} \cdot ds \qquad \nabla \times E = -\frac{\partial B}{\partial t} \qquad (\mathrm{II})$$

$$\oint B \cdot ds = 0 \qquad\qquad \nabla \cdot B = 0 \qquad (\mathrm{III})$$

$$\oint H \cdot dl = I_0 + \iint \frac{\partial D}{\partial t} \cdot ds \qquad \nabla \times H = j_0 + \frac{\partial D}{\partial t} \qquad (\mathrm{IV})$$

麦克斯韦及其方程组 提出激光理论的爱因斯坦

最早发现激光的汤斯及发现激光的故事 赫兹及赫兹实验实物图

图 12.1 与激光相关的科学家及其成就

通过计算，他认识到最重要的是要有高色温（大约 5000K）的激励光源。起初他设想用水银灯把红宝石棒放在椭圆形柱体中，这样有可能会启动。但再一想，觉得无须连续运行，用脉冲即可，于是决定利用 Xe 灯。梅曼查商品目录，根据商品的技术指标选定了通用电气公司生产的闪光灯，它是用于航空摄影的，因此有足够的亮度。但这种灯具有螺旋状结构，不适用于椭圆柱聚光腔。他又想了一种巧妙的方法，把红宝石棒插在螺旋灯管之中，红宝石棒的直径约为 1cm，长为 2cm，可正好塞在灯管里。红宝石两端蒸镀银膜，银膜中部留一小孔让光逸出，孔径的大小通过实验决定。

就这样，梅曼经过 9 个月的奋斗，花了 5 万美元，做出了第一台激光器（见图 12.2）。可是当梅曼将论文投到《物理评论快报》时，竟遭拒绝。该刊主编误认为这仍是微波激射器，而微波激射器发展到当时的程度已没有必要用快报的形式发表了。梅曼只好在《纽约时报》上宣布这一消息，并寄到英国的《自然》杂志去发表。第二年，《物理评论快报》才发表了他的详细论文。

我国第一台红宝石激光器制备于 1961 年 9 月，其结构如图 12.3 所示。在器件设计上，梅曼用螺旋管氙灯照射，我国科学家用光学成像的办法仅用了一支较小的直管氙灯，其尺寸同红宝石棒的大小差不多，用高反射率的球形聚光器聚光，使红宝石棒好像泡在光源（氙灯）的像中，所以效率很高，只用了很小的能量激光就出来了。这里要强调一点，建国初期国家在科学发展方面采取了正确政策，提倡青年科学工作者进行创造性的工作。

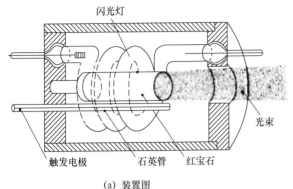

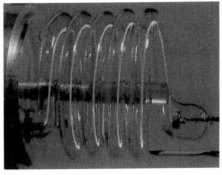

(a) 装置图　　　　　　　　　　　　　　　(b) 实物图

图 12.2　梅曼第一台激光器的装置图及实物图

彩图 12.2

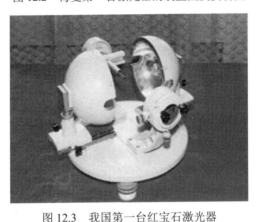

彩图 12.3

图 12.3　我国第一台红宝石激光器

12.3　激光的原理、特性和应用

12.3.1　玻尔假说与粒子数正常分布

玻尔假说如下。

① 原子存在某些定态，在这些定态中不发出也不吸收电磁辐射。原子定态的能量只能采取某些分立的值 $E_1, E_2, \cdots, E_n$，而不能采取其他值，如图 12.4 所示。

② 只有当原子从一个定态跃迁到另一个定态时，才发出或吸收电磁辐射。

玻尔频率的条件为

$$h\nu = E_n - E_m \ \text{或}\ \nu = \frac{E_n - E_m}{h} \tag{12.1}$$

式中，h 为普朗克常数，$h = 6.62 \times 10^{-34} \text{J} \cdot \text{s}$。

③ 原子能级。原子从高能级向低能级跃迁时，相当于光的发射过程；而从低能级向高能级跃迁时，相当于光的吸收过程。两个过程都满足玻尔条件，如图 12.5 所示。

④ 玻耳兹曼分布律：若原子处于热平衡状态，各能级上粒子数目的分布将服从一定的规律。设 T 为原子体系的热平衡热力学温度，N_n 为在能级 E_n 上的粒子数，则

$$N_n \propto \exp(-E_n / kT) \tag{12.2}$$

即随着能级的升高，能级上的粒子数 N_n 按指数规律减小，式中 k 为玻耳兹曼常数。

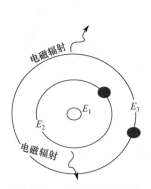

图 12.4 玻尔假说示意图

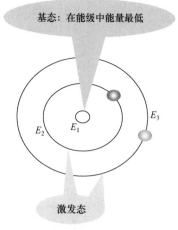

图 12.5 原子能级中的基态与激发态

按这种正则分布规律

$$\frac{N_2}{N_1} = \frac{\exp(-E_2 / kT)}{\exp(-E_1 / kT)} = \exp[-(E_2 - E_1) / kT] < 1 \qquad （12.3）$$

在给定温度下，$E_2 - E_1$ 越大，N_2 相对 N_1 就越小。如氢原子的第一激发态与基态的粒子数之比为 $e^{-400} \approx 10^{-170}$。可见在热平衡状态下，气体中几乎全部原子都处在基态

$$E_2 = -3.40\text{eV}, \; E_1 = -13.60\text{eV}$$

在常温 T=300K 时，$kT \approx 0.026\text{eV}$，则

$$N_2 / N_1 = e^{-10.2/0.026} \approx e^{-400} \approx 10^{-170}$$

热平衡是物理系统的一种状态，当系统长时间不受干扰时，它就会达到此状态。

如图 12.6 所示，当放一杯温水到冰箱里时，需要一段时间水温才能接近冰箱内部的温度。水一旦达到此温度，就说它达到了热平衡。处于热平衡状态的系统，在某种意义上是很"烦人"的。它的性质稳定，宏观上什么都不改变；不过微观上，系统的分子则你挤我闯地以惊人的速度不停运动着。举例来说，周围的空气分子此刻正以平均每小时 1000 英里（1 英里 ≈ 1.61km）的速度撞击着你的身体，要不是空气分子质量极小，这种撞击就会过分剧烈，其实对肌肤的连续不停的轰击只不过是空气压力而已。

图 12.6 一杯温水通过降温过程（从左至右）实现从热平衡状态改变的示意图

在热平衡状态中，高能级上的粒子数 N_2 一定小于低能级上的粒子数 N_1，两者的比例

由体系的温度决定。

宏观上："烦人"性质稳定，什么都不改变。

微观上：你挤我闯。分子速度为 1000 英里/小时，撞击的分子质量极小。

12.3.2　自发辐射、受激辐射和受激吸收[2]

即使温度比室温高得多，在热平衡状态中，空气中的大多数分子实际上都处于低能态，即基态，只有一小部分气体原子处于激发态。即使一个光子能从一个原子激发出另一个光子，这两个光子最终还是被别的、处于基态的大量原子所吸收。热平衡状态下，吸收过程压倒激发过程，光的放大不可能发生。从这一基本事实来看，光放大器几乎是不能实现的。

爱因斯坦在玻尔工作的基础上于 1916 年发表了《关于辐射的量子理论》，该文提出了受激光辐射理论，而这正是激光理论的核心基础。因此，爱因斯坦被认为是激光的理论之父。在这篇论文中，爱因斯坦区分了三种过程：受激吸收、自发辐射、受激辐射。

爱因斯坦的理论在当初只是为了解决黑体辐射问题而提出的假设，几十年后却成了打开激光宝库的金钥匙。

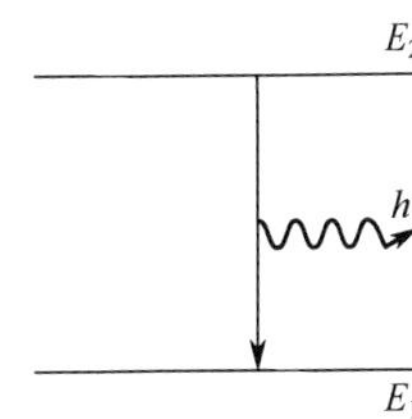

（1）自发辐射

如图 12.7 所示，若原子处于高能级 E_2 上，在停留一段极短的时间后就会自发地向低能级 E_1 跃迁，并发射一个能量为 $h\nu$ 的光子。

图 12.7　自发辐射

为描述这种自发跃迁过程，引入自发辐射跃迁概率 A_{21}，它的意义是：在单位时间内 E_2 能级上 N_2 个粒子数中自发跃迁的粒子数与 N_2 的比值。如果在 E_2 能级下只有 E_1 能级，则在 dt 时间内，由高能级 E_2 自发辐射到低能级 E_1 的粒子数记作 dN_{21}

$$\frac{dN_{21}}{dt} = A_{21}N_2 \qquad (12.4)$$

式中，A_{21} 称为爱因斯坦系数，它可以理解为每个处于 E_2 能级的粒子在单位时间内发生自发跃迁的概率。自发跃迁是一个只与原子特性有关而与外界激励无关的过程，即 A_{21} 只由原子本身的性质决定。假设 E_2 能级只向 E_1 能级跃迁，则

$$-dN_2 = -dN_{21} = -A_{21}N_2dt$$

积分后得

$$N_2 = N_{20} \exp\left(-A_{21}t\right) = N_{20} \exp\left(-t/\tau\right)$$

式中，N_{20} 为 $t=0$ 时刻 E_2 能级上的粒子数，$\tau=1/A_{21}$，τ 反映粒子平均在 E_2 能级上的寿命。由此式可知，自发跃迁过程使得高能级上的原子按指数规律衰减。

（2）能级的寿命

粒子在 E_2 能级上停留的平均时间称为粒子在该能级上的平均寿命，简称"寿命"。以上公式表明，N_2 减小的快慢与 A_{21} 有关。自发辐射跃迁概率 A_{21} 越大，自发辐射过程就越快，经过相同时间 t 后，留在 E_2 能级上的粒子数 N_2 就越小。τ（$\tau=1/A_{21}$）反映粒子平均在 E_2 能级上的寿命，它恰好是 E_2 能级上粒子数减小为初始时的 1/e（约 37%）所用的时间，于是有

$$N_2 = N_{20} \exp\left(-t/\tau\right) \qquad (12.5)$$

由式（12.5）可以看出，自发辐射跃迁概率小，自发辐射的过程就慢，粒子在 E_2 能级

上的寿命就长，原子处在这种状态就比较稳定。寿命特别长的激发态称为"亚稳态"，其寿命可达 $10^{-3} \sim 1\mathrm{s}$，而一般激发态的寿命仅为 $10^{-8}\mathrm{s}$。

（3）受激吸收

如图 12.8 所示，当外来辐射场作用于物质时，假定辐射场中包含频率为 $\nu = (E_2 - E_1)/h$ 的电磁波（即有能量恰好为 $h\nu = E_2 - E_1$ 的光子），使在低能级 E_1 上的粒子受到光子激发，可以跃迁到高能级 E_2，这个过程称为"受激吸收"。

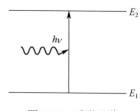

图 12.8 受激吸收

为描述这个过程，引入爱因斯坦受激吸收系数 B_{12}。设辐射场中的单色辐射能量密度为 $u(\nu)$，则在单位体积中，从能级 E_1 跃迁到能级 E_2 的粒子数为

$$\mathrm{d}N_{12} = B_{12}u(\nu)N_1\mathrm{d}t \qquad (12.6)$$

其中 B_{12} 是一个原子能级系统的特征参数，每两个能级间都有一个确定的 B_{12} 值。

令 $U_{12} = B_{12}u(\nu)$，则

$$\mathrm{d}N_{12} = B_{12}u(\nu)N_1\mathrm{d}t$$

$$U_{12} = \left(\frac{\mathrm{d}N_{12}}{\mathrm{d}t}\right)\frac{1}{N_1} \qquad (12.7)$$

此处 U_{12} 的物理意义是在单位时间内，在单色辐射能量密度 $u(\nu)$ 的光照下，由于受激吸收而从能级 E_1 跃迁到能级 E_2 上的粒子数与能级 E_1 上的总粒子数之比，也可以理解为每个处于能级 E_1 的粒子在 $u(\nu)$ 的光照下单位时间内发生受激吸收的概率。

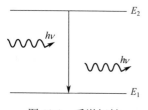

图 12.9 受激辐射

因此，受激吸收的过程是一个既与原子性质有关，也与外来辐射场的 $u(\nu)$ 有关的过程。

（4）受激辐射

如图 12.9 所示，当外来辐射场作用于物质时，在物质内部也可能发生与受激吸收相反的过程。爱因斯坦根据量子理论指出，当辐射场照射物质而粒子已经处于高能级 E_2 上时，会发生一个十分重要的过程——受激辐射过程。

如果外来光的频率正好等于 $(E_2 - E_1)/h$，由于受到入射光子的激发，E_2 能级上的粒子会跃迁到 E_1 能级，同时放出一个光子来，这个光子的频率、振动方向、相位都与外来光子一致。这是一个十分重要的概念，它为激光的产生奠定了理论基础。

$$U_{21} = B_{21}u(\nu) = \left(\frac{\mathrm{d}N_{21}}{\mathrm{d}t}\right)\frac{1}{N_2} \qquad (12.8)$$

式中，B_{21} 称为爱因斯坦受激辐射系数，它是原子能级系统本身的特征参数；U_{21} 表示单位时间内，在单色辐射能量密度 $u(\nu)$ 的光照下，由于受激辐射而从高能级 E_2 跃迁到低能级 E_1 的粒子数与 E_2 能级总粒子数之比，也就是在 E_2 能级上每个粒子在单位时间内发生受激辐射的概率。

图 12.10 综合了自发辐射、受激吸收和受激辐射三种过程的示意图。由于原子在各能级上有一定的统计分布，因此在满足上述频率条件的外来光束照射下，两能级间的受激吸收和受激辐射这两个相反的过程总是同时存在、相互竞争的，其宏观效果是二者之差。当受激吸收比受激辐射强时，宏观看来光强逐渐减弱；反之，当受激吸收比受激辐射弱时，

宏观看来光强逐渐加强。

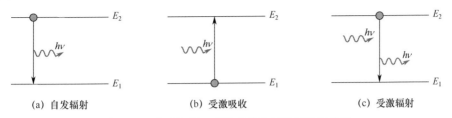

图 12.10　自发辐射、受激吸收和受激辐射示意图

（5）受激辐射与自发辐射的区别

受激辐射与自发辐射虽然都是从高能级向低能级跃迁并发射光子的过程，但这两种辐射存在重要区别。最重要的区别在于光辐射的相干性，由自发辐射所发射的光子的频率、相位、振动方向都有一定的任意性，而受激辐射所发出的光子在频率、相位、振动方向上与激发的光子高度一致，即有高度的简并性。一般来说在自发辐射过程中，总伴有受激辐射的产生，辐射场越强，受激辐射也随之越强，自发辐射光功率 $I_{自}$ 和受激辐射光功率 $I_{受}$ 分别为

$$I_{自} = N_2 A_{21} h\nu \tag{12.9}$$

$$I_{受} = N_2 B_{21} u(\nu) h\nu \tag{12.10}$$

两者之比为

$$\frac{I_{受}}{I_{自}} = \frac{B_{21} u(\nu)}{A_{21}} = \frac{U_{21}}{A_{21}} \tag{12.11}$$

在热平衡状态下，受激辐射是很弱的，自发辐射占绝对优势。但在激光器中，情况则发生很大变化，这时已不是热平衡状态，受激辐射的强度比自发辐射的强度大几个数量级。

（6）爱因斯坦公式

考虑任意两个能级 E_1、E_2（$E_2 > E_1$），设体系在任意时刻 t 处于这两个能级的原子数分别为 N_1 和 N_2，则单位时间内发生某种跃迁过程的原子数如下。

对于受激辐射过程（$E_2 \rightarrow E_1$）：

$$\frac{\mathrm{d}N_{21}}{\mathrm{d}t} = B_{21} u(\nu) N_2 \tag{12.12}$$

对于受激吸收过程（$E_1 \rightarrow E_2$）：

$$\frac{\mathrm{d}N_{12}}{\mathrm{d}t} = B_{12} u(\nu) N_1 \tag{12.13}$$

对于自发辐射过程（$E_2 \rightarrow E_1$）：

$$\frac{\mathrm{d}N_{21}}{\mathrm{d}t} = A_{21} N_2 \tag{12.14}$$

此处的 B_{21}、 B_{12} 和 A_{21} 是爱因斯坦系数，$u(\nu)$ 是辐射能量密度的谱密度。

细致平衡原理[1]如下：

---

[1] 即严格的热动平衡，即难以实现的微观可逆平衡状态。在高温气态等离子体中，原子、离子、电子均以很高的速度在运动着，彼此不断地互相碰撞。根据微观可逆性原理，当一个化学反应达到平衡时，这个化学反应包含的每个基元反应都要和它的逆反应达到平衡，这就是细致平衡原理。根据细致平衡原理，循环反应要达到平衡，只能是每个基元反应和它的逆反应都达到对行反应，而循环平衡是不允许的，即循环反应的平衡是由三个对行反应的平衡构成的。

$$B_{21}u_T(\nu)N_2 + A_{21}N_2 = B_{12}u_T(\nu)N_1 \tag{12.15}$$

（7）激光的基本原理、特性和应用——爱因斯坦公式

$$\frac{8\pi h}{c^3}\frac{\nu^3}{\exp(h\nu/kT)-1} = \frac{A_{21}}{B_{12}N_1/N_2 - B_{21}} = \frac{A_{21}}{B_{12}\exp(h\nu/kT) - B_{21}}$$

$$B_{21}u_T(\nu)N_2 + A_{21}N_2 = B_{12}u_T(\nu)N_1$$

普朗克黑体辐射公式

$$u_T(\nu) = \frac{A_{21}N_2}{B_{12}N_1 - B_{21}N_2} = \frac{A_{21}}{B_{12}N_1/N_2 - B_{21}}$$

$$u_T(\nu) = \frac{4}{c}\gamma_0(\nu,T) = \frac{8\pi h}{c^3}\frac{\nu^3}{\exp(h\nu/kT)-1} \tag{12.16}$$

玻尔频率条件

$$\frac{N_1}{N_2} = \exp[(E_2 - E_1)/kT] = \exp(h\nu/kT)$$

$$\frac{8\pi h}{c^3}\frac{\nu^3}{\exp(h\nu/kT)-1} = \frac{A_{21}}{B_{12}N_1/N_2 - B_{21}} = \frac{A_{21}}{B_{12}\exp(h\nu/kT) - B_{21}}$$

$$\frac{A_{21}}{B_{12}} = \frac{8\pi h\nu^3}{c^3} \tag{12.17}$$

$$B_{12} = B_{21} = B \quad \text{或} \quad A_{21} = \frac{8\pi h\nu^3}{c^3}B_{12} = \frac{8\pi h\nu^3}{c^3}B_{21}$$

至此可以看出：A_{21}、B_{12} 和 B_{21} 三个爱因斯坦系数是相互关联的，它们之间存在内在联系，绝不是相互孤立的；对一定原子体系而言，自发辐射系数 A 与受激辐射系数 B 之比正比于频率 ν 的三次方，因而 E_1 与 E_2 的能级差越大，ν 就越高，A 与 B 的比值也就越大，也就是说，ν 越高，越易自发辐射，受激辐射越难。一般地，在热平衡条件下，受激辐射所占的比例很小，主要是自发辐射。

12.3.3 粒子数反转与光放大

如图 12.11 所示，当一束频率为 ν 的光通过具有能级为 E_1、E_2 的介质时，将同时发生受激吸收和受激辐射，前一种过程使入射光减弱，后一种过程使入射光加强。若在单位时间 $\mathrm{d}t$ 内，单位体积内受激吸收的光子数为 $\mathrm{d}N_{12}$，受激辐射的光子数为 $\mathrm{d}N_{21}$，则有

$$\mathrm{d}N_{21} = B_{21}u(\nu)N_2\mathrm{d}t \tag{12.18}$$

$$\mathrm{d}N_{12} = B_{12}u(\nu)N_1\mathrm{d}t \tag{12.19}$$

于是

$$\frac{\mathrm{d}N_{21}}{\mathrm{d}N_{12}} = \frac{B_{21}u(\nu)N_2\mathrm{d}t}{B_{12}u(\nu)N_1\mathrm{d}t} \propto \frac{N_2}{N_1} \tag{12.20}$$

由上式可知：

（1）当 $N_2/N_1 < 1$ 时，粒子数服从玻耳兹曼正则分布。此时有 $\mathrm{d}N_{12} > \mathrm{d}N_{21}$，宏观效果表现为光被吸收。

（2）当 $N_2/N_1 > 1$ 时，高能级 E_2 上的粒子数 N_2 大于低能级 E_1 上的粒子数 N_1，出现所

谓的"粒子数反转分布"情况，这是形成激光的必要条件。此时有 $dN_{21}>dN_{12}$，宏观效果表现为光被放大，或称为光增益。能造成粒子数反转分布的介质称为"激活介质"（或增益介质）。

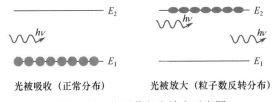

图 12.11　光吸收与光放大示意图

12.3.4　激光器的基本结构

图 12.12 给出了激光器的结构及其工作机理示意图。激光及它的微波"兄弟"（微波激射器）来源于受激原子产生的光子（射线）受激辐射。爱因斯坦在 1917 年预言了该过程的存在。今天，激光奠定了很多消费产品的基础，包括指示器、水平仪和 DVD 播放机。

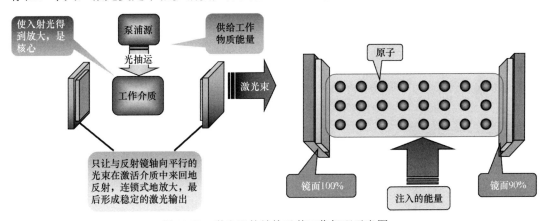

图 12.12　激光器的结构及其工作机理示意图

如图 12.13 所示，原子（工作介质）在一个两端有镜面的腔体中。开始时，在光照情况下，原子被注入的能量充能。注入的能量激发原子使它们处在高能态。一些原子会自发地放出一个光子从而回到原来的非激发态。自发辐射出的光子可以轰击受激原子，激发该

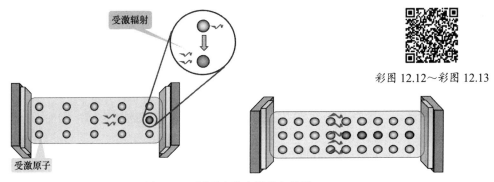

彩图 12.12～彩图 12.13

图 12.13　原子在腔中被注入能量

原子放出一个全同的光子。这些光子又可以进一步从其他受激原子激发辐射。当原子回到原来状态时，每个原子都贡献出一个全同的光子。

这些光子从镜面反射回来（见图 12.14），使它们可以激发其他原子放出光子。一些光子从部分透射镜面逸出（见图 12.15），在腔外形成一束相干光。

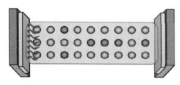 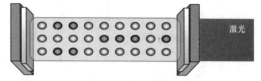

图 12.14　原子在镜面发生反射　　　图 12.15　光子从谐振腔镜面逸出形成激光

彩图 12.14～
彩图 12.15

12.3.5　激活介质的粒子数反转与增益系统

光抽运可以将粒子从低能级抽运到高能级。在二能级系统中，发生受激吸收和受激辐射的概率是相同的（$B_{12}=B_{21}$），最终只有达到两个能级的粒子数相等而使系统趋向稳定。

（1）三能级系统原理

如图 12.16 所示，E_1 为基态，E_2、E_3 为激发态，中间能级 E_2 为亚稳态。在泵浦作用下，基态 E_1 的粒子被抽运到激发态 E_3 上，E_1 上的粒子数 N_1 随之减小。但由于 E_3 能级的寿命很短，粒子通过碰撞会很快地以无辐射跃迁的方式转移到亚稳态 E_2 上。亚稳态 E_2 的寿命长，其上累积了大量的粒子，即 N_2 大于 N_1，于是实现了亚稳态 E_2 与基态 E_1 间的粒子数反转分布。

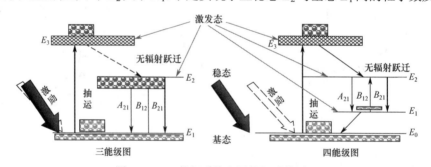

图 12.16　三能级系统和四能级系统原理

三能级激光器的效率不高，原因是抽运前几乎全部粒子都处于基态，只有激励源很强且抽运得很快，才可使 $N_2 > N_1$，实现粒子数反转。

（2）四能级系统原理

四能级系统是使系统在两个激发态 E_2、E_1 之间实现粒子数反转。因为这时低能级 E_1 不是基态而是激发态，其上的粒子本来就极少，所以只要激发态能级 E_2 上的粒子稍有积累，就容易使得 $N_2 > N_1$，实现粒子数反转分布，在能级 E_2、E_1 之间产生激光。于是，E_3 上的粒子向 E_2 跃迁，E_1 上的粒子向 E_0 过渡，整个过程容易形成连续反转，因而四能级系统比三能级系统的效率高。

无论是三能级系统还是四能级系统，要实现粒子数反转必须内有亚稳态，外有激励源（泵浦），粒子的整个输运过程必定是一个循环往复的非平衡过程。激活介质的作用就是提供亚稳态。所谓的三能级图或四能级图，并不是激活介质的实际能级图，它们只是对造成反转分布的整个物理过程所做的抽象概括。实际能级图要比这复杂，而且在一种激活介质内部可能同时存在几对待定能级间的反转分布，相应地发射几种波长的激光。

12.3.6　激活介质的增益系数

在激活介质中，个别处于高能级的粒子会自发辐射频率为 ν 的光并通过该介质传播。由于这时激活介质已实现粒子数反转，因此频率为 ν 的光通过该介质后将获得增益，且越来越强，其增益曲线如图 12.17 所示。

设在激活介质 Z 处的光强为 $I(Z)$，经 $\mathrm{d}Z$ 距离后，$I(Z)$ 的改变量为 $\mathrm{d}I(Z)$，则有

$$\mathrm{d}I(Z) = GI(Z)\mathrm{d}Z \tag{12.21}$$

式中，G 是增益系数，表示介质对光的放大能力。

设在光的传播过程中 G 不变，将上式积分后得

$$I(Z) = I_0(Z)\exp(GZ) \tag{12.22}$$

即 $I(Z)$ 将随着传播距离 Z 的增大呈指数增长。其中，$I_0(Z)$ 为 $Z=0$ 处的光强。

增益系数 G 的大小与频率 ν 和光强 I 都有关系，它随光强的增大而下降，如图 12.18 所示。这一点可解释为：增益系数 G 随粒子数反转程度（N_2-N_1）的增大而上升，在同样的抽运条件下，光强 I 越大，意味着单位时间内从亚稳态向下跃迁的粒子数越大，从而导致反转程度减弱，因此增益也随之下降。图 12.19 给出了腔内的增益方程。

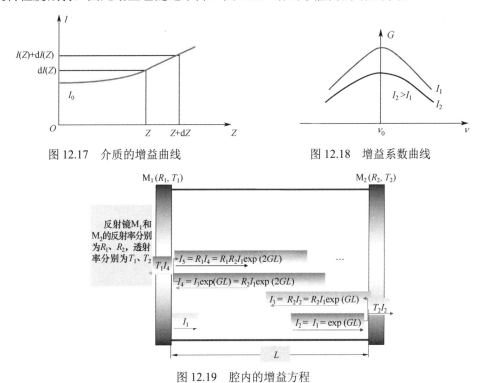

图 12.17　介质的增益曲线　　　　　　　图 12.18　增益系数曲线

图 12.19　腔内的增益方程

12.3.7　谐振腔与阈值

有了激活介质和谐振腔，还不一定能输出激光，因为：激活介质使光得到增益，光强

变大；光在端面上的反射、透射等会产生光能损耗，使光能变小。

若光的增益小于其损耗，则没有激光输出。因此，必须使增益大于损耗，当光在谐振腔内来回反射时，其光强才能不断增大，最后才有稳定的激光输出。

要使光在这个过程中产生的增益大于其损耗，则必须保证 $R_2R_1I_1\exp(2GL) \geqslant I_1$，即

$$R_2R_1\exp(2GL) \geqslant 1 \tag{12.23}$$

对于给定的谐振腔，两端面的反射率 R_1、R_2 及腔长 L 是一定的。从式（12.23）可见，要使其左端大于或等于 1，必须使增益系数 G 大于某个最低值 G_m，这个使式（12.23）成立的 G_m 值就是谐振腔的阈值增益。式（12.23）称为谐振腔的阈值条件。

由此可得谐振腔的阈值增益为

$$G_m = \frac{1}{2L}\ln\left(\frac{1}{R_1R_2}\right) = -\frac{1}{2L}\ln R_1R_2 \tag{12.24}$$

实际上，在 $G > G_m$ 时，随着光强的增大，工作物质的实际增益系数 G 将下降，直至 $G = G_m$ 时，光强维持稳定。

综上所述，形成激光的必要条件有两个：

（1）在激光器的工作物质内的某些能级间实现粒子数反转分布；

（2）激光器必须满足阈值条件。

从以上讨论可知，谐振腔（见图 12.20）的作用是：使激光具有很好的方向性（沿轴线）；使激光具有极好的单色性（频率选择器）；增强光放大作用（延长了工作物质）。

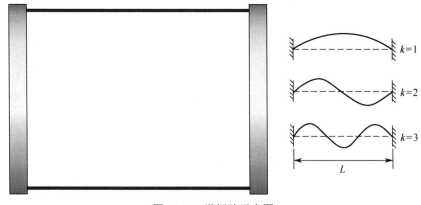

图 12.20　谐振腔示意图

（1）谐振频率的形成

光波在两个反射镜之间来回反射，腔内存在着反向传播的两列相干波，当其波长满足干涉相干条件时，就以驻波形式在腔内稳定存在，即

$$2nL = k\lambda \quad (k = 0,1,2,\cdots) \tag{12.25}$$

式中，L 为腔长，n 为工作物质的折射率。k 为正整数，表示腔内的波节数和波腹数。

$$\lambda = c/v$$

$$v_k = \frac{kc}{2nL} \tag{12.26}$$

式（12.26）说明，只有满足这个频率关系的光波，才能以驻波形式存在于谐振腔中。

　　一般来说，由于腔长 L 远大于 λ，因此 k 的取值不止一个，所以满足上述关系的频率也不止一个。而那些不满足这个频率关系的光波就不能形成驻波，即不能产生谐振，也就不能形成激光。从式（12.26）可见，腔长 L 对频率起着选择的作用。

　　分别对式（12.25）和式（12.26）微分，可得相邻两个谐振的波长差和频率差

$$\Delta \lambda_k = \frac{\lambda^2}{2nL}$$

$$\Delta \nu_k = \frac{c}{2nL} \tag{12.27}$$

　　谐振频率是一系列分离的频率，其间隔 $\Delta \nu_k$ 称为纵模间隔。但这只是谐振腔允许的频率，其中只有落在激活介质所发射的谱线的线宽范围 $\Delta \nu$ 内并同时满足阈值条件的那些谐振频率，才能形成激光，成为纵模频率。

　　从激光器输出的频率个数 N（即纵模数）由激活介质的频宽 $\Delta \nu$ 和纵模间隔 $\Delta \nu_k$ 的比值决定，即

$$N = \Delta \nu / \Delta \nu_k \tag{12.28}$$

式（12.28）说明，激活介质发射的谱线频宽 $\Delta \nu$ 越大，可能出现的纵模数 N 越大；而纵模间隔 $\Delta \nu_k$ 越小（即腔长 L 越大），在同样的频宽内可容纳的纵模数越大。

　　例如，在 He-Ne 激光器的 Ne 放电管中，频率为 $\nu_0 = 4.74 \times 10^{14} \text{Hz}$（$\lambda_0 = 0.6328 \mu\text{m}$）的谱线频宽为 $\Delta \nu = 1.5 \times 10^9 \text{Hz}$，管内气体折射率 $n \approx 1$，$\Delta \nu_k = c/2nL = 3 \times 10^8 / 2 \times 0.3 = 5 \times 10^8 \text{Hz}$。若激光器腔长 L=30cm，由式（12.27）可得其纵模间隔 $\Delta \nu_k = 5.0 \times 10^8 \text{Hz}$，$N = \dfrac{1.5 \times 10^9}{5.0 \times 10^8} = 3$。这种激光器称为多纵模（或多频）激光器。若腔长 L=10cm，则 $\Delta \nu_k = 1.5 \times 10^9 \text{Hz}$，于是 $N=(1.5 \times 10^9)/(1.5 \times 10^9)=1$，即在长 10cm 的 He-Ne 激光器中，虽然满足谐振条件的频率有很多，但形成的激光只有一个频率，这种激光器称为单纵模（或单频）激光器。

　　设 He-Ne 激光器 Ne 原子的 632.8nm 受激辐射光的谱线宽度为 $\Delta \nu$，如图 12.21 所示。在 $\Delta \nu$ 区间中，可存在的纵模个数 $N = \Delta \nu / \Delta \nu_k$，如图 12.22 所示。

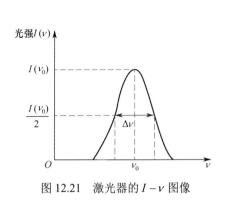

图 12.21　激光器的 $I-\nu$ 图像　　　　　　图 12.22　在 $\Delta \nu$ 内可存在的纵模个数

　　要想减小输出纵模的个数甚至实现单纵模输出，可采取一些措施。例如，用短腔法选纵模。利用缩短腔长 L 来加大纵模频率间隔的方法，可以使区间中只存在一个纵模频率，如图 12.23 所示。

$$\Delta \nu_k = c/2nL = 3 \times 10^8 / 2 \times 0.1 = 1.5 \times 10^9 \text{Hz}$$

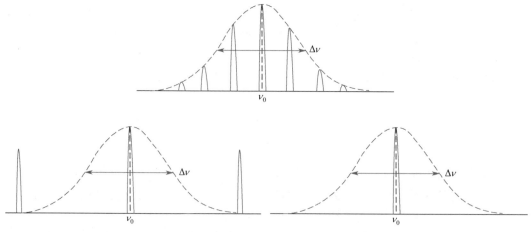

图 12.23　使 $\Delta\nu$ 区间中只存在一个纵模频率

激光的纵模：光场沿轴向传播的振动模式称为纵模。纵模是与激光腔长度相关的，可以通过阈值条件或调节谐振腔的腔长来选择纵模频率。

激光的横模：激光腔内与轴向垂直的横截面内的稳定光场分布称为激光的横模。

（2）横模的形成

激光横模形成的主要因素是谐振腔两端反射镜的衍射作用。激光谐振腔两端有反射镜，腔内激光物质也有一定大小的横截面，光在腔内传播相当于不断经过光阑，因此会引起衍射，使振幅和相位的空间分布发生畸变。最后当振幅和相位的空间分布达到稳定状态时，才从输出镜输出恒定振幅和相位的激光，如图 12.24 所示。

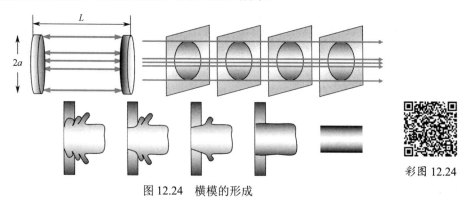

彩图 12.24

图 12.24　横模的形成

（3）激光横模变换演示仪

如图 12.25 所示，横模的模式可以通过激光横模变换演示仪观察到，具体来说，用接收屏观察激光器输出光束屏上形成的光斑图形。图 12.26 是激光的几种横模图形，按其对称性可分为轴对称横模［见图 12.26（a）～（d）］和旋转对称横模［见图 12.26（e）～（g）］。

激光的模式一般用 TEM_{mnk} 表示，TEM 波是横电磁波（Transverse Electromagnetic Wave）的缩写，k 为纵模数。在轴对称横模中，m、n 分别表示光束横截面内在 x 方向和 y 方向出现的暗区（即节点）数，如 TEM_{13}，在 x 方向有 1 个暗区，在 y 方向有 3 个暗区；在旋转对称横模中，m 表示沿半径方向出现的暗环数，n 表示圆中出现的暗直径数，如 TEM_{03}，图中无暗环，有 3 条暗直径。

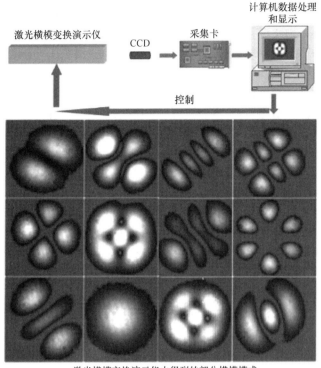

激光横模变换演示仪中得到的部分横模模式

图 12.25　激光横模变换演示仪显示的横模①

彩图 12.25～彩图 12.26

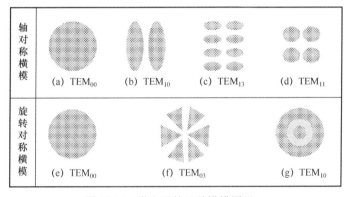

图 12.26　激光器的几种横模图形

　　激光的纵模和横模实际上从不同的侧面反映了谐振腔所允许的光场的各种纵向和横向的稳定分布。在实际应用中，希望激光的横向光强分布越均匀越好，而不希望出现高阶模。欲获得相干性良好的光束集中的激光，选模工作很重要。选模的方法有很多，例如，除调节反射镜外，在腔内（或腔外）放一小孔，只让 TEM_{00} 模通过，可抑制其他低次级模的产生。

12.3.8　几种典型的激光器

　　激光器的一种分类方法是根据激活介质的物质状态来分类，可分为气体、液体、固体

---

① 以上所示模式只是激光横模变换演示仪中能够得到的部分横模模式，该仪器还可得到更丰富的复杂的横模样式。

和半导体激光器。气体激光器的单色性强，如 He-Ne 激光器的单色性比普通光源要高 1 亿倍，而且气体激光器的工作物质种类繁多，因此可产生许多不同频率的激光。但是，由于气体的密度低，因此激光输出功率相应较小。固体激光器则正好相反，能量高、输出功率大，但工作物质的种类较少，而且单色性差。液体激光器的最大特点是激光的波长可以在一定范围内连续变换，这种激光器特别适用于对激光波长有严格要求的场合。半导体激光器的特点是体积小、重量轻、结构简单，但输出的功率较小，单色性也较差。

　　另一种分类方式是根据激活介质的粒子结构来分类，可以分为原子、离子、分子和自由电子激光器。He-Ne 激光器产生的激光是由 Ne 原子发射的；红宝石激光器产生的激光则是由铬离子发射的。

　　另外还有 CO_2 分子激光器，它的频率可以连续变化，而且可以覆盖很宽的频率范围。

　　（1）固体激光器（红宝石激光器）

　　固体激光器一般采用光激励源，工作物质多为掺有杂质元素的晶体或玻璃。常见的固体激光器有红宝石激光器（见图 12.27）、钕玻璃激光器、掺钕钇铝石榴石激光器等，固体激光器输出能量高、小而坚固，在激光加工、激光武器等方面有重要应用。其能量高，输出功率大，但工作物质的种类较少，而且单色性差。

　　红宝石激光器为三能级系统激光器，如图 12.28 所示，激励源脉冲氙灯闪光时，处于基态的 Cr^{3+} 吸收能并跃迁到 E_3 能级，这是光抽运；处于 E_3 能级的粒子寿命很短（约为 10^{-9}s），会很快通过无辐射跃迁方式到达 E_2 能级，粒子在 E_2 能级的寿命很长，达 3×10^{-3}s，能够在 E_2 能级积累大量粒子，在 E_2 和 E_1 两能级之间形成粒子数反转，由 E_2 能级向 E_1 能级跃迁，产生受激辐射并发出谱线。

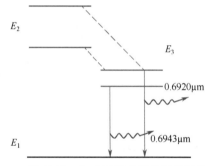

彩图 12.27

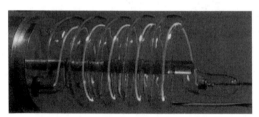

图 12.27　世界上第一台红宝石激光器　　　　图 12.28　红宝石激光器的能级系统

　　固体激光器的工作物质能存储较多的能量，比较容易获得大能量、大功率的激光脉冲。工作物质体积小，使用方便（见图 12.29），但在效率和输出激光的频率稳定性、相干性（相干长度仅处于毫米数量级）方面都不如气体激光器。

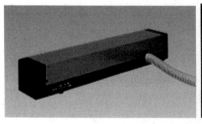

彩图 12.29

图 12.29　几种固体激光器

（2）气体激光器

气体激光器是应用得最广泛的一种激光器，气体激光器一般采用电激励源，常使用在连续工作方式上。如图 12.30 所示，常见的气体激光器有 He-Ne 激光器、CO_2 激光器等。气体激光器的效率较高，能以脉冲和连续两种方式工作，常用于精密测量、全息照相等领域。

① He-Ne 激光器的诞生

He-Ne 激光器是在固体激光出现之后的一种以气体为工作介质的激光器。它的诞生首先应归功于多年对气体能级进行测试分析的实验和从事这方面研究的理论工作者。到 20 世纪 60 年代，所有这些稀有气体都已经被光谱学家做了详细研究。

不过，He-Ne 激光器要应用到激光领域，还需要这个领域的专家进行有目的的探索。汤斯学派开创了这一事业，他的另一名研究生——来自伊朗的贾万（Javan）有自己的想法。贾万的基本思路就是利用气体放电来实现粒子数反转。

贾万首选氦、氖气体作为工作介质是极为成功的选择。

两块平面镜的取向调整竟花费了 6~8 个月的时间。贾万最初得到的激光束是红外谱线 1.15μm。Ne 有许多谱线，后来通用的是 632.8nm。为什么贾万不选 632.8nm，反而选 1.15μm 呢？这也是贾万高明的一招。他根据计算，了解到 632.8nm 的增益比较低，所以宁可选更有把握的 1.15μm。如果直接取红线 632.8nm，肯定会落空的。

彩图 12.30

图 12.30　各类气体激光器

贾万和他的合作者在直径为 1.5cm、长为 80cm 的石英管两端贴有蒸镀 13 层介质膜的镜片，放在放电管中，用射频振荡器进行激发。在 1960 年 12 月 12 日下午 4 点 20 分，终于获得了红外辐射。

1962 年，贾万转到麻省理工学院（MIT）任教。实验工作由他的同事怀特（A.D.White）和里顿（Rigden）继续进行。他们获得了 632.8nm 的激光束，这时激光器的调整已积累了丰富经验。他们把反射镜从放电管内部移到外部，避免了复杂的工艺；窗口按布鲁斯特角固定，再把反射镜做成半径相等的共焦凹面镜，激光管的设计日臻完善。

② He-Ne 激光器的电源

图 12.31 给出了各类电路激光的电源图。He-Ne 激光器在两个方面有里程碑意义。一方面，它第一次实现了连续性，固体激光器都是脉冲型的，不适合一般使用，连续激光束有很多好处，为应用开辟了广阔的道路。另一方面，证明了可以用放电方法产生激光。只要在两种不同的工作介质中选定适当的能级，就有可能实现光的放大，为激光器的发展展示了多种渠道的可能性。

图 12.32 给出了 He-Ne 激光器的能级系统。可见，在放电中，被加速的电子撞击 He 原子，使其从基态 1^1S_0 跃迁到激发态 2^3S 和 2^1S 这两个亚稳态上，这是光抽运；氦的 2^3S、2^1S 亚稳态能级与 Ne 的 2S 和 3S 态能级相近，位于两个亚稳态上的 He 原子很容易与基态 Ne 原子相碰，放出能量并返回基态，而将 Ne 原子激发，即

$$He^* + Ne \rightarrow He + Ne^* + \Delta E \qquad (12.29)$$

其中标 "*" 号表示该原子处于激发态。若两种气体原子能量大致相同，相关值 ΔE 很小，则会因碰撞发生能量交换，这种过程称为共振转移。

图 12.31 各类电路激光的电源图

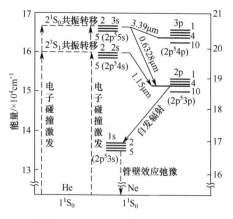

图 12.32 He-Ne 激光器的能级系统

共振转移的结果是使 Ne 原子激发到 2S、3S 态上，只要有少量粒子，就可以与低能级 2P、3P 态之间实现粒子数反转，产生受激辐射。辐射产生的谱线分别如下：

① 3S→3P 跃迁，发射 $\lambda=3.39\mu m$ 的谱线；

② 3S→2P 跃迁，发射 $\lambda=0.6328\mu m$ 的谱线；

③ 2S→2P 跃迁，发射 $\lambda=1.15\mu m$ 的谱线。

（3）半导体激光器

半导体物理学的迅速发展及随之而来的晶体管的发明，使科学家们早在 20 世纪 50 年代就设想发明半导体激光器，20 世纪 60 年代早期，很多小组竞相进行这个方面的研究。在理论分析方面，以莫斯科列别捷夫物理研究所的尼古拉·巴索夫的工作最为杰出。足够可靠的半导体激光器则直到 20 世纪 70 年代中期才出现。

如图 12.33 所示，半导体激光器体积非常小，最小的只有米粒那么大。工作波长依赖于激光材料，一般为 0.6～1.55μm，随着多种应用的需要，更短波长的器件仍在研发中。据报道，以 II～IV 族元素的化合物（如 ZnSe）为工作物质的激光器，低温下已得到波长 0.46μm 的输出，而波长 0.50～0.51μm 的室温连续器件的输出功率已达 10mW 以上，但迄今尚未实现商品化。

光纤通信是半导体激光可预见的最重要的应用领域之一，一方面用于世界范围的远距离海底光纤通信，另一方面则用于各种地区网。后者包括高速计算机网、航空电子系统、卫生通信网、高清晰度闭路电视网等。但就目前而言，激光唱机是这类器件的最大市场，其他应用包括高速打印、自由空间光通信、固体激光泵浦源、激光指示及各种医疗应用等。

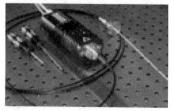

彩图 12.33

图 12.33 各类半导体激光器

以半导体材料为工作介质的激光器，目前较成熟的是砷化镓激光器，可发射波长为840nm 的激光，其激励方式有光泵浦、电激励等。这种激光器体积小、质量轻、寿命长、结构简单而坚固，特别适合在飞机、车辆、宇宙飞船上使用，在通信、测距和雷达等应用方面也具有特殊的地位。

（4）液体激光器（染料激光器）

液体激光器的工作物质是有机染料溶液（如若丹明、香豆素、碳化青等）或无机液体（如掺钕离子的三氯氧化磷等），也有以蒸气状态工作的。液体中的能带宽，发出的激光波长范围宽达 0.05μm。利用图 12.34 所示的装置，调节光栅衍射角，只使某一波长的光在谐振腔纵轴方向产生衍射极大、形成光振荡并最后输出，以获得单一波长的激光。因此，液体激光器输出的波长是连续可调的，其输出功率较高且稳定，制备简单，价格便宜。

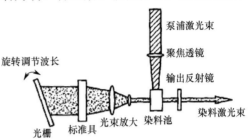

图 12.34　染料激光器原理图

12.3.9　激光的特性及应用

由于自身原因，激光具有比普通光源更优良的性能。激光的特点可以归结为三点：单色性、方向性、高强度。激光的本质就是高度的相干性。

（1）时间相干性

时间相干性是指在空间同一点上，两个不同时刻（t_1 和 t_2）的光波场之间的相干性。

如果不同时刻发出的光波能够在空间一点上发生干涉现象，则时间间隔处于 $|t_2-t_1|$ 之内的光波场都是明显相干的。因此时间相干性由相干时间来定量表述，相干时间与光谱的宽度（频宽）有如下简单的关系

$$\tau = \frac{1}{\Delta\nu} \tag{12.30}$$

可见，单色性越高（$\Delta\nu$ 越小），相干时间越长（τ 越长）。

激光线宽很窄，即单色性很好。例如，一般的 He-Ne 激光器的频宽 $\Delta\nu$ 约为 10^6Hz，稳频 He-Ne 激光器的 $\Delta\nu$ 约为 10^4Hz；其相干时间 τ_0 分别为 10^{-6}s 和 10^{-4}s，其单色性比普通光源高 $10^8 \sim 10^9$ 倍。激光的这一优点使得它在精密计量中有着十分重要的作用。

（2）迈克耳孙干涉仪

激光的干涉条纹可通过迈克耳孙干涉仪进行测量，其工作原理及条纹如图 12.35 所示。

（3）空间相干性与方向性

空间相干性是指同一时刻两个空间不同点上的光波场之间的相干性。

空间相干性，严格来说是指垂直于光传播方向的截面上的空间相干性，这种相干性是由相干面积来描述的。设光源的面积为 ΔA，对于与光波传播方向垂直且与光源相距为 R 的平面上的两点，如果处于相干面积内，则通过这两点的光是相干的。相干面积为

$$A \approx \frac{\lambda^2 R^2}{\Delta A} \tag{12.31}$$

可以看出光源的面积越小，相干面积越大。

如图 12.36 所示，杨氏双缝干涉是讨论空间相干性的一个例子。

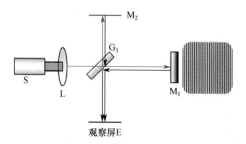

图 12.35 迈克耳孙干涉仪的工作原理及条纹

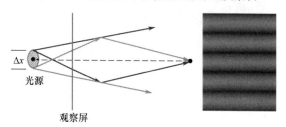

彩图 12.35～彩图 12.36

图 12.36 杨氏双缝光路图及条纹

（4）光子简并度与强度

光子简并度：处于同一光子态的光子数。光子简并度是描述相干性的另一个参量。激光是具有很高光子简并度的光源，高光子简并度是由光的受激发射过程引起的。在受到外来频率的照射时，粒子从高能级跃迁到低能级且发射出与外来频率相同的光子，不断扩大这个过程，就能得到非常高的光子简并度。激光所发射出来的光子，不仅频率一致，而且相位、振动方向也完全一致。正是这种高度的一致，加上一定的措施，才使激光在一个极窄的方向射出，从而得到极高的能量密度。

形成激光高亮度的原因：激光器有很高的光子简并度。由于激光光束的立体角非常小（可达 10^{-6} 球面度数量级），而普通光源的立体角要比前者大百万倍，而激光常常以脉冲形式发射出来，因此激光能量是在极短的时间间隔（Δt）内发出的，其值非常小。

极高的光子简并度再加上激光能量在时间和空间上的高度集中，才使得激光具有普通光源所达不到的高亮度。

（5）激光的应用

激光的应用非常广泛，几乎遍及工业、农业、军事、医疗、科学研究等每个领域。各种激光器发射光的功率密度、相干性、准直性、单色性不同，应用范围也不同。例如，激光通信、激光测距、激光定向、激光准直、激光雷达、激光切削、激光手术、激光武器、激光显微分析、激光受控热核反应等，主要利用激光的方向性与高功率密度；而激光全息、激光测长、激光干涉、激光多普勒效应则主要利用激光的单向性和相干性。当然，激光这几个方面的特性往往不能截然分开，有的应用（如非线性光学）与激光的几个方面的特性都有关。下面就一些方面的应用举例介绍。

① 激光测距

根据光束往返时间可以测定目标的距离，如图 12.37 所示。然而普通光束的发散角很大，光强也很有限，当被测目标的距离较远时，返回的光束十分微弱。巨脉冲红宝石激光器可在 20ns 的时间内发射 4J 的能量，脉冲功率达 2×10^8W，而发散角经透镜进一步汇聚可小至 5″。利用这一束定向的强光束已经精确地测定了地球到月球之间的距离，在平均为 4×10^5km 的距离上测量时误差只有 3m，这是以往其他方法无法实现的。

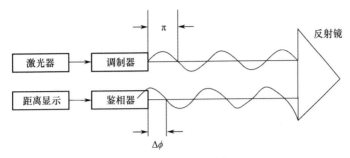

图 12.37　激光测距原理

利用激光的单色性和相干性好、方向性强等特点，可实现高精度的计量和检测，如测量长度、距离、速度、角度等。在技术途径上可分为脉冲式激光测距和连续波相位式激光测距。

脉冲式激光测距的原理与雷达测距相似，测距仪向目标发射激光信号，碰到目标就要被反射回来，由于光的传播速度是已知的，因此只要记录下光信号的往返时间，用光速（3×10^8m/s）乘以往返时间的二分之一，就是所要测量的距离。现在广泛使用的手持式和便携式测距仪，对于距离为数百米至数十千米的情况，其测量精度为 5m 左右。我国研制的对卫星测距的高精度测距仪，其测量精度可达几厘米。

连续波相位式激光测距用连续调制的激光波束照射被测目标，根据测量光束往返中产生的相位变化可换算出被测目标的距离。为了确保测量精度，一般要在被测目标上安装激光反射器。它测量的相对误差约为百万分之一。

激光测距仪与微波雷达结合，还可以发挥激光波束窄的特长，弥补微波雷达低仰角工作时受地面干扰的不足。激光测距仪与光学经纬仪、红外仪及电视跟踪系统相结合，组成光电跟踪测量系统，既可作为靶场实验的测量设备，又常用作武器的光电火力控制系统。这种激光测距仪已被广泛地用于地面火炮、坦克炮的火控系统，大大提高了命中率。

② 激光加工

其特征如下。

（a）热加工方法：可加工高熔点、高硬度的材料。

（b）无接触加工：加工机可适当地与加工材料分离，因此，有可能对零件中复杂曲折的细微部分进行加工，在磁场中也能进行加工。

（c）多种材料的微细加工：可以较容易实现自动控制。能够对显像管这种被密封在透明容器里的产品进行修补、焊接。

激光切割是激光加工的一种方式，具有非接触加工、切缝非常窄、邻近切边的热影响区小等特点。加工对象按难易程度，有布、木材、陶瓷、钢板、铝板、复合材料等。切割质量可用切缝宽度、切断面的粗糙度、热影响区的大小等来评定。

激光加工可以用于激光防伪，具体如下。

（a）第一代激光防伪技术

第一代激光防伪技术是激光模压全息图像防伪标识。

（b）改进的激光全息图像防伪标识

由于激光模压全息图像防伪标识已经完全失去了防伪功能，因此人们不得不开始对其进行改进。改进的方法主要有三种：第一种是采用计算机技术改进全息图像；第二种是研制了透明激光全息图像防伪标识——身份证；第三种是反射激光全息图像防伪标识。

激光加工可以用于加密全息图像防伪技术，加密的全息图像是采用诸如随机相位编码图像加密、莫尔编码图像加密、激光散斑图像加密这类光学图像编码加密技术，对防伪图像进行加密的，得到不可见的或变成一些散斑的加密图像。

③ 激光光刻防伪技术

激光光刻防伪技术又称激光编码技术，也称激光"烧字"技术。由于激光编码机造价昂贵，因此其应用得不广泛，只在大批量生产或其他印刷方法不能实现的场合使用。

激光焊接具有焊接速度快、入射能量高的特点，因此可得到焊缝窄、深熔焊接效果。另外，焊件的热影响区及热变形都很小。CO_2 激光器最适用于钢铁材料的焊接，Nd:YAG 激光器在微型焊接方面有其独特的优势，如组装显像管电子枪、磁盘唱头等。

④ 激光打孔

激光打孔的应用领域相当广，比如，用于金属拉丝的金刚石拉丝模具打孔、钟表红宝石轴承上打孔、手术用针的打孔、涡轮机叶片及超硬轴承的打孔等。

（a）激光打孔速度快、效率高、经济效益好。

（b）激光打孔可获得大的深径比。一般情况下，机械钻孔和电火花打孔所获得的深径比值不超过 10。

（c）激光打孔可在硬、脆、软等各类材料上进行。

（d）激光打孔无工具损耗。

（e）激光打孔适用于数量多、高密度的群孔加工。

（f）用激光可在难加工材料的倾斜面上加工小孔。

⑤ 激光去除

主要用于修正碳电阻的电阻值及水晶振子的频率，这一过程称为"修整"。另外，激光去除还被广泛地用于线路板划线。

激光可对有机物产生光、热、压力、电磁等多方面的作用，它在医学研究及医疗上的应用已越来越广泛。例如，用激光治疗视网膜脱落，可从外部用很强的光线照射眼睛，利用眼球内水晶体的聚焦作用，将光能集中在视网膜的微小点上，靠它的热效应使组织凝结，将脱落的视网膜熔接到眼底。

此外，可利用激光对牙齿打孔、切割和填补。用激光手术刀切割人体组织既不流血也不留疤痕。

使用激光还可以破坏肿瘤、测定血液成分、探测体内器官的病变等。由于红血球对蓝光有强烈的吸收，因此用蓝光波段的氩离子激光器作为手术刀时，其有光致凝结作用。又由于机体中的水分对红外光有强烈的吸收，因此用 CO_2 激光器作为手术刀，也可导致小范围内的凝结作用。

激光手术刀的优点：可进行无血手术。毛细血管（直径小于或等于 1mm）在激光的照射下，因热效应会导致血管收缩断裂，而断裂处又会立即凝结。

激光手术刀的缺点：会出现碳化现象。

⑥　激光受控热核聚变

轻原子核（氢、氘、氚等）聚合为较重的原子核，并释放出大量核能的反应，称为核聚变反应，核聚变反应需要在 $10^7 \sim 10^8 \, ^{\circ}\!C$ 的高温下才能有效地进行。由于氘、氚混合物的质量及激光的能量都可被控制，因此称这种过程为受控核聚变，人们有可能利用核聚变中产生的能量作为电力的能源。目前美国、日本都建立了相当规模的实验室进行热核聚变研究。

将激光分成多束，从各个方向均衡地照射在氘、氚混合物做的小靶丸上，巨大的脉冲功率密度可使靶丸在很短的时间内高度压缩，并产生高温完成核聚变反应。

⑦　非线性光学效应

激光出现之前的光学基本上研究的是弱光束在介质中的传播、反射、折射、干涉、衍射、线吸收与线性散射等现象。这些现象是满足波的叠加原理的，现又称之为"线性光学"。强光在介质中将出现很多新现象，如谐波的产生、光参量振荡、光的受激散射、光束自聚焦、多光子吸收、光致透明和光子回波等，研究这些现象的学科称为非线性光学，在这里波的叠加原理不再成立。光的非线性效应一般是比较弱的，只有在激光光源出现后，非线性光学研究的大力开展才有可能。

思 考 题 12

1．激光器发光的理论基础是什么？

2．激光器的主要组成部分有哪些？各部分的基本作用是什么？激光器有哪些类型？如何对激光器进行分类？

3．自发辐射、受激辐射和受激吸收的概念及相互关系是什么？

4．什么是光波模式和光子状态？光波模式、光子状态和光子的相格空间是同一概念吗？何谓光子的简并度？

5．如何理解光的相干性？何谓相干时间、相干长度？如何理解激光的空间相干性与方向性？如何理解激光的时间相干性？如何理解激光的相干光强？

6．产生激光的必要条件是什么？热平衡时粒子数的分布规律是什么？

7．什么是粒子数反转？如何实现粒子数反转？

8．如何定义激光增益？什么是小信号增益？什么是增益饱和？

9．如何理解激光横模、纵模？如何选择横模或纵模？

10．激光的特点是什么？有何应用？

参 考 文 献

[1]　杨国权. 激光原理[M]. 北京：中央民族大学出版社，1989.

[2]　周炳琨. 激光原理[M]. 北京：国防工业出版社，1980.

主要参考书目

[1] 徐叙瑢，等. 固体发光[M]. 合肥：中国科学技术大学出版社，1976.

[2] 徐叙瑢，苏勉曾. 发光学与发光材料[M]. 北京：化学工业出版社，2004.

[3] Grabmaier B C, Blasse G. Luminescent Materials[M]. New York: Springer-Verlag, 1994.

[4] Ono Y A. Electroluminescent displays[M]. Singapore: World Scientific, 1995.

[5] 黄春辉，李富友，黄维. 有机电致发光材料与器件导论[M]. 上海：复旦大学出版社，2005.

[6] 徐叙瑢. 营造绚丽多彩的光世界：发光学趣谈[M]. 北京：清华大学出版社，2002.

[7] 吴世康，汪鹏飞. 有机电子学概论[M]. 北京：化学工业出版社，2010.

[8] Kitai A H. Solid state luminescence: theory, materials, and devices[M]. London: Chapman & Hall, 1993.

[9] Seizo, Miyata, Hari Singh Nalwa. Organic Electroluminescent Materials and Devices[M]. Switzerland: Gordon & Breach, 1997.

[10] 杨德仁. 硅基光电子发光材料与器件[M]. 北京：科学出版社，2016.

[11] Blasse G，Grabmaier B C. 发光材料[M]. 陈昊鸿，李江，译. 北京：高等教育出版社，2019.

[12] 刘小兵，史向华. 多孔硅与全硅基纳米薄膜发光理论及应用[M]. 长沙：国防科技大学出版社，2002.

[13] 祁康成. 发光原理与发光材料[M]. 成都：电子科技大学出版社，2012.

[14] 洪广言，庄卫东. 稀土发光材料[M]. 北京：冶金工业出版社，2016.

[15] 肖志国. 半导体照明发光材料及应用[M]. 2 版. 北京：化学工业出版社，2014.

[16] 城户淳二. 有机电致发光：从材料到器件[M]. 肖立新，陈志坚，等译. 北京：北京大学出版社，2015.

[17] 张中太，张俊英. 无机光致发光材料及应用[M]. 北京：化学工业出版社，2005.

[18] 方容川. 固体光谱学[M]. 合肥：中国科学技术大学出版社，2001.

[19] 程学瑞. 上转换发光材料的制备、发光机制与性能研究[M]. 武汉：武汉大学出版社，2019.

[20] 余泉茂. 无机发光材料研究及应用新进展[M]. 合肥：中国科学技术大学出版社，2010.

[21] 李育珍. 纳米发光材料的制备与应用[M]. 北京：中国电力出版社，2014.

[22] 周炳琨. 激光原理[M]. 7 版. 北京：国防工业出版社，2014.

[23] 夏珉. 激光原理与技术[M]. 北京：科学出版社，2016.